草鱼肠道小肽转运与营养调控

刘 臻 等 著

U0307002

中国农业出版社

北 京

内 容 简 介

　　本书总结了作者科研团队多年来在草鱼肠道小肽转运方面的研究成果，综述了目前国内外小肽转运的研究进展，建立了不同层次的小肽转运研究模型，解析了多个草鱼肠道小肽转运的调控途径，揭示了营养与内分泌对小肽转运的调控机制，阐明了小肽对草鱼生理及生长的重要作用，并在理论研究的基础上开展了小肽饲料的研发与应用。本书内容全面、科学客观、图文并茂，理论与实践结合，在系统性研究鱼类肠道小肽转运方面具有特色之处。

　　本书可供高等院校和科研院所从事水产学、分子生物学及相关学科的研究人员和相应领域的研究生和本科生参考使用。

著 者 名 单

刘　臻（长沙学院）

何志敏（长沙学院）

钟　欢（湖南农业大学）

瞿符发（长沙学院）

唐建洲（长沙学院）

周　毅（长沙学院）

曹申平（长沙学院）

周勇华（长沙学院）

赵　琼（长沙学院）

彭　亮（长沙学院）

钟　蕾（湖南农业大学）

序

  提高饲料利用效率、减少氮磷排放、降低水体污染是在鱼类生态养殖中亟须解决的关键问题。小肽吸收与氨基酸吸收相比，具有高效、不饱和优势，但其转运及调控机制尚不清晰。小肽营养学已成为营养学研究领域的重点和热点，拓宽了营养学中有关蛋白质、氨基酸营养的内容。

  草鱼是我国养殖产量最大、养殖范围最广的淡水经济鱼类之一，蛋白质是草鱼饲料中非常重要的组成部分，研究草鱼肠道小肽转运与营养调控既可丰富蛋白质代谢理论，又可为环保饲料配制提供技术支撑。

  长沙学院水生动物营养与品质调控湖南省重点实验室主任刘臻教授科研团队长期致力于草鱼肠道小肽转运与营养调控研究，在该领域取得了一系列的创新成果，包括建立了草鱼肠道小肽转运研究模型，克隆了小肽转运关键功能基因，鉴定出转运调控途径，揭示了小肽转运的调控机制，研发出小肽饲料等。

  该书汇聚了刘教授团队十几年来在草鱼肠道小肽转运领域的最新研究成果。全书图文并茂、内容丰富、理论性强、实用价值大，是一本专门介绍鱼类肠道小肽转运分子机制的优秀著作，对鱼类营养与饲料配制研究具有很好的理论与实践指导意义。

  特此作序，并向从事水产基础与应用研究的科技工作者以及相关领域研究生推荐。

中国工程院院士

淡水鱼类发育生物学国家重点实验室（省部共建）主任

2021 年 4 月

前　言

　　蛋白质是生命结构和功能的物质基础；蛋白质营养是动物营养研究的核心问题之一。小肽营养学的发展改变了人们对蛋白质营养的认识，小肽和氨基酸营养成为蛋白质营养的重要组成部分。草鱼是我国最主要的淡水养殖品种之一，也是当今全球养殖产量最高的淡水鱼类之一。在当前高密度、集约化养殖模式下，水产养殖动物大多数都通过提高饲料中蛋白质的含量来实现高产。因此，如何提高饲料中蛋白质的利用效率，减少氮磷的排放，降低水体的污染是目前水产养殖中急需解决的关键科学问题。

　　小肽相对于氨基酸具有吸收高效、不饱和的优势。动物肠道小肽转运调控机制是什么？小肽在肠道内的转运调控途径有哪些？小肽在草鱼肠道内的转运对草鱼的生理作用如何？如何根据已有的理论研究进行小肽饲料的研发与应用？解答这些问题正是本书的重点内容。本书共分9章，介绍了国内外小肽转运的相关研究进展，聚焦草鱼肠道小肽转运与营养调控主题，着重介绍了课题组十多年来在草鱼肠道小肽转运与营养调控机制，以及小肽饲料研发与应用研究方面开展的研究工作，包括草鱼肠道小肽转运研究模型及研究方法，建立了草鱼肠道原代细胞培养研究模型，鉴定了草鱼肠道小肽转运的信号途径及转录因子、营养物质、环境因子与内分泌物质的调控因子，阐明了草鱼肠道小肽的转运对草鱼生长及生理的重要作用，基于上述理论研究基础进行小肽饲料研发。本书涉及的小肽转运与营养功能方面的知识，在正文后附有主要参考文献，可供读者进一步阅读。

　　本书的相关研究内容得到了国家自然科学基金（31772865、31372543、31902345、31702378、31302167、31001114）、湖南省现代农业产业技术体系饲料营养岗位（湘农发〔2019〕105号）、水生动物营养与品质调控湖南省重点实验室（2018TP1027）等项目经费的资助。本书的编写得到了实验室张建社教授、鲁双庆教授以及熊刚、罗文婕、李晓洁、冯军厂、熊鼎、宋鹏、伍琴、徐文倩、赵大芳、周玲等同学的支持与参与，在此特致谢意。本书图文并茂，内容丰富，理论性实践性强，可作为水产养殖、生物学等研究领域的参考书。

由于作者水平有限，本书还存在许多不足之处，真诚地希望得到各位读者和同行的批评与指正。

著 者

2021 年 4 月

目　　录

序
前言

1 鱼类肠道小肽转运及其营养功能

鱼类蛋白质营养大部分需要通过摄食从饲料中获得，其对鱼类的生存和生长有至关重要的作用，这让饲料蛋白质的吸收利用等问题成为研究领域关注的重点。小肽是指由 2～3 个氨基酸组成的肽类物质。小肽具有促进生长、增强免疫、提高饲料转化效率等功能。过去人们一直认为，动物体内蛋白需要通过蛋白酶和肽酶的水解作用，最终降解成游离氨基酸才能被吸收利用，所以人们一直把氨基酸作为研究、追求、配方的主要营养素。20 世纪中期后，蛋白质水解后形成的小肽能被肠道完整吸收的科学证据才被公布（Neway et al.，1960）。相比氨基酸，小肽作为动物饲料中的氮源时，在小肠的吸收效率比游离氨基酸高，蛋白质的沉积率也比相应的氨基酸日粮或完整氨基酸日粮高（Zaloga et al.，1991）。由于这个重大的发现，人们才逐步接受除了氨基酸外，小肽（主要为二肽和三肽）营养也是蛋白质营养的重要组成部分这一观点（Gilbert et al.，2008）。小肽一方面拥有蛋白质的功能结构，另一方面又继承了氨基酸易于吸收的特点，对于小肽类物质的研究也越来越被科学家们所认可。

1.1 鱼类肠道小肽的转运吸收

最新的营养学理论报道动物体吸收蛋白质以小肽形式为主，并以小肽为合成原料在细胞内合成新的蛋白质。小肽吸收的主要部位在肠道，其与氨基酸各自有独立的吸收转运途径。小肽可以完整通过肠道黏膜细胞进入体循环，肠道小肽转运多数由转运载体来完成；肠上皮细胞刷状缘膜存在载体介导的肽转运机制已被确认，其转运功能受到小肽自身的理化特性、动物自身因素以及营养物质等环境因素调控（贺光祖等，2015）。

1.1.1 鱼类肠道小肽转运途径及特征

小肽形式的蛋白质吸收机制相对于传统的氨基酸形式具有诸多优点，如小肽转运可以通过逆浓度梯度扩散的方式进入细胞内，消耗的能量较少；与其他转运物质没有竞争性颉颃，载体的饱和度低，转运效率相比氨基酸更高。研究表明（Daniel et al.，1994），小肽载体的转运能力可能优于各种氨基酸载体转运能力的总和。目前认为动物肠细胞对小肽的转运机理可能有以下几种形式（图 1-1）（Vincenzini et al.，1989；Gilbert et al.，2008）：①具有 pH 依赖性的 H^+/Na^+ 交换转运体系，小肽以易化扩散的方式逆浓度梯度转运至胞内，过程不消耗能量。②通过 ATP 提供能量，对氢离子或钙离子浓度具有依赖性的主动运输。③由细胞穿透肽在细胞膜上转位携带进入细胞内。细胞穿透肽是一类可携带如质粒、小肽、蛋白质等大分子物质穿过细胞膜（发生转位）进入细胞的短肽。目前其穿膜机制还有待阐明，可能是通过不同类型的内吞作用并释放内涵体或直接穿透的形式进入细胞。④小肽也可经细胞旁路进入细胞，这一转运方式是由于细胞间紧密连接结构的通透性增加。⑤其他如胞吞作用或谷胱甘肽转运系统等亦可实现小肽的吸收。谷胱甘肽的跨膜转运机制与 H^+ 浓度无关，但是受金属离子（如 Na^+、Ca^{2+}、Li^+、Mn^{2+} 等）浓度的影响。

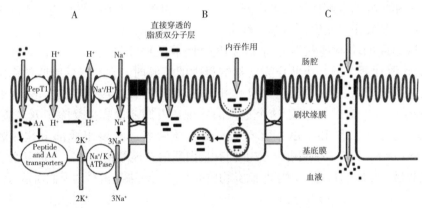

图 1-1　部分小肽的吸收途径示意图（贺光祖等，2015）

A. 通过转运载体的主动转运　B. 细胞穿透肽携带小肽进入细胞　C. 细胞旁路

　　小肽在鱼类中的吸收转运机制与高等脊椎动物类似，但是也有自己的特征。首先，鱼类肠道刷状缘膜上具有高低两种不同亲和力的小肽转运载体，位于基底膜上的小肽转运载体虽然亲和力低但是底物容量高，底物结合范围更广（Thamotharan et al.，1999）。其次，鱼类与其他已知的高等脊椎动物在小肽吸收动力学与转运机制方面最大的不同在于鱼类小肽转运载体的最大转运活性与胞外的 pH 有很大的关系，具有胞外 pH 依赖性特征，而哺乳动物的小肽转运载体的最大转运活性与胞外的 pH 没有关系（Verri et al.，2003）。

1.1.2　鱼类肠道小肽转运的影响因素

　　①小肽自身的理化特性：一方面包括肽链长度和氨基酸残基的组成，肽链的长度与小肽的转运效率呈负相关，二肽和三肽已经被证实能被肠道完整吸收，

目前尚不明确肽链长度大于 3 个氨基酸的小肽是否能被完整吸收。Burston 等在大鼠中的研究表明，谷酰胺赖氨酸形式相对于谷酰胺蛋氨酸形式可使大鼠对谷氨酸的吸收速度加倍（Burston et al.，1972）。另一方面是构型问题，中性、L 型氨基酸残基比酸性和 D 型氨基酸残基构型更容易吸收；同时还与氨基酸位于 N 末端还是 C 末端有关；另外，如果小肽由疏水性较强或侧链较大的氨基酸组成，其与小肽转运载体的亲和力高于亲水性、带电荷的小肽。②小肽的吸收还受到吸收动物的类别、年龄大小、生理状态、代谢水平等自身因素的影响。③饲料的营养水平：饲料中蛋白水平高能显著提高肠道内肽酶的活性，提高小肽的释放量。④激素：研究表明多种激素可以通过调控小肽转运蛋白的表达或活性影响小肽的吸收，其中以瘦素和胰岛素最为明显。⑤在饲料中添加小肽保护剂可以防止胃液对小肽的降解以及被微生物利用，提高小肽在肠道的吸收效率。

赖氨酸（Lys）和甲硫氨酸（Met）是硬骨鱼类生长必需氨基酸，许多研究结果表明，鱼饲料中缺少这两种氨基酸，尤其是缺少赖氨酸时，鱼的生长就会受到很大的限制（Conceição et al.，2003；Kousoulaki et al.，2015）。研究人员在斑马鱼（zebrafish）和大西洋鲑（Atlantic salmon）PepT1 在转运含 Lys 和 Met 小肽研究中发现，PepT1 对含 Lys 和 Met 的二肽或三肽比其他小肽具有更高的转运效率，但大西洋鲑 PepT1 不会转运 Pro-Gly（Ronnestad et al.，2010；Verri et al.，2010）。草鱼血液中小肽的含量受到肠道中小肽含量水平和机体其他组织代谢的影响（冯健等，2004）。环境的刺激会影响小肽的吸收，如盐度、pH 以及饲喂等影响罗非鱼小肽转运载体 PepT1 的表达以及定位，从而影响小肽的吸收（Pazit et al.，2017）。

1.1.3　鱼类肠道小肽转运载体

小肽在机体内的转运多数需要由转运载体来完成。目前发现的小肽转运载体至少有 5 种，其中小肽转运载体 PepT1（Oligopeptide transporter 1，PepT1）是研究最为广泛的一种位于肠道上皮细胞刷状缘膜囊的小肽转运载体，其在小肽转运方面扮演非常重要的角色（Spanier，2014；Newstead，2017；Verri et al.，2017）——能识别并转运 400 多种二肽和 8 000 多种三肽以及多种多肽类物质。小肽作为底物能通过增加细胞膜上 PepT1 的蛋白丰度提高 PepT1 的小肽转运活性。细胞外的二肽和三肽可以通过动物肠道上皮细胞 PepT1 的转运作用进入细胞，所以 PepT1 的小肽转运作用对小肽的吸收起到了至关重要的作用（Matthews et al.，1996；Pan，1997；Dabrowski et al.，2003；Ronnestad，2010），PepT1 转运小肽功能受到多种因素的调控，且调控机制十分复杂。自 PepT1 首次从兔小肠中鉴定到后，又相继在人和其他高等动物中被克隆鉴定（Fei et al.，1994；Klang et al.，2005）。近年来，

鱼类 *PepT1* 在虹鳟（*Oncorhynchus mykiss*）、大西洋鲑（*Salmo salar*）和草鱼（*Ctenopharyngodon idella*）等中相继被克隆和鉴定（Ostaszewska et al.，2010；Ronnestad et al.，2010；Liu et al.，2013）。

PepT1 基因的表达受到组织部位、日粮条件和发育时期的影响，不同条件表达存在差异。熊钢（2010）通过研究发现，鲫 *PepT1* 肠道组织尤其是在前肠的表达明显高于其他组织。Liu 等（2013；2014）研究发现草鱼 *PepT1* 在多个组织中均有表达，但肠道组织表达的量最高。以上研究结果表明，由于肠道是小肽吸收的主要场所，所以消化道组织是鱼类 *PepT1* 分布的主要位置。日粮中适量的小肽不仅能提高 *PepT1* 的表达丰度，还可以促进动物消化道的发育及代谢（Ostaszewska et al.，2010）。*PepT1* 的时空表达在大西洋鳕中的研究结果表明，在外源性摄食前的胚胎孵化期就能检测到 *PepT1* 的表达，在开始外源性摄食后，*PepT1* 在大部分的消化道组织都有较高水平的表达，这种高表达甚至能延续到孵化后 22 d（Amberg et al.，2008；黎航航等，2011）。同时发现转录因子 Sp1 和 CDX2 能调控其基因表达，饲料中蛋白情况以及在饲料中添加丁酸钠均能影响草鱼 *PepT1* 基因表达，这些都为未来研究小肽在水产动物肠道的吸收利用状况提供了分子生物学基础。

1.2　小肽的营养学功能

鱼类饲料中添加小肽既能满足动物对蛋白的需要，也可提高动物的生长性能和免疫力，改善动物对矿物元素的吸收利用效率，并且还具有其他一些生理作用。基于小肽的多种生理活性功能，其在鱼类营养中的应用前景广阔。

1.2.1　促进机体组织蛋白质合成

在动物体蛋白质代谢中，直接将机体完整吸收的小肽用于蛋白质合成能显著提高组织蛋白质的合成速度，从而改善动物的生长性能。在饲料中添加 0.50% 的虾蛋白肽可以提高草鱼的相对生长率、饲料利用率和饲料蛋白保留效率（冯健，2005）；姜柯君等（2013）研究表明，饲料中添加 0.75% 和 1.00% 的鳕蛋白酶解提纯的小肽制品的星斑川鲽幼鱼增重率、摄食率、特定生长率和蛋白质效率均显著高于对照组；李日美等（2018）则以凡纳滨对虾为实验动物添加 1.00%～2.00% 的酶解豆粕蛋白小肽制品，发现试验虾的增重率、特定生长率和蛋白质效率均显著高于对照组。

1.2.2　诱食作用

不同氨基酸序列的小肽具有不同的风味，在饲料中选择性地添加一些呈味小肽可达到改善饲料风味、诱食促生长的功效。研究表明，日本鳗鲡受到饲料中氨基酸添加剂的诱食影响（于辉，2003）；饲料中小肽的添加对欧洲鳗有明显的诱食作用（王碧连等，2001）。

1.2.3　促进矿物元素的吸收利用

利用小肽的吸收途径及与金属结合的特性，小肽金属螯合物在动物体吸收过程中显示出利用率高、排泄率低、毒性低、在消化道内稳定性好等特点，在水产养殖业中应用前景广泛。从 20 世纪 70～80 年代开始，肽铁作为微量元素添加剂在日本和美国就已作为饲料添加剂被广泛使用。另外，小肽可促进动物对金属离子如钙、铜、锌等的吸收，从而减少鱼类骨骼发育畸形的现象（谷伟等，2006）。冯健等（2005）报道草鱼试验日粮中添加 0.25%～1.00% 的虾蛋白肽较对照组可显著提高试验草鱼血浆中钙、磷和镁的含量。

1.2.4　增强机体免疫力和抗氧化能力

肠道既是动物机体最大的消化器官，又是最大的免疫器官。活性小肽可改善肠道内环境促进肠道益生菌的生长与繁殖，提高肠道黏膜的抗氧化和免疫功能。如翟少伟等（2016）发现在吉富罗非鱼饲料中添加一定比例的抗菌肽，可以显著提高肠道皱襞高度和乳酸杆菌数量，而降低大肠杆菌数量，肠道的总抗氧化能力水平、与抗氧化相关的酶的活性得到显著提高，而肠道丙二醛水平显著降低。另外，小肽于饲料中的添加还能整体上改善水产动物机体的免疫功能，它们不仅能促进淋巴细胞分化成熟以及巨噬细胞的吞噬作用，还能提高机体溶菌酶、免疫因子、补体或抗体水平，增强动物抗病和存活能力（姜柯君等，2013；王晓艳，2016；李日美等，2018）。王晓艳（2016）报道大菱鲆幼鱼饲料中添加 L-肌肽，处理组动物血清免疫球蛋白 IgM，补体 C3、C4 和溶菌酶均显著高于对照组，在添加量达到 116.75 mg/kg 时，IgM 含量达到最高。

1.2.5　改善水产动物产品品质

一方面，小肽能够促进蛋白质以及氨基酸，特别是风味氨基酸在水产动物肌肉中的沉积；另一方面，小肽通过提高机体抗氧化能力来降低肌肉脂质过氧化水平等，进而起到改善水产动物产品品质的作用。姜柯君等（2013）报道星斑川鲽幼鱼背肌粗脂肪含量随小肽添加量的提高呈现先下降后上升的趋势，另外 1.00% 和 1.50% 小肽添加组动物的背肌粗蛋白质含量显著高于对照组。研究结果显示，谷胱甘肽在饲料中的添加对罗非鱼肌肉组织的抗氧化能力的提高有重要的影响（张国良等，2007）。

2 草鱼肠道小肽转运营养调控研究模型

　　传统鱼类营养学主要研究鱼类的营养素需求、摄食、消化吸收、代谢等生理生化过程，而营养生理的分子机制等方面的研究较少。随着鱼类营养学研究的深入、分子生物学理论和技术的发展、营养学与遗传学的交叉融合，人们不断深入关注营养素与鱼类机体的基因表达互作关系。鱼类营养物质代谢、免疫、生长发育等，从本质上而言，都是由于鱼类基因表达调控发生了改变，从分子水平上解析鱼类营养生理调控机制，对于鱼类的生长生理、营养代谢的规律与机制的揭示，以及生长发育的营养调控手段的研究提供了理论基础。

　　鱼类胃肠道是营养物质消化吸收的主要部位。草鱼的胃分化不明显，肠管长度可达到体长的 $2.29\sim2.54$ 倍，盘曲 8 次之多，草鱼肠道对小肽转运的机制还不十分清楚，但小肽转运需要转运载体得到公认。目前动物体内的小肽转运载体至少有五种（Leibach et al.，1996），其中对 PepT1 和 PepT2 的研究相比其他几类小肽转运载体更为深入与广泛。PepT1 和 PepT2 隶属于 POT 家族，该家族成员具有的共同特点是均为 H^+ 依赖的小肽转运载体。草鱼 PepT1 对小肽的亲和力低但转运的底物范围较广，其在不同的组织具有不同的表达量，肠道为主（Liu et al.，2013；2014）；PepT2 对小肽的亲和力较高，但是转运的底物范围较窄，其主要表达组织为肾脏（Leibach et al.，1996；Daniel，2004；Dabrowski et al.，2003；Ronnestad，2010）。国内外关于鱼类肠道小肽转运方面研究还比较薄弱，关于营养调控的研究有待深入，对养分与基因表达互作的机制还需通过试验阐明，所以对于鱼类营养调控机制与技术的研究，目前已成为我国水产动物营养研究攻坚克难的关键问题。基于营养物质的作用机制、新的营养物质的发现以及饲料配方的研发，初步实现了通过饲料营养对鱼类小肽的调控。但是怎样选择饲料的营养素以及搭配的合理性成为实际生产过程中的现实问题。因此，改进提高肠道对营养物质吸收需要各个专业研究领域共同协作，同时小肽转运的机理机制会随着小肽的应用以及分子生物学对其的解析而更加清晰，进而使得通过改变饲料中的营养成分的种类或数量提高草鱼肠道小肽转运相关基因的表达，促进小肽的转运吸收成为可能。建立营养调控研究模型对快速方便研究草鱼肠道小肽转运效率具有重要的科学意义和应用价值。

2.1　细胞模型

肠道是鱼类食物消化吸收的主要组织，而其中小肠的上皮细胞在营养物质吸收方面发挥关键的作用。肠道黏膜结构和功能受到外源物质或微生物的影响研究日益受到重视。目前通过黏膜原代培养获得的草鱼肠道上皮细胞的状态与鱼体内的正常细胞状态十分接近，且能真实反映体内正常细胞的代谢情况。因此，离体肠道上皮细胞模型的建立对于营养物质的基因调控机制研究具有非常重要的意义。草鱼幼苗在试验前期先用普通饲料养殖半个月，然后停止喂食 2～3 d 使其肠道内容物减少，这样做有利于原代细胞的培养，然后进行草鱼肠道黏膜上皮细胞的分离，摸索获得细胞正常生长与功能的指标体系以及肠道上皮细胞原代培养的条件，从而建立规范化的草鱼肠道原代细胞模型。

2.1.1　草鱼肠道细胞的培养

健康草鱼（22 g 左右）在温度维持在 24℃左右，溶氧量 6 mg/L 以上的水箱内饲养 15 d 左右，禁食 2～3 d 后取其肠道上皮细胞，并置于 6 孔板内，以 DMEM 为基础培养液并添加 1% L-谷氨酰胺、1% 丙酮酸钠、1% 非必需氨基酸、1% 青霉素-链霉素、10% 胎牛血清、50 ng/mL 的 EGF。培养箱条件设置为温度 37℃、CO_2 浓度为 5%。培养基更换的频率为 2 d 1 次，每次只更换一半的培养液。前 3 代传代的比例按照 1∶1 或 1∶2 的比例每 5 d 传代 1 次。细胞贴壁率达到 80%～90% 时，用含 0.25% 胰蛋白酶-0.02% EDTA 溶液消化，按 $2×10^5$ 个/mL 接种于新的 6 孔板中。彩图 1 为体外培养的草鱼肠道细胞。

2.1.2　草鱼肠道细胞免疫荧光检测

为了验证草鱼肠道细胞培养情况，本试验使用肠道细胞特异性表达蛋白 E-cadherin 和 ZO-1 来检测已经建立肠道细胞表达情况。E-cadherin 是一种钙黏附蛋白，参与细胞与细胞间黏附，它分布于人和动物的各类上皮细胞。紧密连接（tight junction，TJ）是维持肠黏膜上皮机械屏障和通透性的重要结构，ZO-1 蛋白是维持黏膜上皮机械屏障和通透性结构——紧密连接的重要组成蛋白之一，参与转运细胞物质、维持上皮细胞极性等生理活动。如彩图 2 所示，通过细胞免疫荧光检测体外培养的草鱼肠道细胞特异性蛋白 E-cadherin 和 ZO-1 的表达情况，结果表明 E-cadherin 和 ZO-1 两种蛋白均有表达，佐证了草鱼肠道上皮细胞培养成功。

2.1.3 草鱼肠道细胞营养调控研究

蛋白质类激素——瘦素（Leptin）由肝脏合成和分泌，并影响动物的摄食。二肽（Ala-Gln）通过小肠上皮细胞进行吸收，通过 MTT 法检测瘦素、二肽、瘦素二肽，与对照（Control）比较对草鱼肠道细胞增殖活力的影响。结果如图 2-1 所示，单独添加瘦素和二肽都能促进草鱼肠道细胞的增殖，瘦素与二肽两者联合使用则更有利于促进草鱼肠道细胞的增殖。

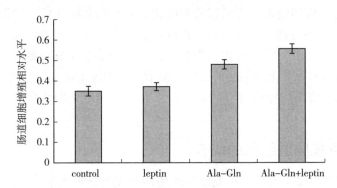

图 2-1　MTT 法检测 leptin、Ala-Gln、Ala-Gln+leptin
对草鱼肠道细胞增殖的影响

将草鱼肠道上皮细胞接种到 6 孔板，随机分成 6 组，每组 3 孔，传代生长正常后，每组细胞分别加入含有不同浓度的草鱼多肽 Ghrelin（0、0.001、0.01、0.1 $\mu g/mL$）的完全培养液。继续培养 4 h 后收集细胞通过 RT-qPCR 检测 *PepT1* 基因 mRNA 相对表达量，结果见图 2-2。发现浓度为 0.1 $\mu g/mL$ Ghrelin 能够显著上调肠道 *PepT1* 的表达水平（★表示 $P<0.05$），初步揭示 Ghrelin 可能参与草鱼的小肽转运作用。

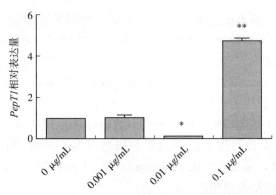

图 2-2　Ghrelin 对草鱼肠道 *PepT1* 基因表达的影响

2.1.4 酵母细胞模型

酵母作为鱼类营养调控机制研究的细胞模型具有其天然的优势。酵母既有繁殖简单快速的优点，又兼具真核生物蛋白转录翻译后加工和修饰的功能。通过酵母异源表达系统可以将草鱼基因在酵母系统中表达，利用酵母的营养缺陷进行筛选与分析。将草鱼基因构建到不同的酵母表达载体上或者转入不同的酵母突变体中，可以实现不同的研究目的。将两个不同的基因分别重组构建到激活载体 AD 与 DNA 绑定载体 BD 上，共转入酵母细胞内可以分析由这个基因编码的蛋白之间的相互作用。将酵母内与草鱼同源的基因敲除后得到的酵母突变体，也可以用于草鱼基因的功能研究。

例如将酵母中的小肽转运载体 PTR2 突变后得到的酵母突变体 $ptr2\Delta$ 可用于草鱼小肽转运载体 PepT1 功能的研究。试验方案：构建 PepT1 的酵母表达载体 PepT1-pRS426 GAL1，通过 LiAc 法转入酵母细胞 BY4 742-$ptr2\Delta$（无小肽转运功能）中，建立荧光竞争吸收试验系统，分析不同小肽对示踪小肽（荧光标记或同位素标记的小肽）摄取的抑制，对比分析不同氨基酸组成、氨基酸序列和氨基酸长度小肽的转运效率，分析草鱼 PepT1 对不同小肽转运的偏好性。在培养液中添加不同的小肽，分析 PepT1 对不同小肽的转运效率与酵母的生长关联性，推断其对草鱼的生长影响。

2.2 注射试验模型

早在 20 世纪 50 年代就通过注射鲤脑垂体或其他激素对草鱼排卵进行了成功催产，多种调节剂对鱼类消化吸收有调节功能，研究结果也表明这些外源药物对鱼类营养代谢有调控作用，通过激素注射，可以研究草鱼生殖周期中的饲料利用变化。鱼类繁殖受下丘脑-垂体-性腺轴（hypothalamus-pituitary-gonadal axis，HPG axis）调控。Zambonino 等认为，HPG 轴对鱼类营养吸收有调控作用。他们指出，鱼类在生殖过程中，需要大量的能量促进有丝分裂的完成，而 HPG 轴控制这一关键步骤。HPG 轴对繁殖营养的调控作用将会是今后研究的热点问题。

2.2.1 促黄体释放激素影响草鱼肠道小肽和氨基酸转运关键基因的表达变化

促黄体释放激素的激动剂（LHRH-a）可以影响机体相关功能基因的表达，对 1 龄草鱼注射 0.05 $\mu g/g$ 的 LHRH-a，并采用实时定量 PCR 技术检测其肠道小肽和氨基酸转运关键基因的表达变化。在雌性草鱼中，在注射

LHRH-a 之后，肠道的 *PepT1*、*Sp1*、*CDX2* 和 *LAT2* 表达量与对照组相比均显著性升高（*P*＜0.05）（图 2 - 3）。

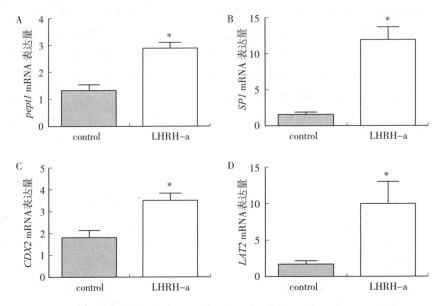

图 2 - 3　LHRH-a 对草鱼肠道 *PepT1*、*Sp1*、*CDX2* 和 *LAT2* 的 mRNA 表达水平分析

A. *PepT1* 相对表达分析　B. *Sp1* 相对表达分析　C. *CDX2* 相对表达分析　D. *LAT2* 相对表达分析

2.2.2　HPG 轴对肠道蛋白吸收相关基因的调控作用研究

在 HPG 轴中，最终行使功能的是生殖腺。生殖腺通过分泌内固醇类激素促进后续的生殖调控作用。其中，雌二醇在雌性草鱼生殖周期中有关键调控作用。通过对雌性草鱼注射 0.3 mg/kg，探讨了雌二醇对肠道中小肽和氨基酸转运关键基因的表达调控作用。在对 1 龄草鱼注射雌二醇后，*PepT1*、*Sp1*、*CDX2* 表达量出现明显升高（*P*＜0.05）。但是 *LAT2* 在注射 E2 后，肠道中的 mRNA 表达未发现有显著性变化（*P*＞0.05）（图 2 - 4）。

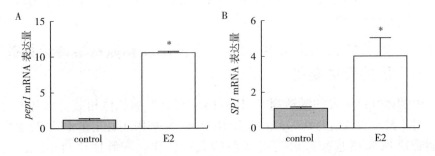

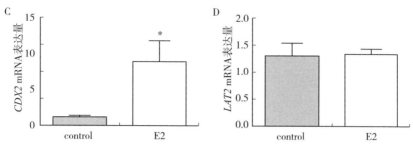

图 2-4　注射 0.3 mg/kg 的 E2 后，草鱼肠道中 *PepT1*、*Sp1*、
CDX2 和 *LAT2* 的 mRNA 表达水平分析

A. *PepT1* 相对表达分析　B. *Sp1* 相对表达分析　C. *CDX2* 相对表达分析　D. *LAT2* 相对表达分析
柱状图上的星号表示与对照组有显著性差异，每个处理组 8 个样本

因此，HPG 轴对肠道蛋白吸收相关基因具有调控作用，HPG 轴在生殖周期后期的激活与肠道小肽和氨基酸转运关键基因的表达上调有关，并可能最终促进了肠道中的蛋白质消化吸收作用。这些结果为"生殖调控轴调节鱼类肠道小肽和氨基酸消化吸收"这一假说提供了佐证。

对 1 龄草鱼注射雌二醇受体（ER）颉颃剂 ICI 182780 5 mg/kg，*PepT1* 表达量出现了明显的下降（$P < 0.05$），而 *Sp1*、*CDX2* 表达未见有显著性变化。LAT2 虽然从统计学上无显著性差异，但也有下降趋势（图 2-5）。

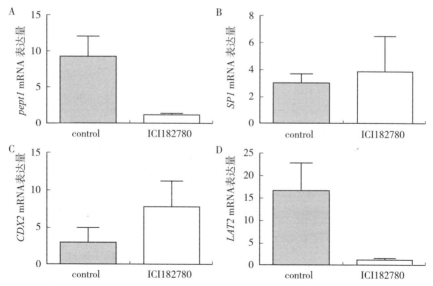

图 2-5　注射 5 mg/kg 的 ICI 182780 后，草鱼肠道中 *PepT1*、*Sp1*、
CDX2 和 *LAT2* 的 mRNA 表达水平分析

A. *PepT1* 相对表达分析　B. *Sp1* 相对表达分析　C. *CDX2* 相对表达分析　D. *LAT2* 相对表达分析
柱状图上的星号表示与对照组有显著性差异

在研究 HPG 轴对肠道小肽和氨基酸转运载体的调控基础上，为延续其调控机制研究，对 1 龄草鱼注射了 0.05 μg/g 的 LHRH-a，在注射 6 h 后，提取 RNA 并随后进行了转录组测序。该研究使用 Illumina HiSeq 4 000 对来自草鱼（包括 LHRH-a 注射组和对照组）肠组织两个 cDNA 文库进行测序。总共获得 13 581 225 000 个核苷酸和 66 127 个 unigenes。通过转录组比较分析，鉴定了注射 LHRH-A 之后的差异表达基因。结果表明，LHRH-A 注射组中，255 和 212 个 unigenes 分别表达上调和下降（彩图 3）。其中，蛋白质消化和吸收途径以及脂肪消化和吸收途径在注射 LHRH-a 后明显上调（彩图 4，表 2-1）。

表 2-1　注射 LHRH-a 后与对照组相比在蛋白质消化和吸收途径和脂肪消化和吸收途径中的差异表达基因

通用基因数据库编码 ID	基因名称	LHRH-a 注射组调控	功能描述
c72620 _ g1	SLC1A1（EAAT3）	Up	介导蛋白质消化与吸收
c93080 _ g1	SLC15A1（PEPT1）	Up	介导蛋白质消化与吸收
c68284 _ g1	SLC3A1（RBAT）	Up	介导蛋白质消化与吸收
c18230 _ g1, c91801 _ g1, c91801 _ g2	SLC6A19	Up	介导蛋白质消化与吸收
c94300 _ g5	SLC7A9（BAT1）	Up	介导蛋白质消化与吸收
c90554 _ g1	SLC9A3（NHE3）	Down	介导蛋白质消化与吸收
c70116 _ g1, c88821 _ g1	MEP1A	Up	介导蛋白质消化与吸收
c94156 _ g2, c94180 _ g3	MEP1B	Up	介导蛋白质消化与吸收
c95246 _ g5	XPNPEP2	Up	介导蛋白质消化与吸收
c144303 _ g1	CELA2	Down	介导蛋白质消化与吸收
c95595 _ g1	APOA1	Up	介导脂肪消化与吸收
c92992 _ g1, c42001 _ g1	APOA4	Up	介导脂肪消化与吸收
c125146 _ g1	FABP2	Up	介导脂肪消化与吸收
c69726 _ g3	CD36	UP	介导脂肪消化与吸收
c76739 _ g1	DGAT2	Up	介导脂肪消化与吸收
c79040 _ g1	PLA2G（SplA2）	Up	介导脂肪消化与吸收
c80023 _ g5	ABCG5	Up	介导脂肪消化与吸收
c89021 _ g1	ABCG8	Up	介导脂肪消化与吸收

　　肠道中小肽和氨基酸转运载体是蛋白质消化吸收途径的最终步骤。通过研究显示，小肽和氨基酸转运载体在草鱼成熟期有丰富的表达。同时，利用生殖调控轴关键技术，围绕肠道小肽和氨基酸转运载体开展研究，发现了生殖调控轴对蛋白质消化吸收关键因子 PepT1 和 LAT2 及相关调控因子有调控作用。为繁殖期间，生殖调控轴调节鱼类肠道小肽和氨基酸消化吸收的假说提供了证据。另外，人为干预生殖调控轴可以明显调节小肽和氨基酸转运载体的表达，可以实现对鱼类蛋白质消化吸收的人为调控。

2.3　生长试验模型

　　生长试验也常称为饲养试验，即在人为控制的养殖系统中，采用不同具有不同含量的已知营养物质的试验饲料投喂养殖对象构成不同试验处理，经过一定的养殖周期，对获得养殖效果如增重、饵料系数、消化吸收效率、组织及血液生化指标、功能基因的表达等进行测定，对获得小肽转运和生产性能效应进行比较和分析的过程。试验饲料、试验鱼、试验条件等因素均对生长试验模型有影响作用。

2.3.1　试验饲料

　　鱼类营养学的现实应用就是生产能够满足养殖鱼类生长、健康及福利需求的饲料。鱼类饲料配制的基础是鱼类营养的需求，配制标准依据除了营养需求外还需要参考饲料所用原料的营养价值。草鱼肠道小肽转运的生长试验研究模型一般使用配合饲料，包括添加剂预混料和全价配合饲料。

　　饲料原料是配合饲料的组成成分，经选择并搭配后，可提供能量及氨基酸、维生素、矿物质和必需脂肪酸等必需营养素，根据饲料原料营养价值和具体的养殖对象、特定的生长阶段、养殖环境条件和饲料配方成本形成饲料配方产品，饲料配方首先需要确定饲料中蛋白质、能量及必需营养素的预期水平，其次是根据上述标准选择营养含量适宜、性价比高的原料。饲料配方的基础条件是依据饲料营养价值表，将已有的饲料原料和选定的添加剂按照比例进行编制。不同产地、不同加工生产方式所生产的饲料原料质量是有差异的，饲料添加剂的选择则主要依据饲料基础配方和饲料产品的基本定位来进行。

　　饲料加工是指将饲料原料混合成的物料加工成鱼饲料颗粒的物理过程。无论饲料种类或加工工艺如何，饲料加工过程的目的是通过物理及机械力制造便于运输、储存、使用并为鱼类所接受的饲料颗粒。不管加工制粒的具体工艺如何，饲料原料混合物在饲料加工过程中都需要经过粉碎、混合、调质、制粒、冷却干燥、后喷涂、包装、储存及运输等一系列步骤。

2.3.2　试验鱼

生长试验开始前，需对要进行养殖的试验鱼进行暂养，以期让试验鱼适应新的生长环境和试验饲料，并排除从原水体中携带的病害。暂养饲料视试验目的及暂养时间长短而定，一般用试验基础料或混合料投喂。一般来说，鱼进养殖系统后，前2周是驯化的关键时刻，选择适当的投喂频率，一般为4～6次/d，每次投喂从前至后循环进行，做到每次少量、循环多次。待一投喂即有大部分鱼抢食时，说明试验鱼驯化成功。挑选大小、规格整齐等试验鱼作为试验对象。

2.3.3　试验条件与操作

试验条件与操作直接影响生长试验营养调控研究结果，试验过程中应加强关键环节的管理。

①消毒　室内养殖时，用自来水冲洗水族缸，洗毕对空缸进行消毒水喷洒，晾干两天左右，清洗回水池处的海绵，室外晒干。

②光照　在室内养殖系统中，采用LED灯光源模拟日常光照，通常为12 h光照/12 h黑暗，光照时间8:00～20:00。

③投喂量　小规格鱼体（草鱼＜100 g）可按体重3%～6%投喂，中规格鱼体（草鱼100～500 g）可按体重2%～4%投喂，大规格鱼体（草鱼＞500 g）可按体重1%～2%投喂。实际操作中遵守"三看四定"（看天气、看水质、看鱼情，定时、定点、定质、定量）原则。根据试验鱼类的生活习性确定每天投喂频率，常采用2次/天（9:00、15:00）或3次/天（9:00、15:00、19:00）。

④死鱼、病鱼处理　养殖过程中若发现有死鱼、病鱼，应立即捞出，称重、查看病因并做好记录，远离深埋，以免病情蔓延或影响水质，投喂正常进行。

⑤试验水质　对于养殖水体的溶解氧、pH、氨氮、亚硝酸盐等需进行及时监测，溶解氧和pH每天检测1～2次，氨氮和亚硝酸盐每周至少检测一次。

⑥养殖周期　试验周期根据不同的试验目的以及饲料营养组成而确定，一般为8～12周，但需试验鱼在养殖周期内体增重率至少100%。

⑦试验取样　将每缸鱼全部捞起，全体称重并记下鱼数量，然后将鱼转运至实验室中进行其他取样。每缸随机取样，量体长、抹干称体重、解剖取肝脏、肠道、性腺等。进行酶活及基因指标分析，应将鱼放在冰盘上解剖取出肠道、肝脏、肌肉等，及时装入冷冻管后立即放液氮罐中速冻，放于−80℃冰箱中保存。

2.3.4 谷氨酰胺对草鱼肠道消化吸收相关基因的表达影响研究

试验草鱼初始体重为（7.16±0.10）g，暂养驯化 2 周，分别投喂基础饲料中添加 0、3、6、9 和 12 g/kg 剂量的谷氨酰胺饲料。饲料配方见表 2-2。饲料制备过程中将粉碎的饲料原料过 40 目筛孔，通过逐级扩大法将使用到的微量成分进行混合以保证混合的均匀性。正式试验前将试验鱼禁食 24 h。养殖试验期间，记录每天的水温、天气、采食量和死亡条数。试验结束后分别从每个处理随机取 3 尾草鱼，使用经消毒的剪刀在解剖盘中解剖草鱼，用经灭菌处理的镊子取出内脏团，冰上低温分离肠道后将其用 PBS 清洗干净，用滤纸吸干表明水分后置于取样管内，液氮速冻后可保存于−80℃冰箱，用于后续提取肠道总 RNA 以分析相关基因的表达变化。实时定量 PCR 分析了与草鱼肠道消化吸收相关功能基因 *APN*、*PEPT1*、*LAT2*、*CDX2*、*Sp1* 和 *Sp3*，结果表明添加 3 g/kg 谷氨酰胺饲料组基因表达水平最高（图 2-6）。

表 2-2 基础饲料组成及营养水平（吴桐强等，2019）

原料	$I_{0.0}$	$I_{3.0}$	$I_{6.0}$	$I_{9.0}$	$I_{12.0}$
谷氨酰胺（g/kg）	0	0.3	0.6	0.9	1.2
秘鲁蒸汽鱼粉（g/kg）	6	6	6	6	6
豆粕（g/kg）	20	20	20	20	20
棉籽粕（g/kg）	24	24	24	24	24
菜籽粕（g/kg）	10	10	10	10	10
米糠（g/kg）	12	12	12	12	12
次粉（g/kg）	23.8	23.8	23.8	23.8	23.8
豆油（g/kg）	1.5	1.5	1.5	1.5	1.5
磷酸二氢钙（g/kg）	1.5	1.5	1.5	1.5	1.5
预混料*（g/kg）	1	1	1	1	1
胆碱（g/kg）	0.2	0.2	0.2	0.2	0.2
营养成分					
粗蛋白（%）	31.10	32.30	31.60	31.60	32.15
粗脂肪（%）	5.46	5.29	5.45	5.61	5.54
灰分（%）	11.68	11.48	11.39	11.34	11.44

注：*青岛玛斯特生物技术有限公司提供。

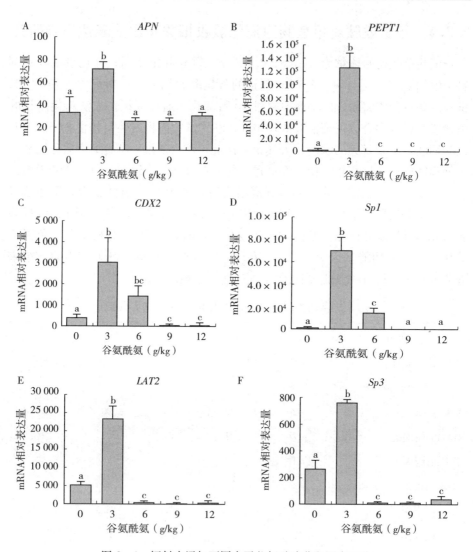

图 2-6　饲料中添加不同水平谷氨酰胺草鱼蛋白吸收
因子表达水平分析（Qu et al.，2019）
A. *APN* 相对表达分析　B. *PEPT1* 相对表达分析　C. *CDX2* 相对表达分析
D. *Sp1* 相对表达分析　E. *LAT2* 相对表达分析　F. *Sp3* 相对表达分析

2.4　灌喂试验模型

　　动物试验中常用到口服和灌胃两种经口给食的方法。口服法由于可以将添加物在饲料或饮用水中添加，不需要强制性摄取而可适用于所有能自主经口进食的动物。鱼类由于没有胃，所以只能采用口服法。但是由于动物状态和饲料适口性存在差异，口服法很难掌握准确的摄取量。同时，部分物质在室温下易分解或含量过少，也增加了口服法摄取量准确计量的难度，为解决此类问题，试验中通常采用灌喂的方法给食。

在哺乳类动物试验中，灌喂是一种常见的试验方式，尤其是以小鼠为试验对象时。而在鱼类中，采用灌喂的方式的相关研究却较少，且方式多样而不成系统。因此，在鱼类中的相关试验多借鉴于小鼠的灌喂试验。由于许多鱼类为无胃鱼，因此在鱼类中称灌喂试验更为精确。灌喂试验是一种强制性的口服方法，此法可以保证需灌喂物能被鱼类比较充分的摄入，用药量准确，从而可以在短期内看到比较明显的试验效果。但此法操作比较麻烦，灌喂过程会对鱼体造成损害，同时灌喂过程并非鱼体的正常摄食状态，其所带来的人为因素影响较大。因此，在灌喂试验前，需将试验鱼进行麻醉以减少应激，或者采用营养生长试验来替代灌喂试验。

试验注射器　用于吸取灌喂营养素，依据试验鱼类体重、口径选择不同规格注射器。医用试验软管（或者钝头注射针头），可直接插入试验鱼体肠道（软管或者钝头针头能尽量不破坏鱼体肠壁），将营养素直接输送到鱼体的前肠前段。灌喂过程需要鱼体离水并受手触，为减少鱼应激以及阻止灌喂过程试验鱼跳动，需将其进行麻醉再进行操作。

试验鱼　试验需要从鱼口腔、食道中插入灌喂物输送管。试验鱼在选择上需满足一定的规格与口径便于操作。草鱼口裂较大，体重 30 g 左右可用于灌喂试验。此外，灌喂前，试验鱼禁食 24～72 h。

营养素类型　固体营养素，如氨基酸类粉末状固体，灌喂前需用水和羧甲基纤维素钠将氨基酸调制成黏稠糊状液，便于用注射器吸入并输送到试验鱼肠道。液体营养素，如油脂类，灌喂前可将受试油脂类与大豆卵磷脂（质量比 4∶1）进行混匀、乳化，增加受试油脂类稠度，并放入 4℃ 冰箱内预冻和保存。

灌喂操作。试验前，将禁食处理过的试验鱼从系统中轻柔捞出，放入麻醉剂溶解液（MS-222 溶解浓度 0.5～0.6 g/L）中进行麻醉。营养素的量按照试验鱼体重的 1% 进行灌喂，通过注射器前端的软管将营养素注入草鱼肠道前端，需要注意的是在注射完毕后需保持注射姿势 15～20 s，便于营养素充分进入肠道，退出注射软管，将受试鱼放入水族缸中。灌喂试验多为短期试验，如灌喂 1 d 或灌喂 7 d。依据试验目的和需要，灌喂期间可选择投喂或禁食营养饲料。

3　草鱼肠道 CDX2/Sp1 – PepT1 调控途径

细胞核转录因子——尾型相关同源盒基因（caudal-related homeobox，CDX）属于新发现的在肠道上皮细胞特异性表达的转录因子，它能够影响细胞的发育和分化（Yasuhito et al.，2005）。*CDX1*、*CDX2* 和 *CDX4* 是目前在脊椎动物中发现的三种 *CDX* 基因。研究表明 *CDX* 基因通过调控基因的表达，介导细胞的发育分化以及器官形成等过程，其作用机制为：同源盒基因编码的一段蛋白结构域能与转录起始位置的 TATA 盒子相结合，从而调控相关基因的表达。*CDX1b* 是 *CDX2* 的同源基因，*CDX2* 可通过调控 *CDX1b* 对斑马鱼肠道细胞的增殖与分化进行表达调控（Flores et al.，2008；Chen et al.，2009）。另外，同源盒基因与肿瘤的形成也具有作用关系（Taylor et al.，1997）。

CDX2 基因及相关蛋白最早是由 Mlodzik 于果蝇中分离得到，与 Parahox 家族呈高度的同源性（Beck et al.，2003）。从早期的胚胎发育开始至个体成熟阶段均有表达，在肠道上皮形态发生、维持及分化方面起重要作用（Yasuhito et al.，2005）。成年小鼠的 *CDX2* 基因主要在小肠和结肠隐窝部位表达。胚胎发育过程中，在第 3.5 天时 *CDX2* 被发现暂时只在滋养层细胞表达，到第 7 天左右，其表达能在外胚层、内胚层、中胚层和神经管检测到（Beck et al.，1995）。通过研究发现，人体胚胎发育过程中 *CDX2* 基因的表达与小鼠 *CDX2* 的表达类似。在人体中，*CDX2* 只有在健康人体消化系统中表达。詹勋等发现 30 d 大小的肉鸡的 *CDX2* 在十二指肠表达最高，肠道其他部位如空肠、结直肠和回肠的表达丰度接近（詹勋等，2009）。肠道细胞是否正常增殖与分化影响动物体对营养物质的吸收。研究发现，提高 *CDX2* 基因的表达能显著促进隐窝细胞的增殖，而其刺激隐窝细胞分化的作用需要在其他因子的协同下才能发挥（Escaffit，2006）。Escaffit 等（2006）的研究同时也表明小鼠肠道上皮细胞分化表型的维持和早期形态的发生受到作为基因表达调控元件 *CDX2* 的调控。

Sp1（specificity protein 1）是真核生物第一个被克隆的核转录因子，它通过识别基因启动子上的结合位点调控目标基因的转录表达，介导细胞信号的传导，从而影响细胞的生长代谢、增殖、分化与凋亡等生理过程（Black et al.，

2001；Wei and D.，2004；Wang et al.，2005；Li et al.，2009）。Sp1 对目标基因启动子序列结合的活性受到 GC 盒子序列的影响。在结合 DNA 启动子序列时，Sp1 的结合能力的强弱与 GC 盒（GGGGCGGGG）序列的变化存在着很大的关联。研究表明 Sp1 对影响足细胞的生成和小鼠胚胎的发育。另外，Sp1 的非正常表达可能还与糖尿病、肿瘤、心脏肥大等疾病的形成、发展及其预后相关（Cook et al.，1999；Black et al.，2001；Wei，2004；Wang，2005；Li，2009）。

　　Sp1 广泛参与各种表达调控过程，其中不仅是生理性的表达调控，病理性的表达调控也受到重要影响，几乎在所有的细胞核都有表达。小鼠的发育受到 Sp1 的影响，其功能缺失后会导致小鼠的发育缓慢、不正常发育以及胚胎死亡的现象。根据功能可以将 Sp1 分为 4 个区域，包括靠近 C 端由 3 个锌指结构组成的 DNA 结合区；由 4 个功能区域组成的 Sp1 活化区，4 个功能区域形成四聚体可以将 Sp1 蛋白转移到目标基因的启动子位置启动转录；影响 Sp1 蛋白转录活性的 Btd 盒与 Sp 盒（Safe et al.，2005）。Sp1 广泛存在于多种细胞中，研究发现在不同的发育阶段 Sp1 的表达差异较为显著，在不具有分化能力的细胞中其表达能力有下调的趋势（Saffer et al.，1991；Persengiev et al.，1995；Bouwman，2000；Nguyen-Tran，2000；Nakashima，2002）。在营养不足或腺苷酸环化酶的刺激下，Sp1 被蛋白酶降解的速率加快，表明细胞内 Sp1 蛋白的量除了与基因的转录表达相关外，还与细胞内的降解相关。随着细胞的衰老，Sp1 的表达水平呈下降的趋势，Sp1 低糖基化和 N 末端酶切位点是降解的关键。在 Sp 家族中 N 端的酶切位点普遍位于 Sp 盒中（Persengiev et al.，1995）。Sp1 C 末端也存在酶切位点，造成 Sp1 N 末端裂解的原因可能是在蛋白酶的作用下与其他蛋白因子相互作用。

　　Sp1 能结合目标基因启动子上的 GC 盒子序列，小肽转运载体 *PepT1* 的启动子上含有大量的 GC 盒子，这暗示 Sp1 对 *PepT1* 基因表达调控的可能性。这种调控的可能性经过后续的试验研究得到了充分的证明，如电泳迁移率变动分析、基因突变、抑制与过表达分析（Terada and Inui，2007）。Sp1 的转录结合位点在人类肠道 *PepT1* 启动子被发现，这个结合位点的突变会导致 CDX2 对 PepT1 的调控作用减弱，而两者的共表达能显著促进 *PepT1* 基因的表达。目前在人类肠道 *PepT1* 的启动子上并没有发现 CDX2 的转录结合位点，这些结果表明，Sp1 能直接调控 PepT1 的表达而 CDX2 对 PepT1 的调控可能需要通过 Sp1 的介导。CDX2 与 Sp1 之间的相互关系研究表明，当 Sp1 的转录结合位点在 CDX2 的应答区域时，Sp1 的 3 个 SP 盒子才能参与启动子活性的调控，而与 CDX2 转录调控有关的只有其中的两个盒子（SP-A 和 SP-C）（Shimakura et al.，2006）。肠道上皮细胞从隐窝迁移至绒毛直至完全分化受

到 *CDX2* 的影响和调控。在人类 Caco-2 细胞中，CDX2 与 Sp1 通过协同作用机制共同调控肠道吞噬细胞和运动细胞基因的表达，从而主导肠道上皮细胞的分化（Coskun et al.，2010）。

已有研究表明 CDX2 对 PepT1 的表达以及蛋白活性的间接调控作用受到外源物质丁酸钠的影响（Dalmasso et al.，2008）。

人类和哺乳类动物 *PepT1* 基因功能的调控获得的研究进展，提示了鱼类可能具有与哺乳类相类似调控机制（Chen et al.，2010）。

那么在草鱼中是否存在相同 CDX2/Sp1-PepT1 调控途径，该调控途径与已知的研究是否存在差异，该途径是否会受到丁酸钠、三丁酸甘油酯或其他因素的影响等科学问题将在本章节得到详细的解析。

3.1 *PepT1* 分子特征与转运偏好性

3.1.1 *PepT1* 基因克隆与序列分析

目前发现的小肽转运载体至少有 5 种，位于肠道上皮细胞刷状缘膜囊的小肽转运载体 PepT1（Oligopeptide transporter 1，PepT1）在小肽转运过程中扮演非常重要的角色，也是研究最为广泛的一种小肽转运蛋白（Spanier，2014；Newstead，2017；Verri et al.，2017）。PepT1 自首次从兔小肠中鉴定到后，又相继在人和其他高等动物中被克隆鉴定（Fei et al.，1994；Klang et al.，2005）。近年来，鱼类 PepT1 在虹鳟（*Oncorhynchus mykiss*）、大西洋鲑（*Salmo salar*）、斑马鱼（*Danio rerio*）、石斑鱼（*Sebastes nebulosus*）、大西洋鳕（*Gadus morhua*）、欧洲黑鲈（*Dicentrarchus labrax*）和鲤（*Cyprinus carpio*，JN 896885）等中相继被克隆和鉴定（Ostaszewska et al.，2010；Ronnestad et al.，2010；Romano，2011）。

3.1.1.1 草鱼肠道 *PepT1* 的克隆

草鱼 *PepT1* 基因全长共 2 762 bp（登录号为 JN 088166），包括 2 142 bp 的开放阅读框，141 bp 的 5'UTR 和 479 bp 的 3'UTR。其编码区域共编码 713 个氨基酸。

DNA 分子质量为 854.303 ku；各碱基含量（图 3-1）：A：784，C：571，G：624，T：783；各碱基所占百分含量分别为：28.4%、20.7%、

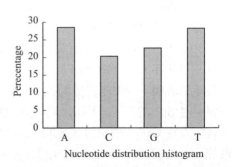

图 3-1 *PepT1* cDNA 各碱基所占的比例

22.6%、28.3%。预测编码蛋白的分子质量为 79.29 ku，等电点为 5.87。

3.1.1.2　PepT1 生物信息学分析

（1）PepT1 同源性分析

在 GenBank 中进行 BLAST 分析，获取到鲤（*Cyprinus carpio*，JN 896885）、鲫（*Carassius auratus*，HM 453869）、斑马鱼（*Danio rerio*，NM_198064）、大西洋鳕（*Gadus morhua*，AY 921634）、欧洲黑鲈（*Dicentrarchus labrax*，FJ 237043）、石斑鱼（*Sebastes nebulosus*，EU 160494）、大西洋鲑（*Salmo salar*，NM_001146682）、鼠（*Rattus norvegicus*，NM_057121）、家鼠（*Mus musculus*，NM_053079）、巨蜥（*Xenopus tropicalis*，XM_002935646）、牛（*Bos taurus*，NM_001099378）、兔（*Oryctolagus cuniculus*，NM_001082337）、狗（*Canis lupus familiaris*，NM_001003036）、羊（*Ovis aries*，AY 027496）、家鸡（*Gallus gallus*，AY 029615）、火鸡（*Meleagris gallopavo*，AY 157977）、猴（*Macaca mulatta*，NM_001032899）、黑猩猩（*Pongo abelii*，XM_002824383）和人（*Homo sapiens*，NM_005073）19 个物种 *PepT1* 基因序列。使用 DNAMAN 软件的 Homology&Distance Matrices 模式分析 20 条基因核苷酸及编码氨基酸序列同源性（表 3-1），结果显示：草鱼与鲤、鲫和斑马鱼 *PepT1* 基因核苷酸同源性较高，在 76.7%～80.0%，而与大西洋鳕、欧洲黑鲈、石斑鱼和大西洋鲑等的核苷酸同源性偏低，在 61.7%～63.0%，与其他物种，如哺乳动物，鸟类和两栖类的核苷酸的同源性则更低，在 57.9%～60.1%；但编码的氨基酸与哺乳动物、鸟类及两栖类等物种的同源性集中在 59.3%～63.1%，而与鲤、鲫和斑马鱼的同源性分别高达 80.3%、80.6%和 79.0%，与大西洋鳕、欧洲黑鲈、石斑鱼和大西洋鲑等在 62.5%～66.1%；其他物种之间基因核苷酸和氨基酸序列同源性变化较大，一般进化关系越近的物种同源性越高。

表 3-1　草鱼与其他物种 *PepT1* 核苷酸及编码氨基酸序列相似性

物种	核苷酸同源性（%）	氨基酸同源性（%）
草鱼 *Ctenopharyngodon idellus*	100	100
鲤 *Cyprinus carpio*	80.0	80.3
鲫 *Carassius auratus*	79.2	80.6
斑马鱼 *Danio rerio*	76.7	79.0
大西洋鳕 *Gadus morhua*	61.7	64.0
欧洲黑鲈 *Dicentrarchus labrax*	63.0	66.0

（续）

物种	核苷酸同源性（%）	氨基酸同源性（%）
石斑鱼 *Sebastes nebulosus*	62.5	62.5
大西洋鲑 *Salmo salar*	62.5	66.1
鼠 *Rattus norvegicus*	58.4	59.9
家鼠 *Mus musculus*	58.5	59.6
巨蜥 *Xenopus tropicalis*	60.1	63.1
牛 *Bos taurus*	58.1	60.3
兔 *Oryctolagus cuniculus*	57.9	59.5
狗 *Canis lupus familiaris*	58.4	60.5
羊 *Ovis aries*	58.0	59.6
家鸡 *Gallus gallus*	59.0	62.2
火鸡 *Meleagris gallopavo*	59.4	62.1
猴 *Macaca mulatta*	58.6	59.6
黑猩猩 *Pongo abelii*	58.9	59.3
人 *Homo sapiens*	58.8	59.5

序列的多重比对结果显示，草鱼与低等脊椎动物的 PepT1 序列具有较高的同源性，尤其是同属鱼纲的斑马鱼、鲤、鲫，与哺乳动物和鸟类等高等脊椎动物的同源性次之，但也达 50%～60%。序列遗传进化研究的高同源性结果表明 *PepT1* 编码区在不同物种中的进化具有保守性。

（2）PepT1 蛋白基本理化特性预测

使用 LCL Main workbench 4.1.1 软件分析草鱼肠道 *PepT1* 基因编码的蛋白中各主要元素成分含量分别为：S：0.4%；C：32.4%；N：8.0%；O：9.1%；H：50.1%；与 DNAstar 软件分析的蛋白质分子质量和等电点大体一致，分别为 79.29 ku 和 5.87。应用在线软件对编码的氨基酸序列做疏水性分析（图 3-2），其中 MIN：-3.322；MAX：3.511。

草鱼 PepT1 蛋白磷酸化位点在线（http://www.cbs.dtu.dk/services/NetPhos-2.0/）分析结果见彩图 5。通过 Predict Protein 软件分析环腺苷酸（cAMP）和环鸟苷酸（cGMP）依赖的蛋白激酶磷酸化位点结果显示，草鱼PepT1 氨基酸序列有环腺苷酸（cAMP）和环鸟苷酸（cGMP）依赖的磷酸化位点 1 个，蛋白激酶磷酸化位点 5 个。此结果与斑马鱼中磷酸化位点的种类和数量高度一致（Verri et al.，2003）。蛋白激酶 C 能调控 Caco-2 细胞 *PepT1* 基因的表达，草鱼 PepT1 活性是否受到蛋白激酶 C 的调控，磷酸化位点与其

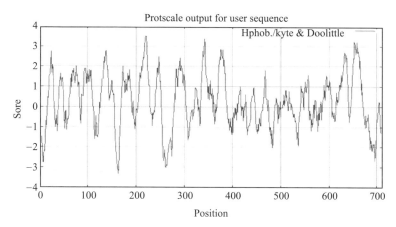

图 3-2 PepT1 蛋白疏水性分析

生理作用的关系等科学问题有待进一步的研究验证。

草鱼 PepT1 糖基化位点在线分析结果（彩图 6）与 Predict Protein 软件分析结果一致，草鱼 PepT1 氨基酸序列有 7 个分布在膜内环上的 N 糖基化位点（N-430、N-442、N-451、N-500、N-528、N-538、N-566），3 个分布在胞外大环上的蛋白激酶 C 磷酸化位点（T-479、T-502、S-614）。

有 19 个其他物种与草鱼小肽转运载体氨基酸序列有相似的糖基化分布位点，前 400 个氨基酸残基之间很少有分布，主要集中在 400～600 氨基酸残基之间，且 600～700 氨基酸残基之间没有糖基化位点的存在；草鱼糖基化位点的分布与斑马鱼具有非常高的相似度，说明糖基化位点结构在不同物种之间也是具有保守性的，它的结构保守性是小肽转运载载体遗传保守性的一种体现。

（3）PepT1 蛋白空间结构预测

用 TMpred Server 在线对草鱼肠道 *PepT1* 基因所编码的氨基酸残基的跨膜结构分析发现：从 N 端的第 35 位的苯丙氨酸残基开始，到 672 位的酪氨酸残基完成，共具有 11 个跨膜螺旋区（彩图 7），其 N 端、C 端分别位于质膜的内、外侧；应用 Anthe_2000 软件对草鱼 PepT1 蛋白序列进行分析，结果表明与 TMpred Server 在线分析结果相似。虽然草鱼和其他物种小肽转运载体的 11 个跨膜结构主体特征结构相似，只存在个别的较小差异，如它们的 N 端结构都是在胞内，最大的胞外环均位于第 9 和第 10 跨膜区。

（4）构建 PepT1 系统进化树

生物软件 DNAstar 与 MEGA4.0 对前文所述 20 个物种 PepT1 系统进化树的分析结果基本一致（Tamura K，2004）（图 3-3）。系统进化树聚类分析结果显示，高等脊椎动物与低等脊椎动物之间具有明显的分支，在亚分支中，哺乳动物与鸟类分支，其中家鸡和火鸡又独立成支；两栖类与鱼类独立分支，由于进化亲缘关系近，草鱼、斑马鱼、鲫和鲤聚类成一支而与其他鱼类分支。系统发育树显示的亲缘关系与传统分类学基本一致。

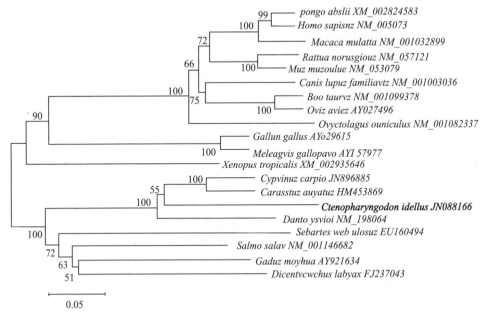

图 3-3　PepT1 系统进化树

3.1.2　*PepT1* 基因时空表达特征

目前研究的质子依赖型寡肽转运载体（POT）主要有四大类：PHT1、PHT2、PepT1 和 PepT2。其中对 PepT1 和 PepT2 研究较深入。许多物种的这两类寡肽转运载体的基因全序列已被克隆，并且对其编码的蛋白质分子序列及结构与功能的关系进行了深入的研究，其中 PepT1 主要分布于肠道，PepT2 主要分布于肾脏（表 3-2）。

表 3-2　质子/肽转运蛋白家族（Daniel，2004）

基因名称	蛋白名称	别名	底物	运输型/耦合离子	组织分布/细胞表达
PepT1	PEPT1	寡肽转运载体 1，H^+/缩氨酸转运载体 1	二肽、三肽	H^+ 协同转运	肠道、肾尖膜和溶酶体膜
PepT2	PEPT2	寡肽转运载体 2，H^+/缩氨酸转运载体 2	二肽、三肽	H^+ 协同转运	肾、肺、脑、乳腺和支气管上皮细胞

（续）

基因名称	蛋白名称	别名	底物	运输型/ 耦合离子	组织分布/ 细胞表达
PepT3	hPTR3	缩氨酸/组氨酸转运载体2，人缩氨酸转运载体3，PHT2	组氨酸，二肽、三肽	H^+ 协同转运	肺、脾、胸腺、脑、肝、肾上腺和心脏
PepT4	PTR4	缩氨酸/组氨酸转运载体1，人缩氨酸转运载体4，PHT1	组氨酸，二肽、三肽	H^+ 协同转运	脑、视网膜、胎盘

3.1.2.1 不同发育阶段的表达丰度

草鱼受精卵是通过采用人工湿法授精获得，然后取受精后的 14 个不同发育时期的样本，包括囊胚期、原肠期、神经期、器官形成期、出膜前期、出膜期 0 d、出膜后 1 d、2 d、3 d、4 d、7 d、14 d、24 d、34 d，用于分析 *PepT1* 在草鱼不同发育阶段的表达丰度。结果表明草鱼 *PepT1* mRNA 的整体变化趋势是波段式先升后降，原肠期、出膜第 1 天、出膜第 7 天时草鱼 PepT1 的表达处于波段的峰值，并在出膜 7 d 后，表达趋于稳定（图 3 - 4）。

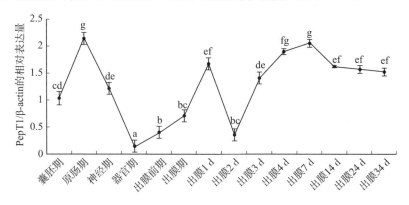

图 3 - 4 发育阶段 *PepT1* mRNA 的相对表达量

图中数据表示为平均值±标准差（*n*=3），折线图上的不同字母表示差异的显著性（$P < 0.05$）

PepT1 mRNA 的表达量在胚胎发育过程中偏低可能与受精卵的卵黄囊含有大量蛋白有关（Noy et al.，1996；Noy and Sklan，2001）。草鱼出膜后小肽转运载表达量上升，增加机体对外源蛋白的吸收利用，满足自身的生长与发育，在第 7 天后其表达量有所下降但整体趋于稳定，这可能与草鱼肠道消化腺

的发育存在联系（龚启祥等，1990），因为草鱼消化道的分开从出膜的第3天就已经开始，第7~9天的时候消化道已经初步形成并具备摄食能力。从时间发育的纵向水平上分析，草鱼 *PepT1* 的表达量与个体发育水平呈正相关，这一结果与大西洋鳕、鸡的 *PepT1* 研究结果相似（Gilbert et al.，2007；Amberg et al.，2008）。

3.1.2.2 不同组织的表达丰度

为探究不同组织 *PepT1* 表达的丰度，选用鲜活的草鱼对前肠、中肠、后肠、肝脏、肾脏、脾脏、心脏和肌肉8个组织取样。结果显示 *PepT1* mRNA 所取8个草鱼组织中均有表达（图3-5），在肠道组织中主要在前肠表达，在前肠的表达量比中肠和后肠高数倍；8个组织之间的 *PepT1* 表达差异较为显著，肌肉、肾脏、肝脏和心脏表达量依次减少。

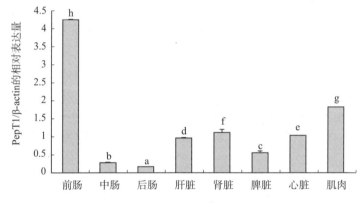

图3-5 *PepT1* mRNA 的各组织相对表达量

图中数据表示为平均值±标准差（$n=3$），柱形图上的不同字母表示差异的显著性（$P<0.05$）

前人的研究结果表明不同物种、不同组织器官之间 *PepT1* 的表达分布是存在一定差异性的。其主要在肠道上皮细胞表达，尤其是在前肠，肾上皮细胞次之，其他组织器官中表达较少（Miyamoto et al.，1996；Knutter et al.，2002；Ford et al.，2003）。在肠道中，*PepT1* mRNA 的表达分布沿肠管垂直方向和沿肠管纵轴方向的变化趋势如下：由绒毛顶部向隐窝部位的肠管垂直方向，PepT1 的表达逐渐下降，由十二指肠至回肠的肠管纵轴方向 *PepT1* mRNA 的表达逐渐降低（Tanaka et al.，1998；Ogihara et al.，1999）。这种差异性的分布与变化趋势体现了小肽吸收部位及其吸收率的差异。本研究表明结果表明草鱼 PepT1 在不同组织间的表达差异性也体现了其沿肠管纵轴方向的表达水平逐渐降低的变化趋势。这研究结果与其在其他物种，如成年鸡（Gilbert et al.，2008）、虹鳟（Ostaszewska et al.，2010）、泥鳅（Gonçalves et al.，2007)、欧洲黑鲈（Terova et al.，2009）等的研究结果相一致。

3.1.2.3　昼夜节律

　　每天 9:00 和 18:00 投喂，饲喂 10 d 使其适应后，分别在一天的 3:00、06:00、09:00、12:00、15:00、18:00、21:00、24:00 取肠道的前、中、后段，用于 *PepT1* 昼夜表达丰度变化的分析。结果显示，肠道组织 *PepT1* mRNA 的表达呈现昼夜节律差异，在肠道不同部位（前、中、后肠）相比白天，其在夜晚的表达明显更高，前、中、后肠之间的 *PepT1* 表达水平有差异。前肠和后肠白天和夜晚的表达差异更甚：在 6:00 前，*PepT1* 在前肠的表达表现出没有显著性差异的略微上升，在这之后直到 18:00，其在前肠的表达逐渐降低，在 18:00 投喂后其表达大幅度上升并在 21:00 后趋于稳定。其在中肠的表达规律与前肠类似，不同的是其在中肠的表达在 18:00 投喂前后有两个时间点的峰值；后肠 *PepT1* mRNA 表达量整体相对较低，其中在 3:00 时的表达量最大，在投喂的两个时间点表达量次之。研究结果还显示，在每个取样的时间点，前肠的表达量最大，中肠次之，后肠表达量最低（图 3 - 6）。昼夜节律是生物体适应环境的一种体现。目前哺乳动物和家禽肠道中与营养物质消化与转运吸收的酶或载体编码基因的昼夜节律性已有较多的研究，研究表明动物的肠道功能以及一些肠道疾病的发生都会受到这些基因的节律性影响（Tavakkolizadeh et al.，2001；Chen et al.，2005；Balakrishnan et al.，2008；Stearns et al.，2008）。在生产实践中，了解上述节律性，对调整养殖动物饲料组成与饲养模式、提高养殖效益具有重要指导价值（张云华等，2003；Houghton et al.，2008；Fatima et al.，2009）。

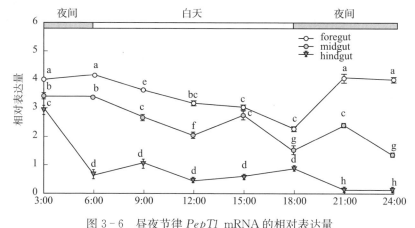

图 3 - 6　昼夜节律 *PepT1* mRNA 的相对表达量

图中数据表示为平均值±标准差（n=3），不同字母表示差异显著（P<0.05）

3.1.3 PepT1 蛋白的表达及在肠道中的免疫组化分析

生物膜所含的蛋白叫膜蛋白，是生物膜功能的主要承担者。根据蛋白分离的难易程度及在膜中分布的位置，膜蛋白基本可分为两大类：外周膜蛋白和整合膜蛋白。膜蛋白的种类较多，但是编码跨膜蛋白的基因却很少，如人的有15%～39%（Ahram et al.，2006）、细菌的有 3%～10%（Basting et al.，2006），并且表达量少于细胞内蛋白总量的 0.1%。

转运蛋白结构和功能的研究是功能膜蛋白质组研究中的一个重要内容，而蛋白质的分离纯化是进行蛋白质的结构和功能研究的基础。草鱼肠道 PepT1蛋白具有 11 个跨膜域，且其 N 端和 C 端位于胞膜的不同侧。PepT1 蛋白第9～10 跨膜区胞外端有一个长度为 107 个氨基酸，具有一个抗原决定簇的多肽片段，该区域对研究 PepT1 的结构与功能有重要意义。

纯化后的 PepT1 抗原决定簇蛋白制备成抗体，用于 PepT1 蛋白的检测。彩图 8A 为草鱼肠道组织 HE 染色结果；彩图 8B 为草鱼肠道组织上 PepT1免疫组化染色结果，箭头所示为 PepT1 蛋白，其在整个肠绒毛部位均有表达，同时该免疫组化也证明制备的 PepT1 抗体特异性和效价均达到非常好的效果。

3.1.4 PepT1 对小肽的转运偏好性预测

PepT1 对小肽转运的偏好性体现在 PepT1 对小肽转运的活性、特异性或效率方面。Lyons 和 Martinez 等报道 PepT1 在小肽转运方面具有多重特异性，其可以通过一个结合口袋的结合位点识别并转运 8 400 多种底物，虽然底物很多，但是其在转运选择上还是具有一定的偏好性，以适应生物体生长发育对一些重要或特殊氨基酸的需要（Ito et al.，2013；Lyons et al.，2014；Martinez Molledo et al.，2018）。小肽转运蛋白对底物的偏好性，在酿酒酵母（*Saccharomyces cerevisiae*）小肽转运蛋白 Ptr2p 对二肽库的筛选中得到了充分的证实，虽然其可以转运大部分的二肽，但其对不同的小肽的亲和力是不一样的，对小肽的亲和系数范围分布在 0.02～48.0 mmol/L，决定了亲和力高的二肽转运效率要高于低亲和力的。偏好性不同的小肽对酵母的生长影响不同，酵母在含 Leu-Gly 的培养基的生长效率明显高于在含 Gly-Leu 的培养基中的效率（Ito et al.，2013）。铁还原细菌（*Shewanella oneidensis*）小肽转运载体PepTso2 对含有甘氨酸的三肽的结合不理想（Guettou et al.，2014）。奶牛小肽转运载体 bPepT1 可以转运大部分的小肽，但其对短链、高疏水性、中性或带负电荷的小肽具有更高的亲和力（Xu，2018）。在鱼类中，赖氨酸（Lys）和甲硫氨酸（Met）是硬骨鱼类生长必要氨基酸，许多研究结果表明，鱼饲料中缺少这两种氨基酸，尤其是缺少赖氨酸时，鱼的生长就会受到很大的限制（Conceição et al.，2003；Kousoulaki，2015）。根据这两者在鱼饲料营养方面的重要性，研究人员在斑马鱼（zebrafish）和大西洋鲑（Atlantic salmon）PepT1 在转运含 Lys 和 Met 小肽研究中发现 PepT1 会偏好性转运含 Lys 和 Met 的二肽或三肽，但大西洋鲑 PepT1 不会转运 Pro-Gly（Ronnestad，2010；Verri，2010），这些研究结果表明包括鱼类在内的许多生物中 PepT1 对小肽的转运都存在一定的偏好性，这种偏好性转运可以促进生物体对重要氨基酸的吸收，以适应其生长发育的需要。冯健等通过试验表明草鱼血浆中小肽的含量增加与肠道提供的小肽的种类以及数量有关，提示草鱼中可能存在对某些小肽的偏好性转运（冯健，2004）。

3.1.4.1 草鱼 PepT1 蛋白的同源建模

基于 PepT1 在各生物中的结构功能的保守性，通过 Blast 从 RCSB Protein Data Bank 中获得铁还原细菌 PepTso 的晶体结构（PDB ID：2XUT）。采用 MOE 软件进行同源建模，彩图 9A 为草鱼 PepT1 的建模结果，其有 12 个 α 螺旋的跨膜结构（TM1～12），这与 PepT1 在其他生物中的结构特征非常相似。通过拉氏图（彩图 9B）检测蛋白构象的合理性，发现草鱼 PepT1 有 99％的氨基酸残基在允许区域内，说明该建模的蛋白构象合理，可用于后续研究分析。为证明同源建模结构的合理性，进一步对草鱼 PepT1 蛋白结构与模板结构的叠合程度以及结构相似性序列进行了分析（彩图 9C 和 D），结果显示草鱼 PepT1 结构与模板结构基本一致，都有相同的 α 螺旋结构，3D 结构重叠的平均均方根偏差（RMSD）为 0.281 6nm，具有非常高的重叠性，序列整体相似性为 29.5％。

3.1.4.2 草鱼 PepT1 对小肽偏好性转运的预测

通过 MOE 对接分析 PepT1 与小肽的分子对接并预测其对不同小肽偏好性转运。以构象最优化时的结合能量评估两者的结合，能量越低代表偏好性转运的可能性越大。我们对 55 个小肽进行结合分析，从表 3-3 中的结果显示，草鱼 PepT1 对三肽的结合偏好性明显高于大部分的二肽，说明小肽的长度是影响其偏好性转运吸收的一个重要因素；PepT1 对含疏水性苯丙氨酸的小肽和中性小肽的亲和力较高；在哺乳动物中的研究结果表明 Lys 与 Glu 组成二肽时，Lys 在 C 端的吸收效率比在 N 端吸收快，而本结果显示 Lys 在 N 端对草鱼 PepT1 的亲和力明显高于其处于 C 端（Lys-Glu＞Glu-Lys）这一结果显示草鱼 PepT1 在底物偏好性方面与哺乳动物的有所不同，同时也表明氨基酸序列对小肽吸收的影响。

表 3 - 3 草鱼肠道 PepT1 偏好性转运小肽的特征分析

序号	小肽名称	缩写	电荷	pI	疏水性	对接值（kcal/mol）
1	Glu-Phe-Tyr	EFY	Negative	3.85	−0.667	−9.093
2	Leu-Pro-Arg	LPR	Positive	10.55	−0.767	−8.390
3	Thr-Lys-Tyr	TKY	Positive	9.30	−1.967	−8.256
4	Ala-Phe-Pro	AFP	Neutral	6.10	1.000	−8.135
5	Ile-Pro-Pro	IPP	Neutral	6.10	0.433	−7.827
6	Tyr-D-Ala-Gly	YA$_D$G	Neutral	6.09	0.033	−7.663
7	Trp-Gly-Tyr	WGY	Neutral	6.09	−0.867	−7.579
8	D-Tyr-Val-Gly	Y$_D$VG	Neutral	6.09	0.833	−7.577
9	Leu-Ala-Arg	LAR	Positive	10.55	0.367	−7.543
10	Pro-Phe-Lys	PFK	Positive	9.70	−0.900	−7.294
11	Gly-His-Lys	GHK	Positive	9.70	−2.500	−7.248
12	Lys-Glu	KE	Neutral	6.41	−3.700	−7.064
13	Ala-Phe-Leu	AFL	Neutral	6.10	2.800	−6.933
14	Tyr-Phe	YF	Neutral	6.09	0.750	−6.837
15	Ile-Tyr	IY	Neutral	6.09	1.600	−6.768
16	Val-Pro-Pro	VPP	Neutral	6.10	0.333	−6.714
17	Phe-Phe	FF	Neutral	6.10	2.800	−6.622
18	Ala-D-Phe-Ala	AF$_D$A	Neutral	6.10	2.133	−6.613
19	Pro-Arg	PR	Positive	10.55	−3.050	−6.526
20	Val-Tyr	VY	Neutral	6.09	1.450	−6.494
21	Tyr-Gly-Gly	YGG	Neutral	6.09	−0.700	−6.467
22	Asp-Lys	RK	Positive	11.65	−4.200	−6.384
23	Val-Phe	VF	Neutral	6.10	3.500	−6.375
24	D-Leu-Gly-Gly	L$_D$GG	Neutral	6.10	1.000	−6.361
25	Tyr-Ala	YA	Neutral	6.09	0.250	−6.303
26	Pro-Gly-Gly	PGG	Neutral	6.10	−0.800	−6.24
27	Lys-Asp	KR	Positive	11.65	−4.200	−6.217
28	Trp-Ala	WA	Neutral	6.10	0.450	−6.208
29	D-Phe-Ala	F$_D$A	Neutral	6.10	2.300	−6.146
30	Ala-D-Ala-Ala	AA$_D$A	Neutral	6.10	1.800	−6.134
31	Glu-Lys	EK	Neutral	6.41	−3.700	−6.130
32	Leu-Gly-Gly	LGG	Neutral	6.10	1.000	−6.128

（续）

序号	小肽名称	缩写	电荷	pI	疏水性	对接值（kcal/mol）
33	Pro-Glu	PE	Negative	3.85	−2.550	−6.122
34	Leu-Pro	LP	Neutral	6.10	1.100	−6.120
35	Phe-Ala	FA	Neutral	6.10	2.300	−6.094
36	Gly-His	GH	Positive	7.55	−1.800	−6.003
37	Ala-Ala-Ala	AAA	Neutral	6.10	1.800	−5.994
38	Glu-Ala	EA	Negative	3.85	−0.850	−5.968
39	Asp-Ala	RA	Positive	10.55	−1.350	−5.947
40	Ala-Lys	AK	Positive	9.70	−1.050	−5.939
41	Lys-Ala	KA	Positive	9.70	−1.050	−5.933
42	Gly-Leu	GL	Neutral	6.10	1.700	−5.900
43	D-Ala-Ala-Ala	A$_D$AA	Neutral	6.10	1.800	−5.902
44	Ala-Ala-D-Ala	AAA$_D$	Neutral	6.10	1.800	−5.712
45	Leu-Gly	LG	Neutral	6.10	1.700	−5.620
46	Gly-Glu	GE	Negative	3.85	−1.950	−5.613
47	Pro-Asp	PR	Positive	10.55	−3.050	−5.528
48	Ala-Ser	AS	Neutral	6.10	0.500	−5.402
49	D-Ala-Ala	A$_D$A	Neutral	6.10	1.800	−5.172
50	D-Ala-D-Ala	A$_D$A$_D$	Neutral	6.10	1.800	−5.153
51	Ser-Ala	SA	Neutral	6.10	0.500	−5.077
52	Gly-Pro	GP	Neutral	6.10	−1.000	−5.045
53	Ala-Ala	AA	Neutral	6.10	1.800	−4.975
54	Cys-Gly	CG	Negative	5.92	1.050	−4.935
55	Gly-Gly	GG	Neutral	6.10	−0.400	−4.822

3.1.4.3　草鱼 PepT1 蛋白小肽结合口袋的预测

草鱼肠道 PepT1 的中心催化区，即结合口袋由 N 端 TM1、TM2、TM4 和 C 端的 TM11、TM12 上的氨基酸残基组成（彩图 10）。N 端三个带正电荷的保守氨基酸残基 R34（Arg34）、K41（Lys41），K147（Lys147），附近有两个保守的酪氨酸残基 Y38（Lys38）和 Y71（Lys71）；C 端结合位点里包含一个保守的丝氨酸残基 S413（Ser413），靠近 K41。E422（Glu422）、D439（Asp）为带负电荷的氨基酸残基结合位点，E422 可能是 H$^+$ 的结合位点。结合口袋中带相反电荷的结合位点在通过建立偶极矩在小肽识别以及调整小肽结合方向方面有重要作用。

3.1.4.4　草鱼 PepT1 蛋白与小肽结合模式分析

从 PepT1 蛋白结合小肽偏好性分析构象结果中选取 2 个结合自由能最低的小肽（EFY 与 LPR）、2 个氨基酸组成相同序列不同的小肽（KE 与 EK）、2 个长度不同的小肽（AA 与 AAA），分别分析草鱼肠道 PepT1 与这些小肽在结合口袋中的结合模式。从分析结果彩图 11 可知，这 6 种小肽的结合模式均不相同，主要表现在结合的关键位点、结合距离、结合的方向等方面的差异。另外从图中可以直接看出，AA 与 AAA 在结合口袋中结合方向，AA 为"垂直"而 AAA 为"横向"（彩图 11E 和 F），这一结果与在 PepTst 中的结论是相反的，说明草鱼 PepT1 在小肽结合方向上的规律可能与 PepTst 不同，具有自身的结合特点，具体的结论有待后续的试验证明。

3.2　*CDX2* 基因克隆与营养调控

3.2.1　*CDX2* 基因克隆与序列分析

3.2.1.1　*CDX2* 基因的克隆

通过 5' 和 3'RACE 克隆得到草鱼的 *CDX2* 基因全长的 cDNA。该基因全长 1 318 bp，包括 112 bp 5'UTR、429 bp 3'UTR 和 777 bp 的编码区，编码的蛋白含有 258 个氨基酸，分子质量为 481.597 ku（图 3 - 7）。目前肠道特异性转录因子 *CDX2* 已经在小鼠（Mallo，1997）、斑马鱼（Flores et al.，2008）、人（Takeuchi M，1991）等多种物种中已被克隆，与草鱼 *CDX2* 序列比较显示具有相似性。

3.2.1.2　草鱼 *CDX2* 序列生物信息学分析

(1) CDX2 蛋白基本理化特征分析

利用 CLC Main workbench 软件分析 CDX2 蛋白的元素组成分析显示 CDX2 蛋白的组成元素主要是 H（49.1%），其次是 C（31.8%）、O（9.5%）、N（9.3%）和 S（0.3%）；分子质量为 28.93 ku，等电点为 10.09；疏水性分析显示 CDX2 为亲水性蛋白（图 3 - 8）。

采用 ExPASy 在线分析 CDX2 蛋白的带电荷性质，结果显示 CDX2 蛋白带正电荷，因其带负电荷的氨基酸残基的数量（Arg 和 Lys 共 30 个）远远多于带正电荷的氨基酸残基数量（Asp 和 Glu 共 5 个）。蛋白的稳定性分析研究显示通过酵母和哺乳动物红细胞中 CDX2 的半衰期预测草鱼 CDX2 蛋白的不

```
1    AGCAGGCACCGAGGCTGAAGAGGGTTCAGAGAATCTGGCCAGGTAGACGAACCGTCAGGT
61   TACAGGGAAACCTGGGTCTAAGGAGCCAAGATCAATTGTTTGGGTGCATATTATGCACTG
1                                                        M  H  W

121  GAGTCATCAGGCGGCAAGATGTATGTGCGTATTCAAAGCCTCCAGCATGTACCCAAATTC
4    S  H  Q  A  G  R  C  M  C  V  F  K  A  S  S  M  Y  P  N  S

181  CGTCAGACACACCAAGTCTAAACCTGAACCAGAATTTTGTAACCGCCACCTCCACAGTATCC
24   V  R  H  P  S  L  N  L  N  Q  N  F  V  T  A  P  P  Q  Y  P

241  GGACTTCACAGGATACCATCACGTCCCTGGAATTACCAACGACCCTCACCACAGCCAAAC
44   D  F  T  G  Y  H  H  V  P  G  I  T  N  D  P  H  H  S  Q  T

301  TCGGAGCCTGGAACCCCGCGTACCCTCCTCCAAGAGAGGAATTGGACAACTTATGGGCCAGG
64   G  A  W  N  P  A  Y  P  P  P  R  E  E  W  I  T  Y  G  P  G

361  AACTGGAGCTTCAACCTCGAGCACTGGTCAGCTGGGCTTCAGTCCTCCAGAGTTTTCATC
84   I  G  A  S  T  S  S  T  G  Q  L  G  F  S  P  P  E  F  S  S

421  TGTCCAAGCGCCCGGCCTTCTTCCATCTTCATTAAACTCGTCAGTCGGTCAGCTGTCGCC
104  V  Q  A  P  G  L  L  P  S  S  L  N  S  S  V  G  Q  L  S  P

481  GAACTCTCAGAGACCGAACCCGTACGACTGGATGCGTCGGAGCGCTCCGCCGACAAACTC
124  N  S  Q  R  R  N  P  Y  D  W  M  R  R  S  A  P  P  T  N  S

541  AGGAGGAAAGACCAGAACAAAAGACAAATACCGGGTAGTGTACACCGACCATCAGCGTCT
144  G  G  K  T  R  T  K  D  K  Y  R  V  V  Y  T  D  H  Q  R  L

601  GGAGCTGGAGAAAGAGTTTCATTACAGTCGTTACATCACAATAAGAAGAAGGCAGAGCT
164  E  L  E  K  E  F  H  Y  S  R  Y  I  T  I  R  R  K  A  E  L

661  GGCGACAGCGCTCAGTCTGTCAGAGACACAGGTGAAGATCTGGTTCCAGAACCGGCGTGC
184  A  T  A  L  S  L  S  E  R  Q  V  K  I  W  F  Q  N  R  R  A

721  TAAAGAGAGGAAAGTCAATAAAAAGAAGATGCAACAGCCGCAGCCAGCATCCACAACCAC
204  K  E  R  K  V  N  K  K  K  M  Q  Q  P  Q  P  A  S  T  T  T

781  ACCCACCCCCACCGGGTTCAGCTCTCCCAGGCAATGTTCCCATGGTGACAAGTAGCAGCGG
224  P  T  P  P  G  S  A  L  P  G  N  V  P  M  V  T  S  S  G

841  TGGCCTGGTATCGCCGTCTATGCCAATGACTATCAAAGAAGAGTACTGAAGAGAGAAGGA
244  G  L  V  S  P  S  M  P  M  T  I  K  E  E  Y  *

901  TGTGCAGACTTTGACTGTTAATATTTTTATACTATAACAGAGCCCTTTCACACTTCTACA
961  CACATGGTACTTTAAAATCAACATATCTTTGATGCAATGAAAAAGAAACTGTGACAAACG
1021 TGACAAGACTGTCTGCTGCATGGGGTTTTATTGAAAAATACAAATAAAAAGTAGTCAAC
1081 AACCATTCCAAAAGTAATGAAGCAACATTCTAAGCACACGTAAATCTGAAAGGTGTAATA
1141 TTCTCTGGTCGTGTTGGTTTCTTTATTCTAGTACTTTATTACTGCTGTTGTTTTGTTCAT
1201 CATTGTAAACTTTAAGATGTTTTGAGATTCTGAAACTGAATTAAAATAATTGTGTATTTC
1261 TAAAGTAATTTGTATTAATAAAATAAATGTTTTTATTGTGACAAAAAAAAAAAAAAAA
```

图 3-7 草鱼 *CDX2* 基因核苷酸与蛋白质序列

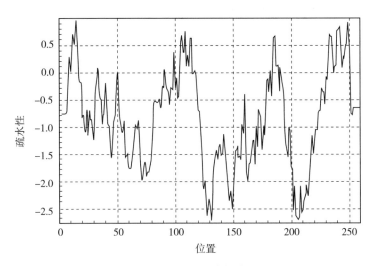

图 3-8 CDX2 疏水性分析

稳定指数（II）为 48.80，这一结果显示草鱼 CDX2 蛋白属于不稳定蛋白。而氨基酸的组成分析结果显示，脯氨酸（Pro）和天冬酰胺（Asn）在所有氨基酸中含量最高，均达到了 11% 以上（图 3 - 9）。

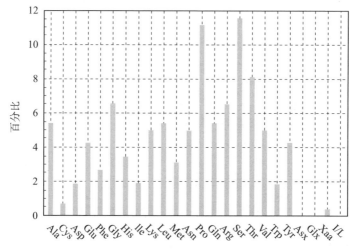

图 3 - 9　CDX2 氨基酸分布

应用 PredictProtein 在线分析草鱼 CDX2 蛋白的糖基化位点，结果显示：CDX2 蛋白在 N 端第 115 的位置存在一个天冬酰胺（Asn）的糖基化位点。通过预测发现草鱼 CDX2 的 N 端糖基化位点和豆蔻酰化位点与斑马鱼 CDX1b 具有很高的同源性，这表明在 CDX2 蛋白中糖基化位点具有较高的保守性。草鱼 CDX2 蛋白有 5 个蛋白激酶 C 磷酸化位点（Ser23、Ser125、Thr176、Ser190、Thr253），但没有环腺苷酸（cAMP）和环鸟苷酸（cGMP）依赖的磷酸化位点。这一结果与斑马鱼有较高相似性。另外预测还可能具有 3 个酪蛋白激酶 II 磷酸化位点（Ser97、Ser188、Thr253）、2 个 N 端豆蔻酰化位点（Gly83、Gly108）。氨基酸序列 LATALSLSERQVKIWFQNRRAKER 为其同源异型框。草鱼 CDX2 的同源异构型框与斑马鱼 CDX1b 的同源异构型框完全一致，这说明它们都属于尾型相关同源盒基因，具有相同的功能。

用 TMHMM 2.0 在线分析草鱼 CDX2 蛋白是否具有跨膜结构，结果显示 CDX2 没有跨膜结构，为非跨膜蛋白（彩图 12）。

（2）CDX2 蛋白的分子形状和二级结构

PredictProtein 在线分析结果显示草鱼 CDX2 蛋白呈球状，二级结构主要是由环肽链组成，其占比达到了 86.4%（表 3 - 4）。

表 3 - 4　CDX2 二级结构组成预测

二级结构类型	α-螺旋	β-折叠	环肽链
蛋白百分比（%）	11.2	2.3	86.4

（3）进化分析

通过草鱼与爪蟾（*Xenopus laevis* CDX2）、爪蟾（*Xenopus laevis* CDX4）、人（*Homo sapiens* CDX1）、人（*Homo sapiens* CDX2）、家犬（*Canis lupus familiaris* CDX4）、褐家鼠（*Rattus norvegicus* CDX1）、褐家鼠（*Rattus norvegicus* CDX2）、斑马鱼（Zebrafish CDX1b）、斑马鱼（Zebrafish CDX4）、尼罗罗非鱼（Nile tilapia CDX1）、罗非鱼（Tilapia CDX4）和河豚（Tetradon CDX2）等物种的 CDX 序列比较分析，结果发现高等脊椎动物与哺乳动物形成一支，草鱼、河豚和斑马鱼又形成一支，其他物种另外形成一支，草鱼与斑马鱼的进化关系最相近（图 3－10）。

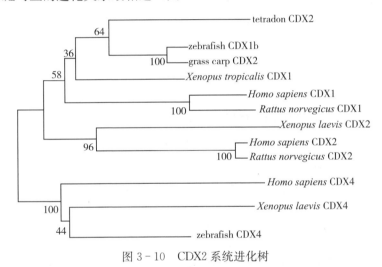

图 3－10　CDX2 系统进化树

（4）同源性分析

草鱼 *CDX2* 基因与斑马鱼 *CDX2* 基因的核苷酸和氨基酸序列的同源性最高，分别达到了 84.6％和 90.1％，与其他 11 个物种包括哺乳动物、鱼类和两栖动物的同源性均低于 50％（表 3－5）。以上结果表明，草鱼 *CDX2* 与其他物种之间具有较大的差异，但是 CDX 蛋白（CDX2、CDX1 和 CDX4）都有一个尾型相关同源盒基因的保守性结构域——同源异型框。CDX2 的在不同物种间的遗传保守性与其进化的亲缘关系呈正相关。

表 3－5　草鱼与其他物种 *CDX2* 核苷酸及编码氨基酸序列相似性

物种	核苷酸同源性（％）	氨基酸同源性（％）
Ctenopharyngodon idellus CDX2	100	100
Danio rerio CDX1b	84.6	90.1
Tilapia CDX1	44.7	34.7

（续）

物种	核苷酸同源性（%）	氨基酸同源性（%）
tetradon CDX2	40.6	32.3
Homo sapiens CDX2	36.0	42.5
Rattus norvegicus CDX2	35.8	42.8
tilapia CDX4	27.6	39.8
Homo sapiens CDX1	26.1	42.1
Xenopus laevis CDX2	26.0	37.9
Xenopus laevis CDX4	25.4	35.1
Rattus norvegicus CDX1	25.3	38.5
Danio rerio CDX4	24.1	36.9
Canis lupus CDX4	24.1	35.4

3.2.2 *CDX2* 基因时空表达特征

动物消化和吸收的主要部位是在肠道（Gage，1924），CDX2 影响肠道发育和肠细胞的增殖（Guo，2004）。对 *CDX2* 的研究有助于合理蛋白质配方膳食的开发与研究。本研究通过实时荧光定量 *PCR* 分析草鱼 *CDX2* 的时空表达特征，为进一步研究 *CDX2* 的基因功能，揭示草鱼肠道蛋白吸收机理，丰富鱼类蛋白质营养学理论以及解决水产动物营养学方面的问题提供初步的理论依据。

3.2.2.1 不同发育阶段的表达丰度

草鱼受精卵的获得以及受精后的发育阶段取样与 3.1.2.1 *PepT1* 的分析一致。结果表明草鱼 *CDX2* mRNA 的表达量从囊胚期开始到出膜后 3 d 整体呈上升趋势，在出膜后表达量快速提升并在出膜 3 d 后达到峰值（图 3-11）。而其在出膜第 7～49 天的表达变化显示其在第 7～35 天的表达比较平稳，在第 35 天之后表达量明显上升并一直持续到出膜第 49 天（图 3-12）。

在胚胎发育阶段中，草鱼 *CDX2* mRNA 在出膜前表达量很低，这与草鱼胚胎时期的营养方式相关，草鱼在胚胎时期采用内源式营养方式，通过消耗卵黄囊蛋白而为自身提供能量（Noy，2001）。草鱼在孵化出膜后开始采用外源式的营养方式从周围环境中不断摄取营养物质，为自身提供生长发育需要。从器官期开始，草鱼 *CDX2* mRNA 的表达量与哺乳动物中 *CDX2* 基因的表达量基本相同。草鱼的投喂试验中，*CDX2* mRNA 的表达量随着投喂呈上升趋势，并在 42 d 和 49 d 时达到最高。这是因为 CDX2 能影响肠道细胞的形态发生以及分化。在哺乳动物中的研究结果显示，在 8 周左右的胚胎中即可检测到

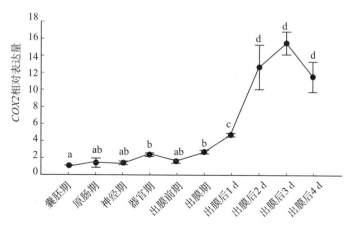

图 3-11　胚胎发育阶段 $CDX2$ mRNA 的相对表达丰度

图中数据表示为平均值±标准差（$n=3$），折线图上的不同字母表示差异的显著性（$P<0.05$）

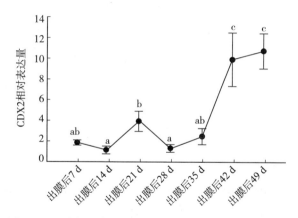

图 3-12　幼年发育阶段 $CDX2$ mRNA 的相对表达丰度

图中数据表示为平均值±标准差（$n=3$），不同字母表示差异显著（$P<0.05$）

$CDX2$ 的表达，并且保持高表达至成年（Beck et al.，1995）。草鱼 CDX2 的表达规律与哺乳动物中的研究结果相似。草鱼 $CDX2$ 的表达量和肠道的发育、饲料喂养是一致的。这对水产动物饲料和营养的研究有重要的参考价值。

3.2.2.2　不同组织的表达丰度

对草鱼 $CDX2$ 不同组织表达差异分析的取样与 3.1.2.2 中 $PepT1$ 的组织取样方法、取样条件以及取样的组织，RNA 的提取、逆转录等均一致。半定量 PCR 结果显示 $CDX2$ mRNA 在心脏、肾脏、脾脏、肝脏、肌肉和肠道这 6 个组织中，只在肠道检测到 $CDX2$ 的表达，初步揭示了其肠道特异性表达的特性（图 3-13A）。而在肠道的各部位，$CDX2$ 在前肠的表达高于中肠和后肠，但是三者之间的表达差异不显著（图 3－13B）。

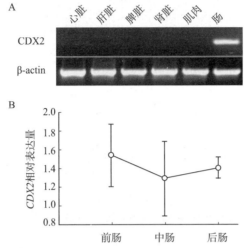

图 3－13　*CDX2* mRNA 在草鱼各组织的相对表达量

A. 肠道特异性表达　B. 三者之间的表达差异不显著

CDX2 具有肠道特异性表达属性，影响肠道上皮细胞的分化与形态的发生（Freund et al.，1998）。不同发育阶段其在肠道内的表达分布不同，在 2 周左右的小鼠胚胎里其主要分布在肠道内胚层，而在成年小鼠的肠道内，其主要分布在结肠的隐窝部位以及小肠（Beck et al.，2003）。人体肠道免疫组织化学分析结果显示 CDX2 在人体胚胎中有表达，在第 8 周的胚胎胃肠道中即可检测到，并且正常人只能在消化系统的上皮细胞内检测到其表达，而消化系统上皮细胞主要指的是肠道上皮细胞及胰腺导管和腺泡上皮细胞。*CDX2* 的组织表达特点在草鱼中的研究结果与成年小鼠（Jardinaud，2004）、人（Pfleiderer，1963）等的研究结果大致相同。*CDX2* 基因在草鱼前肠中相对较高，可能与前肠结构以及前肠是肠道消化吸收的主要部位的功能有关（倪达书，1963；田丽霞，1993）。

3.2.3　*CDX2* 基因表达的营养调控

CDX2 介导 PepT1 对小肽的转运从而影响蛋白质的吸收，通过饲料配方成分的改变调控 CDX2 的表达或者活性，以期获得更为完善的饲料配方。本研究中采用实时荧光定量 PCR 方法进行 CDX2 表达水平受饲料中不同蛋白源以及不同蛋白水平影响的研究。

参考草鱼营养需求设计 4 种不同蛋白水平的等能试验饲料，分别为 27CP、32CP、37CP、42CP，具体配方见表 3－6；按照唯一蛋白源的不同设计了 3 种不同蛋白源（23.5％鱼粉、23.5％鱼粉＋34％豆粕混合、68％豆粕）的等氮等能的饲料，具体配方见表 3-7。试验饲料的制作方法如下：饲料原料粉碎后过筛，采用逐级扩大法添加微量成分，然后进行制粒，使其制粒呈 2.5 mm 直径的颗粒，风干后冷藏保存。

表 3-6　不同蛋白水平试验饲料配方及营养组成

成分	饲料蛋白质水平（%）			
	27	32	37	42
鱼粉（g/kg）	20	28	36	44
豆粕（g/kg）	32	32	32	32
面粉（g/kg）	8	8	8	8
磷酸二氢钙（g/kg）	1	1	1	1
小麦粉（g/kg）	29	20	12	3
鱼肝油（g/kg）	2	3	3	4
豆油（g/kg）	3	3	3	3
羧甲基羟乙基纤维（g/kg）	2	2	2	2
预混料（g/kg）	3	3	3	3
营养成分				
粗蛋白（%）	27	32	37	42
能量（kJ/g）	14.7	14.5	14.3	14.2

表 3-7　不同蛋白源试验饲料配方及营养组成

成分	鱼粉	豆粉	混合粉
面粉（g/kg）	8.00	8.00	8.00
淀粉（g/kg）	32.00	12.00	21.00
豆粕（g/kg）	0.00	68.00	34.00
鱼粉（g/kg）	47.00	0.00	23.50
豆油（g/kg）	3.00	2.00	2.50
鱼肝油（g/kg）	3.00	3.00	3.00
氯化胆碱（g/kg）	0.50	0.50	0.50
磷酸二氢钙（g/kg）	1.00	1.00	1.00
氧化铬（g/kg）	0.50	0.50	0.50
甲基纤维（g/kg）	2.00	2.00	2.00
预混料（g/kg）	2.00	2.00	2.00
营养成分			
粗蛋白（%）	30.24	30.28	30.26
能量（kJ/g）	3 421.70	3 483.00	3 460.45

根据试验方案，共有 7 个试验组，每个组 3 个重复。具体实施如下：室内循环流水水族箱消毒后将消毒后的体重在（11.55±0.45）g 的草鱼幼苗均分到每个箱内，每箱 30 条；然后进行 1 周时间的常规饲料饱食投喂驯养，以使鱼体逐步适应水体试验环境，投喂时间点分别为 9：00、12：00 和 16：00，水箱内 24 h 不断通气，保持水温在 18～26℃，每天替换 1/4 的水体。饲养周期：不同蛋白源为 7 周，不同蛋白水平为 4 周。

两个试验处理均在处理后的第 7、14 和 21 天进行取样，用于 CDX2 mRNA 的表达水平变化分析。

3.2.3.1 *CDX2* 受不同蛋白源影响的研究

草鱼肠道组织中 CDX2 的表达在 3 个不同处理组中，豆粕处理组中 *CDX2* 的表达量明显高于其他组；从时间点的变化可以看出鱼粉和豆粕处理组随处理时间的增加，CDX2 的表达逐渐升高，而混合组表现出先上升后下降的趋势（图 3 - 14）。

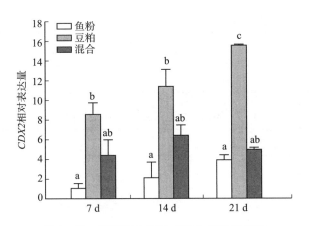

图 3 - 14　不同蛋白源对 *CDX2* 表达的影响

图中数据表示为平均值±标准差（$n=3$），不同字母表示差异显著（$P<0.05$）

蛋白质是水产动物中最重要的营养物质，鱼粉（动物蛋白源）和豆粕（植物蛋白源）是提供饲料中蛋白质的主要原料。研究表明肠道氨基酸的吸收与饲料的种类无关（涂永锋，2004）。其吸收与不同动物对饲料中不同蛋白质的消化过程以及产生的产物具有种族特异性有关。不同蛋白来源的饲料对比试验，豆粕相比鱼粉更能促进大西洋鳕肠道氨肽酶 N 基因的表达（Lilleeng et al.，2007）。另外，氨基酸的吸收还可能与饲料蛋白源是植物性蛋白还是动物性蛋白有关系，在虹鳟的研究中发现植物性蛋白饲料能促进蛋白代谢相关基因羧肽酶 A1 和 α-天冬氨酰二肽酶的表达量，草食性的草鱼相对于肉食性的鱼类物种，其肠道更长（Panserat et al.，2009；Stroband，2006）。但是在草鱼饲料蛋白源的研究中发现与之不一样的结果，豆粕饲料组中草鱼蛋白酶的活力低于鱼粉组（田丽霞等，1993）。草鱼饲料配方的改良研究得益于多个科学研究结果，但是饲料中的营养成分作为外源物质，其对动物体内基因的表达调控机制是复杂的网络过程，需要进一步深入的解析。

3.2.3.2　草鱼 CDX2 表达受不同蛋白水平的调控研究

饲料中不同蛋白水平（27％CP、32％CP、37％CP 和 42％CP），从蛋白水平横向分析发现，*CDX2* 基因表达水平受最适蛋白水平影响，在 37％CP 蛋白水平表达最高；从取样时间纵向分析发现，*CDX2* 基因表达的四个不同蛋白水平处理在取样的第 21 天有明显的提高，前面的第 7 天和第 14 天在不同的处理水平，其表达量水平没有明显的差异或差异很小（图 3－15）。

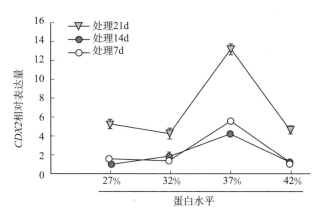

图 3－15　不同蛋白水平 *CDX2* mRNA 的相对表达丰度
图中数据表示为平均值±标准差（$n=3$），不同字母表示差异显著（$P<0.05$）

以上研究结果表明草鱼 CDX2 受饲料中的蛋白水平影响较大。对丁鲹（赵东海，2004）、鲹幼鱼、鲤（Kawai，1973）和宝石鲈等水产动物的研究表明，基因的表达量在达到最适蛋白水平前会随蛋白水平的升高而增加，呈正相关关系。而在最适蛋白水平之后，基因的表达水平不再增加或开始下降。草鱼蛋白水平对基因的影响与前人的研究结果相似。饲料中鱼粉的含量如果高过一定的水平不但不能提高反而会抑制丁鲹幼鱼肠道蛋白酶活性，这可能与高水平含量的鱼粉导致饲料在加工或储存过程油脂被氧化后影响消化酶的分泌和活性有关（陈鹏飞，2011）。通过研究我们获得一个饲料的最适蛋白水平，在非最适蛋白水平，鱼类的生长发育均会受到一定的影响，但是这种基于蛋白水平的影响机制有待进一步的研究。

3.3 *Sp1* 基因克隆与营养调控

3.3.1 *Sp1* 基因克隆与序列分析

3.3.1.1 草鱼 *Sp1* 基因的克隆

克隆获得 *Sp1* mRNA 全长序列：共 1 914 bp，包括 1 482 bp 的编码区，5 bp 的 5'UTR 和 426 bp 的 3'UTR。草鱼 *Sp1* mRNA 共编码 493 个氨基酸（GenBank 登录号为 KC 748025）。

3.3.1.2 草鱼 *Sp1* 基因序列分析

(1) Sp1 蛋白基本理化特征分析

在线软件对 Sp1 序列分析结果显示：493 个氨基酸残基组成 Sp1 的氨基酸序列，该序列含有 3 个典型的锌指结构域。Sp1 蛋白的等电点为 8.27，分子质量 52.22 ku。蛋白元素组成分析显示组成 Sp1 的元素中 O（11.16%）含量最高，其次是 S（9.94%）、N（4.87%）、C（2.23%）、H（2.43%）。疏水性分析显示 Sp1 为亲水性蛋白。

(2) *Sp1* 同源性分析

将草鱼 *Sp1* 序列在 GenBank 中进行 BLAST 分析，共获取 14 个物种的 *Sp1* 同源序列（GenBank 号见表 3-8），然后应用 DNAMAN 软件将它们与草鱼 *Sp1* 序列进行同源性分析，其中 4 个鱼类 Sp1 的氨基酸序列采用 BioEdit 进行比对分析。氨基酸序列比对结果表明草鱼的 Sp1 与其他脊椎动物的 Sp1 的结构和功能具有相似性，草鱼 Sp1 具有 3 个能进行 DNA 结合的 Cys2His2 锌指结构域（分别位于氨基酸序列的 336~360、366~390 以及 396~418 位置处）。其 SP 活化区位于富含 Q 的 1~90 个氨基酸序列区域；Btd 盒是 Sp1 行使转录激活功能的区域，该区域的典型序列为 REACTCPF（图 3-16）。

表 3-8 用于构建系统进化树的氨基酸序列登录号

分类	物种名称	GenBank 序列号
哺乳类	人 *Homo sapiens*	CBM42955
	黑猩猩 *Pan troglodytes*	XP_003952229
	小鼠 *Mus musculus*	AAC08527
	褐家鼠 *Rattus norvegicus*	BAC05486
	绵羊 *Ovis aries*	XP_004006348
	牛 *Bos taurus*	NP_001071495
	藏羚羊 *Pantholops hodgsonii*	XP_005954408

（续）

分类	物种名称	GenBank 序列号
爬行类	海龟 *Chelonia mydas*	EMP30218
	密西西比鳄 *Alligator mississippiensis*	XP＿006273406
鸟类	褐背拟地鸦 *Pseudopodoces humilis*	XP＿005533329
	鸡 *Gallus gallus*	NP＿989935
鱼类	矛尾鱼 *Latimeria chalumnae*	XP＿005986184
	鲈 *Dicentrarchus labrax*	CBN80844
	斑马鱼 *Danio rerio*	NP＿997827
	草鱼 *Ctenopharyngodon idellus*	KC748025

采用 MEGA4 进行 Sp1 进化的亲缘关系分析，结果显示：Sp1 蛋白具有较高的保守性活或遗传稳定性，其中鲤科类的草鱼与斑马鱼的 Sp1 同源性最高，其次是与鲈和矛尾鱼。基于 Sp1 氨基酸序列的物种聚类可以明显看出哺乳动物、鸟类、爬行类以及低等脊椎动物之间具有明显的分支。所以，系统发育树对亲缘关系的分析结果与传统分类学结果是一致的（图 3 - 17）。

（3）Sp1 结构特征

氨基酸组成在线分析结果显示：Sp1 蛋白中苏氨酸（Thr）和谷氨酰胺（Gln）的含量最高，其含量百分比分别达到 11.2％和 10.1％（图 3 - 18）。正负电荷氨基酸残基数量相当，分别为 34 个和 31 个。所有成对的半胱氨酸残基形成胱氨酸或全部减少时，消光系数分别为 23 085 和 22 460。根据其在大肠杆菌、酵母和哺乳动物红细胞中的半衰期时间获得其蛋白不稳定系数为 57.58，归类为不稳定蛋白。

Sp1 蛋白磷酸化位点分析显示 Sp1 蛋白共有 30 个磷酸化位点，其中丝氨酸（Ser）磷酸化位点 21 个，苏氨酸（Thr）磷酸化位点 7 个，酪氨酸（Tyr）磷酸化位点 2 个（彩图 13）。在这些磷酸化位点中，有 2 个 cAMP 依赖的位点（Thr378、Thr389），3 个蛋白激酶 C 磷酸化位点（Ser307、Thr311、Thr378），1 个细胞周期蛋白激酶依赖的磷酸化位点（Ser40），1 个细胞周期蛋白激酶抑制因子依赖的磷酸化位点（Ser150），1 个蛋白激酶 IKK 磷酸化位点（Ser42）。核输出信号预测分析显示 Sp1 有 7 个核输出信号（I69、P70、L71、Q72、N73、L74、L76）（彩图 14）。

信号肽与跨膜结构预测分析结果显示：Sp1 蛋白既无信号肽也没有跨膜结构（彩图 15 和彩图 16）。

DNAstar 对 Sp1 蛋白二级结构的预测结果显示，Sp1 蛋白的二级结构主要是 β 螺旋和卷曲，α 螺旋结构较少（图 3 - 19），而 SMART 在线软件对 Sp1 蛋

```
Latimeria chalumnae        MAALKVETGGGFLQSTNSSTNQDSQPSPLALLAATCSRIESPNENANSQGQNQELQQGST
Dicentrarchus labrax       ------------------------------------------------------------
Danio rerio                ------------------------------------------------------------
Ctenopharyngodon idella    ------------------------------------------------------------

Latimeria chalumnae        ELDLTSSQLAQSANCWQIVPTASSAVTTPTSGSKDQCSDSSLKSRPVSAGQYVVASPNLQ
Dicentrarchus labrax       ------------------------------------------------------------
Danio rerio                ------------------------------------------------------------
Ctenopharyngodon idella    ------------------------------------------------------------

Latimeria chalumnae        NHQVLASLSAMPNIQYQVIPQFQTMDGQQLQFATAPAQ---VNLQDSSGQIQIIPGTNQQ
Dicentrarchus labrax       -..............V..P..L.H.QQDSLSAAA.GQQF..VSS.NGQ.I
Danio rerio                ...........V.-Q.AQD---MSG---QLLVSS..GQ.L
Ctenopharyngodon idella    ..GV..M...V.......TQTAPE--.STAGQFQLVTSPS.NQ.L

Latimeria chalumnae        IITTNRTSGSNIIATMPNLLQQALPIQGVGIANNILPGQTQYVTNVPLTLNGNIALLPVN
Dicentrarchus labrax       .AA...AGAAGN.I...S...G.I..NISLGSGV.QN.P.FLA.M.VS....T....S
Danio rerio                RAAGS-----GN.L.V.G.F...I.L.NLS---AV..N...FLA...-...A.T...G
Ctenopharyngodon idella    .AAPS.A--.GN.L.V.G.F...I.L.NLSLGSAV.N.A.FL..M.-...A.T...G

Latimeria chalumnae        GVTAATLAPTSQAVAISTADSNSQENSAQVVTSGTSTAASNFATTNTNSGVFFTNANSYS
Dicentrarchus labrax       TG.SG.GGDGGGGD.GGSQLVQQ.QQQQ.QQHPVS.NSGAGYM.N--T.T.TTQTST..G
Danio rerio                -PGPVGGD------------THTAVAAPPGQPE.CS------T.S.--
Ctenopharyngodon idella    S.SD.NAGG---------APQQLLQ..T.AEYC.----------TST.--

Latimeria chalumnae        TTNTTGNLGIANFSTGGATITNIQGQTSNRAGSLQNSGSDSTQMHQNQVSGVVLQQNQQR
Dicentrarchus labrax       M.Q.QN----.N.VM.G.FQHNTA.SLGVPI.PDNR.GQ.PQ.----------------
Danio rerio                -.RA.A----AV.I..-LA.SRAP------AA..GQKG---
Ctenopharyngodon idella    -.Q..A------PG.VL.-LA.SN..EPGKTF..TSG.GPKVS--

Latimeria chalumnae        ETDQNQQQQILIQPQIVQAGQTIQTLQAASMPGQAFTTQTLPQEALQNLQIQTMPNTGPI

Dicentrarchus labrax       ---ILI.P.QV..GGTPLQ--..AGTVTTAG..V.AAP..S..G....MPNTG--..
Danio rerio                ------.P.M.L.G-----V.QG-.V.A..PV.....S.DGV..V....IASGS..
Ctenopharyngodon idella    ------.A..V...-----Q.V..SV.AG..V.A.S.S.DG...V...IA.GS..

Latimeria chalumnae        IIRTPTVGPNGQVSWQTIQLQNLQVQSPAPQTITLTPMQAVSLPQTGSSGTGLTQIASAP
Dicentrarchus labrax       FL.--.............I.----..TGPQ...A..SLPQLGQAQG.AAAGVSVNT
Danio rerio                L..--.L.AD......L..----..G-AQ...A.TG.S-----------G.
Ctenopharyngodon idella    L..--.........L..----..NTQ..AQPGT-------------

Latimeria chalumnae        VHTGTVTVNAAQLSSMPGLQTINLSALGASGIQLHQLQGVPFTISNATGEHNSQLNLQGA
Dicentrarchus labrax       .Q------I..I.....NT..S..L.M....T..I..ASTG..Q.L.T---
Danio rerio                .Q------LS.......NT..SG.L.MQPI.-M.V..AS.P..AA---
Ctenopharyngodon idella    ------LS.......NT..NT.L.M....I..T.TA.DGSGTT

Latimeria chalumnae        GGDGMQDASATMDG-ETNPQPQPGRRLRREACTCPYCKDSEGRTSGDPGKKKQHICHVPS
Dicentrarchus labrax       ..ESLD.ST.MD.EDISP.--PQ..N.......F...G..----..N.....IS.
Danio rerio                -A.ALE.SAVLEENA.SS.NTASS..T.........G...-..S......I.
Ctenopharyngodon idella    -..ALE.SG.LEENM.SS.-TASS..T.......F..G..S---..S......I.

Latimeria chalumnae        CGKVYGKTSHLRAHLRWHTGERPFVCTWMFCGKRFTRSDELQRHKRTHTGEKKFVCPECP
Dicentrarchus labrax       ....I.............G.S....................R....n.
Danio rerio                ..................S.S..............S.T...
Ctenopharyngodon idella    ..................S.S................S...

Latimeria chalumnae        KRFMRSDHLSKHIKTHMNKKVNPTNSVISLSASADSGSTPENTVATAAAPTPTALISAGS
Dicentrarchus labrax       -----------L...VA..--TGSSTTG.TDAASPAAG.KVETGAVSSSDQHT
Danio rerio                .............L....CVS------.CS---DPVTPAADAD--------PQT
Ctenopharyngodon idella    .............GSAG-----.VSGTDN.ITTATSADSCAAGDVTADQQT

Latimeria chalumnae        MVTMEAISPEGIARLANSGINVMQVTDLQPINIS-GNGF
Dicentrarchus labrax       I....TL.A.S....S....M..-..HQ..GN---NY
```

图 3-16 Sp1 氨基酸序列比对分析

实线框是富含 Q 区域，虚线框是三个 Cys2His2 锌指结构域，灰色部分的氨基酸表示 Btd 盒

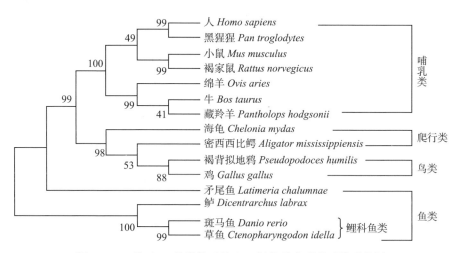

图 3 - 17 基于 15 种脊椎动物 Sp1 氨基酸序列的系统进化树

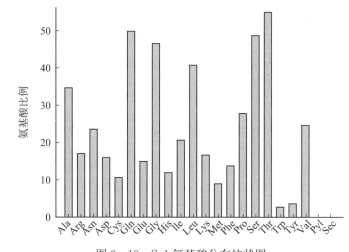

图 3 - 18 Sp1 氨基酸分布柱状图

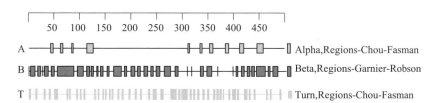

图 3 - 19 草鱼 Sp1 蛋白的二级结构预测

白结构域的预测结果显示，Sp1 蛋白具有 3 个 SP 家族典型的 Cys2His2 锌指结构（图 3 - 20）。

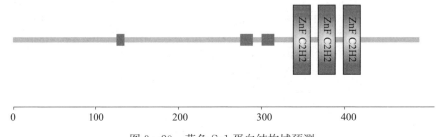

图 3－20　草鱼 Sp1 蛋白结构域预测

Sp1 蛋白磷酸化位点预测结果显示，在 Sp1 蛋白结构中具有多个影响细胞周期和细胞增生与凋亡的磷酸化位点，包括 PKA、PKC、CDK、CKI 和 IKK，预示着转录因子 Sp1 的功能可能与细胞周期及其增殖和凋亡有密切的关系。Sp1 的转录后翻译修饰的磷酸化作用影响 Sp1 蛋白对 DNA 的结合活性从而影响目标基因的转录水平。已有研究表明，平滑肌细胞中血小板源生长因子 β-chain（PDGF-β）基因的表达受到 Sp1 蛋白的磷酸化作用的调控（Rafty，2001）。因此，对蛋白质磷酸化位点的预测有助于研究 Sp1 在细胞中的转录活性调节。

3.3.2　*Sp1* 基因时空表达特征

在哺乳动物中，Sp1 的分布较为广泛，能与许多的下游基因启动子结合，调控动物的生长发育。将小鼠的 *Sp1* 基因敲除后，小鼠胚胎发育迟缓，并在受精着床后的第 10 天死亡，表明 Sp1 在小鼠正常生长发育方面有重要作用（Marin et al.，1997）。

3.3.2.1　*Sp1* 在不同组织的相对表达量

对草鱼 *Sp1* 不同组织表达差异分析的取样与 3.1.2.2 中 *PepT1* 的组织取样方法、取样条件以及取样的组织，RNA 的提取、逆转录等均一致。结果显示，*Sp1* mRNA 在大部分的组织中都要表达，在中肠和鳃中表达最高，后肠和脑组织的表达量相对较高，在脾脏和垂体中的表达量最低（图 3－21）。

Sp1 的组织表达谱分析结果显示 Sp1 可能不同程度参与不同组织的生理生化活动，草鱼肠道既是营养吸收器官又是免疫器官，Sp1 在肠道的高表达说明其极有可能参与肠道营养与免疫相关的生理活动。研究表明，Sp1 可能参与细胞生长有关的管家基因的转录调控（Saffer et al.，1991；Zhang et al.，2011）。从 mRNA 和蛋白水平检测小鼠 *Sp1* 在不同组织细胞中的表达情况，在 35 d 的小鼠胸腺中 *Sp1* mRNA 水平达到最高，并且在肺和脾脏中也有较高的表达，在肾脏中表达较低。免疫组化的试验中发现小鼠 Sp1 在发育良

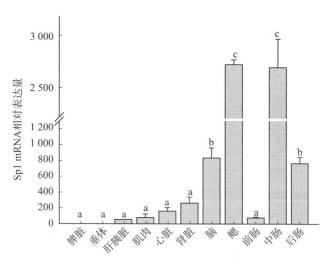

图 3 - 21　草鱼不同组织 *Sp1* mRNA 相对表达丰度（平均值±标准差，$n=3$）

好，完全分化的细胞、肝细胞、成熟的小鼠大腿肌肉中发挥调控功能的表达水平非常低，说明 *Sp1* 低水平表达也有重要意义，虽然 Sp1 作为管家基因转录的特异性调控因子已经得到证实，但是 Sp1 对细胞生长的作用仍需深入研究（Saffer et al.，1991）。由于组织表达受营养、环境、发育情况等生理状态的调控（Cruz，2009），Sp1 在肠、鳃等草鱼组织的表达差异说明 Sp1 转录调控机制的复杂性。

3.3.2.2　*Sp1* 在不同胚胎发育时期的表达分析

草鱼受精卵的获得以及受精后的发育阶段取样与 3.1.2.1 的 *PepT1* 的分析一致取样至出膜期 4 d。研究发现 Sp1 的表达在出膜前后有显著的变化差异，出膜前的各发育阶段的表达均高于出膜后的时期，出膜前的原肠期和器官期是出膜前表达最高的两个阶段，出膜后的第 3 天有较高的表达，其余时期表达都相对较低（图 3 - 22）。

Sp1 在草鱼胚胎及出膜后的不同发育阶段的表达变化显示，在草鱼胚胎发育的原肠期和器官期，由于细胞的快速分裂，代谢加速，*Sp1* 受到细胞周期及其他蛋白的影响，表达量相对提高，从而调控多基因的转录表达。Sp1 的表达在小鼠胚胎快速发育阶段，如蜕膜期，其表达水平会迅速提高。*Sp1* 的敲除会导致小鼠胚胎发育迟缓与死亡，并影响胸苷激酶和转录抑制因子甲基 CpG 结合蛋白 2（MeCP2）在分化细胞中的表达，但是不影响甲基化 DNA 的正常表达，说明 Sp1 在胚胎发育时期可能起着重要且复杂的转录调控作用（Saffer et al.，1991；Livark，2001；Coskun et al.，2010）。

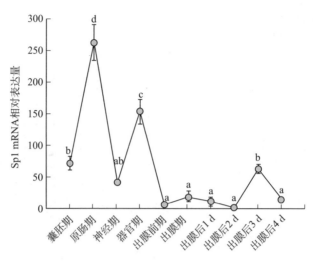

图 3-22　草鱼胚胎发育时期的 *Sp1* mRNA 相对表达丰度（平均值±标准差，$n=3$）

3.3.3 *Sp1* 基因表达的营养调控

已有研究表明，CDX2 能通过与 Sp1 的相互作用，借助 Sp1 对 PepT1 启动子的绑定作用，实现对 PepT1 的转录调控作用，从而影响小肽的转运吸收（Shimakura et al.，2006）。Sp1 参与小肽在动物肠道中的转运吸收，其在草鱼肠道中的表达是否受饲料中添加的外源蛋白的调控，其表达水平是否影响肠道对营养素的吸收是本部分研究的重要内容，旨在优化草鱼饲料配方，为草鱼健康养殖提供理论参考。

3.3.3.1 不同蛋白源对草鱼肠道 *Sp1* mRNA 表达的影响

不同蛋白源对 Sp1 表达的影响试验按照饲养时间点（第 7、14、21、28 天）取不同蛋白源饲料饲养的草鱼肠道组织，通过实时荧光定量 PCR 分析饲料中添加的不同蛋白源对草鱼肠道 Sp1 表达的影响。

研究表明，混合组（豆粕与鱼粉的混合）对草鱼肠道 *Sp1* 的 mRNA 表达有较强的促进作用，相比其他两个处理组，混合组处理在同时间点 *Sp1* mRNA 表达量均最高；在第 7 天和第 14 天，鱼粉组虽高于豆粕组，但两者无显著性差异（$P>0.05$），在第 21 天所取样品中，鱼粉组的表达量较之豆粕组差异明显（$P<0.05$）；在第 28 天，鱼粉组和混合组间表达量不分上下，但两者均显著高于豆粕组。另外，三个组的表达量均在 21 d 时最高，其次为 28 d，14 d 时最低（图 3-23）。

草鱼对蛋白质的需求是草鱼饲料研究的重要内容。饲料中添加的外源蛋白

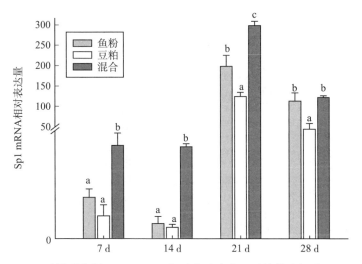

图 3 - 23　不同蛋白源 *Sp1* mRNA 相对表达丰度（平均值±标准差，$n=3$）

的水平、来源等通过对草鱼生长发育相关基因的调控，影响草鱼的生长发育。动植物蛋白源饲料（鱼粉和植物蛋白）分别喂养的虹鳟的肝脏转录组测序结果分析显示：动物蛋白饲料相比植物蛋白饲料更能促进蛋白代谢相关基因羧肽酶 A1 和 α-天冬氨酰二肽酶的表达（Panserat，2009）。饲料中分别添加豆粕和鱼粉作为蛋白源分析不同蛋白源对大西洋鳕肠道氨肽酶基因的表达调控研究，结果显示豆粕饲料组中氨肽酶基因的表达量更高（Lilleeng et al.，2007）。相比豆粕，不同倍性鲫和草鱼中 *PepT1* 和酸脱氢酶（*GDH*）基因的表达受到鱼粉的促进更大（Liu et al.，2012；Liu et al.，2013；Liu et al.，2014）。综上所述，同一蛋白源对不同基因甚至不同的物种的调控，不同蛋白源对同一基因的调控都是有一定的差异的。本部分的研究结果显示鱼粉相比豆粕更能促进 *Sp1* 的表达，但是可能两者的混合饲料的氨基酸组成更为全面，混合饲料更能促进草鱼 *Sp1* 的表达。

3.3.3.2　不同蛋白水平对草鱼肠道 *Sp1* mRNA 表达的影响

添加了不同蛋白水平（22%、27%、32%、37%、42%）的 5 种饲料分别饲喂草鱼，并在饲喂的不同时间点（第 7、14、21、28 天）取样分析不同蛋白水平对 *Sp1* 表达的影响。研究表明，不同的蛋白水平对 Sp1 表达的影响在第 7 天差异均不明显，在第 14 天才显现出明显的差异。在 4 个取样时间点，5 个蛋白水平均在第 21 天左右对 Sp1 表达的促进作用达到最高点。5 个蛋白水平中，27%CP 试验组在第 14 天，第 21 天到第 28 天不同时间段 *Sp1* mRNA 表达相对于其他蛋白水平组具有显著差异（$P<0.05$）；在 42%CP 试验组不同时

间段 Spl mRNA 表达差异不明显 （$P > 0.05$）（图 3 - 24）。

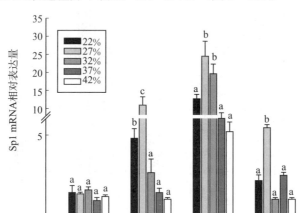

图 3 - 24　不同蛋白水平 Spl mRNA 相对表达丰度（平均值±标准差，$n = 3$）

　　研究表明，鱼类体内的消化酶，如胃蛋白酶和肠蛋白酶的生物学活性会受到一定范围内饲料蛋白的添加水平的影响，从而影响其非特异性免疫反应（邵庆均等，2004；赵东海，2004；张桐，2011）。不同倍体鲫 $PepT1$ 的表达与饲料中添加的蛋白水平呈正相关，这可能与鱼类生长发育对蛋白的高需求有关（Liu et al.，2014）。而草鱼中 $PepT1$ 的表达与在草鱼日粮中不同蛋白的添加水平没有明显的正相关性，一定范围内的低水平的蛋白添加相比高水平的添加随着饲养时间的延长更能促进 $PepT1$ 的表达（Liu et al.，2013）。本研究发现 Spl mRNA 的表达在不同蛋白水平处理第 21 天时达到最高值。在蛋白水平为 27%CP 的试验组中，第 14、21 和 28 天这三个时间点，Spl mRNA 表达量相对于其他组具有明显差异（$P < 0.05$），42%CP 的高蛋白水平 Spl mRNA 表达无明显差异（$P > 0.05$）。总体来说，在草鱼中饲料中蛋白水平的添加为 27%时更能促进 Spl mRNA 表达，其表达受到最适蛋白水平的调控，说明蛋白水平对 Sp1 的表达调控可能属于负反馈调节，但是具体原因或机制有待进一步的研究。

3.4　CDX2 和 Sp1 对 $PepT1$ 表达的调控

3.4.1　草鱼 CDX2 和 Sp1 相互作用

3.4.1.1　哺乳动物双杂交验证 CDX2 与 Sp1 的相互作用

　　哺乳动物中的研究表明 PepT1 的启动子没有 CDX2 的结合位点，但是有 Sp1 的结合位点，CDX2 通过与 Sp1 相互作用，以 Sp1 为桥梁调控 PepT1 的转录。草鱼中 CDX2 与 Sp1 的相互作用有待进一步的验证。本部分研究采用哺乳动物双杂交系统验证草鱼 CDX2 与 Sp1 的相互作用，并以 MyoD（成肌调节因子）和 Id（分化抑制蛋白）作为阳性对照。研究结果表明 Sp1 与 CDX2 组和阳性对照组一致，pG5 的荧光素酶活性均显著高于阴性对照组，说明 CDX2 与 Sp1 在草鱼中可能存在相互作用（图 3 - 25）。

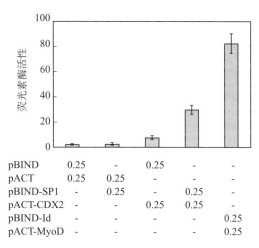

pBIND	0.25	-	0.25	-	-
pACT	0.25	0.25	-	-	-
pBIND-SP1	-	0.25	-	0.25	-
pACT-CDX2	-	-	0.25	0.25	-
pBIND-Id	-	-	-	-	0.25
pACT-MyoD	-	-	-	-	0.25

图 3 - 25　哺乳动物双杂交系统验证 CDX2 与 Sp1 相互作用（质粒加入量单位为 μg）

3.4.1.2　CDX2 与 Sp1 的共定位分析

CDX2 与 Sp1 在草鱼中的相互作用通过两者在细胞中的共定位得到了进一步的验证。CDX2 与 Sp1 的荧光共定位分析显示，CDX2 与 Sp1 均共定位于细胞核中，表明两者在草鱼中相互作用的可能性（彩图 17）。

3.4.2　*PepT1* 启动子分析

PepT1 的转录表达水平受到其上游启动子的调控，而启动子的活性会外源信号物质的影响。目前已有研究表明人类 *PepT1* 基因的表达水平受到上游 CDX2 与 Sp1 的调控（Shimakura et al.，2006）。而鱼类中是否存在类似的调控机制有待进一步的研究。

3.4.2.1　*PepT1* 5'端调控序列克隆

通过染色体步移克隆草鱼 *PepT1* 基因部分启动子序列，测序后获得的序列 100% 能与草鱼基因组序列匹配上，从而确定该序列为草鱼 PepT1 的启动子序列，长度为 1 579 bp（图 3 - 26）。启动子 CpG 岛数量在线分析结果显示，克隆获得的草鱼 *PepT1* 启动子序列存在一个 GC 含量为 50% 左右的 CpG 岛

（图 3 - 27）。

```
   1  CAATCCAGAAGGGGGCGCGCGCGGTAATACAATGCTGTTTGCTAACCGCCACAACAGGAA
  61  AAAGCGCAGAAGAAGAAAATGGCTGCATCCGAAAGCTTAAAAATGCTGCCTTCGGAGGAC
 121  ACATTCCAAGGTAGGAAGGCATCAAGGCACGTCCGAATCCAATGTTAGTTTTACTTCCTG
 181  TCTCCCGAGATGTCTTCATCTGATCGATTTTTGAAGGCAGCATAGATGTAGCCTTCGCTG
 241  CATTTGATATCCCACAATCCTGTGCGCTCCATTCGGTGACAGTTGAGCTATAAAAAGAAA
 301  GATGGCATCTGAAATTTGTGGTTTCTGGTCAGTTTGTGTAAATGTATGTTTTTGACCAAC
 361  GGTTTCCACTTCTGATGTAATTTCTAGTGAGAAATTACTACTGTAGTATTTAAATATTTG
 421  TTTAGTTCTCACCAAAGCTGTGGATCATTAAACAGTTATGCTGCCTCAGAAGTCCGTGTG
 481  CAAACGCTTCCTGTAGACTCATTGCCTTTAAGGCAGCGAGGCAACAAGTCAATTGCTTAA
 541  CTTTTCGGATGTAGCCGACTTGACAGTAATCTCTCAACCAGTGTTTCAACTGTGGAAAGA
 601  CATCAGTAAAACAGTTTGAGAATAATATCTCACATAGCATGACATTTACCTCAGGCAAGT
 661  CATTTAGTGTCCACAGCATGTTAGTTCACTAGAGAAATGAACTCTAGAGGGAGCATTTCA
 721  CTAAATATATGCATTATATTAGCTTATATATTCATTATATTTGCTTTACCTGTTAGTAAT
 781  GTCTTAATTATTTAATGTTTAAATACATTTGTTATGAAAACAAGTTATGACAGTAATTGT
 841  GTAAATGATTATATTTCAAAAATGAATTGCAGTAGAAAATTGAAAAAAAAAATTCTGATT
 901  TATATTTTAATTCAAAACCTTATGTGCAATTTACATGTTTTTTTATTTTTTTAAGTGTTA
 961  TATCTAAAAATAAACAGCAACTGAATTTAATAGTTTGAGCTCTGTTGTAAACTTTAATAT
1021  TATAGTAATGTGCAAGAAAATGCTCCCTGTATATAGTTTACAGCATTAGCTGAGATTTTT
1081  TTTATCCTTAAAAAAATGTTAATTATAATTGAATTTATTTAAAGAGAGAGACACAAAATT
1141  GTTCAATAAATCACTGTTTAATAAAAAAAAAATGTTTATGTTTTTATGTTTAGTTTTTCT
1201  CCCCTCTGCTGTACCGGACCGTCAAGTTTGTGTACATTACACCCCTAATATATATATATA
1261  TATATATATATATATATGGATATAGGAAAACAATGATGTTTAGTACTTTTCAGTATATAG
1321  TTTTTTAATTTTTAGAATGATGAAATAAATTAGTATATTAATTACTCATTAACTTGCCTG
1381  TCTTTATCACAAAGGCCAAAAGTTCCTATCGTTTGATTTTGTTGTATATATTGATAACAG
1441  TGCCATAAATAACTAAACTGTTCCTCAATTGCCTCCTCCCACTCATCACACACACAGTCAC
1501  AGGTCACAAATGCTGTCATAAATATTTATGTCAACCTCTTTTTAAGCCAGTGGTGGCCAC
1561  GGAAGCATAAGGAAACATT
```

图 3 - 26　*pGL3-PepT1* 5' 端调控序列

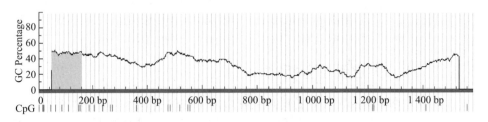

图 3 - 27　草鱼肠道 *PepT1* 启动子 CpG 岛

3.4.2.2　转录因子结合 PepT1 启动子活性位点的生物信息学预测

　　PepT1 基因上游转录因子在 PepT1 启动子上的绑定位点在线预测结果显示，PepT1 启动子序列上有多个 CDX2 的转录结合位点，具有 1 个潜在的 Sp1 结合位点，在线预测的分数越高表明其靶向结合调控的可能性越大（表 3 - 9）。该结果表明，与哺乳动物 CDX2 必须通过 Sp1 调控 PepT1 不同，草鱼 CDX2 也许能通过与 PepT1 启动子相互作用直接调控 PepT1 的表达介导肠道对小肽的转运吸收。

表 3 - 9　启动子 *PepT1* 活性位点预测

转录因子	分数	起始位点	终点	预测位点序列
CDX2	12.656	285	295	GAGCTATAAAA
CDX2	7.863	1 030	1 040	GTGCAAGAAAA
CDX2	7.409	1 156	1 166	GTTTAATAAAA
CDX2	12.479	1 440	1 450	GTGCCATAAAT
Sp1	11.056	1 472	1 482	CCTCCTCCCAC
CDX2	10.984	1 513	1 523	CTGTCATAAAT

3.4.3　CDX2/Sp1 对 *PepT1* 启动子的调控

为进一步验证草鱼中是否存在与哺乳动物相似的 PepT1 调控机制，本部分研究通过荧光素酶试验在 HEK293T 细胞中分别分析了 CDX2 与 Sp1 对草鱼 PepT1 活性的影响，并以空载体为阴性对照，pRL-TK 作为内部参照。研究结果表明，与哺乳动物研究结果不一致，在草鱼中 CDX2 能直接调控 PepT1 启动子，不需要 Sp1 作为桥梁，而 Sp1 对 PepT1 启动子活性的调控作用不明显（图 3 - 28）。该研究结果进一步证实草鱼 PepT1 的调控机制与哺乳动物有差异。

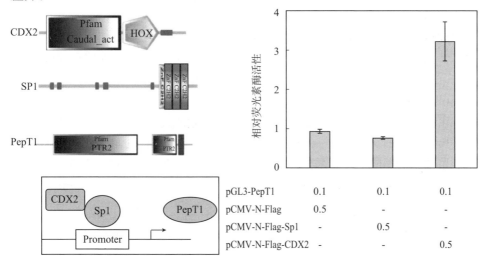

图 3 - 28　草鱼 CDX2 和 Sp1 过表达对 *PepT1* 启动子活性的影响（质粒加入量的单位为 μg）

荧光素酶试验结果与启动子活性预测结果相互印证，表明草鱼中 *PepT1* 的调控机制确实与哺乳动物中不同，草鱼 CDX2 可以直接绑定 *PepT1* 启动子调控其转录，而转录因子 Sp1 对 *PepT1* 启动子的激活没有显著的关联。该研究结果为进一步解析草鱼 *PepT1* 的调控机制提供了坚实的研究基础。而在本部分研究中，草鱼 CDX2 与 Sp1 在哺乳动物双杂交试验中可能存在的相互作用以及在细胞核中的共定位，说明草鱼中 CDX2 与 Sp1 的功能机制与高等动物之间有一定的相似性，而两者对草鱼 PepT1 的调控机制则与哺乳动物可能有明显的不同。

3.4.4 丁酸钠和三丁酸甘油酯对 *CDX2* 和 *Sp1* 及 *PepT1* 表达的调控

三丁酸甘油酯是丁酸的前体物，在肠道内被胰脂肪酶水解成丁酸和甘油，具有穿过胃液不被消化吸收、在肠道定点缓释丁酸离子、为肠道细胞提供能量、促进生长发育、调节肠道菌群平衡、修复肠道黏膜、提升肠道健康的作用，且三丁酸甘油酯相比丁酸及其盐类物质丁酸钠具有更好的稳定性和食用友好性，是良好的饲料营养性添加剂和抗生素替代品（余东游等，2014；吴建军，2016）。长期以来，人们对丁酸及其衍生物作用的理解都停留在营养水平上，对于其作用的分子机制一直不是很清楚。目前的研究指明，CDX2 的表达受到丁酸钠的影响，并与丁酸钠的剂量和作用时间有一定的关系（Domon-Dell et al.，2002）。本研究通过体内与体外试验从分子水平分析了丁酸钠与三丁酸甘油酯对草鱼 *CDX2*、*Sp1* 和 *PepT1* 表达的调控作用。

丁酸钠与三丁酸甘油酯养殖试验：以草鱼幼苗［初始体重(43.50±0.5) g］为研究对象，普通饲料驯化饲养 1 周后再进行为期 4 周的摄食生长试验。试验以不添加丁酸钠/三丁酸甘油酯为对照组，试验组为 8 个分别添加了丁酸钠（2.5 g/kg、5.0 g/kg、7.5 g/kg）和三丁酸甘油酯（0.5 g/kg、1.0 g/kg、1.5 g/kg）的饲料处理组。

丁酸钠与三丁酸甘油酯细胞试验：草鱼细胞原代培养方法可参考 2013 年本实验室发表的文章（Liu et al.，2013）。在贴壁培养好的草鱼肠道细胞完全培养基中添加不同浓度丁酸钠（0、200 mmol/L、600 mmol/L、800 mmol/L）或者三丁酸甘油酯（0、5 mmol/L、10 mmol/L、15 mmol/L、20 mmol/L），处理 24 h 后取样。

3.4.4.1 丁酸钠对 *CDX2* 和 *Sp1* 及 *PepT1* 表达的调控

对丁酸钠养殖试验取样的肠道组织中的 *PepT1*、*CDX2* 和 *Sp1* 表达变化分析表明这三个基因的表达与丁酸钠的添加水平呈正相关（图 3-29）。

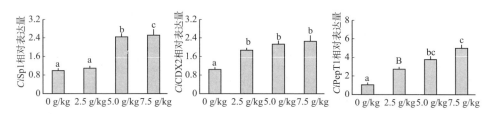

图 3-29 饲料中不同丁酸钠水平对草鱼肠道细胞中 *Sp1*、*CDX2* 和 *PepT1* mRNA 相对表达量的影响（平均值±标准差，*n*＝4）

在细胞水平，*PepT1*、*CDX2* 和 *Sp1* 三者的表达趋势相同，均有一个最佳的丁酸钠处理水平。CDX2 与 PepT1 的表达在丁酸钠添加水平为 0.2 mol/L 时表达水平达到峰值，而 Sp1 则在添加水平为 0.6 mol/L 时达到峰值（图 3-30）。

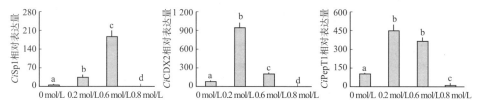

图 3-30 不同丁酸钠水平对草鱼肠道细胞中 *Sp1*、*CDX2* 和 *PepT1* mRNA 相对表达量的影响（平均值±标准差，*n*＝4）

3.4.4.2 三丁酸甘油酯对 *CDX2* 和 *Sp1* 及 *PepT1* 表达的调控

（1）三丁酸甘油酯对草鱼生长性能指标的影响

从表 3-10 可见，4 周的养殖试验中，所有的三丁酸甘油酯处理组与对照组，草鱼的存活率均为 100%。对草鱼增重率和特定生长率有明显促进作用的是添加水平为 1.0 g/kg 的三丁酸甘油酯处理组，1.5 g/kg 的添加水平对这两个指标的影响与对照无明显差异。

表 3-10 不同三丁酸甘油酯量对草鱼生产性能的影响（平均值±标准差，*n*＝4）

项目	三丁酸甘油酯水平（g/kg）			
	0	0.5	1.0	1.5
初始均重（g）	43.20±0.088[a]	43.30±0.018[a]	43.20±0.088[a]	43.60±0.194[a]
终末均重（g）	61.70±3.217[a]	67.80±1.096[b]	75.30±16.299[c]	60.20±4.278[a]
成活率（%）	100.0±0[a]	100.0±0[a]	100.0±0[a]	100.0±0[a]
增重率（%）	42.82±0.072[a]	56.58±0.026[b]	74.31±0.151[c]	38.07±0.105[a]
特定生长率（%）	0.64±0.001[a]	0.80±0[b]	0.99±0.002[b]	0.58±0.001[a]

注：同一列中，不同的小写字母表示差异性显著（$P < 0.05$）。

（2）三丁酸甘油酯对草鱼 *PepT1*、*CDX2* 和 *Sp1* 基因表达的调控

对三丁酸甘油酯养殖试验草鱼肠道中 *PepT1*、*CDX2* 和 *Sp1* 的 mRNA 表达水平分析结果显示，三丁酸甘油酯对三个基因的表达影响一致，*PepT1*、*CDX2* 和 *Sp1* 均在 0.5 g/kg 的三丁酸甘油酯添加组表达水平最高，但是 CDX2 在 1.0 g/kg 添加组的表达与 0.5 g/kg 添加组的表达水平相当，没有明显差异；PepT1 和 CDX2 的表达在 1.5 g/kg 的处理组表达水平最低，Sp1 的表达在除了 0.5 g/kg 的其他处理组的表达与对照组没有差异（图 3-31）。

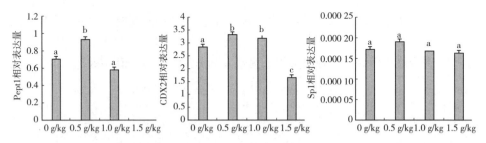

图 3-31 不同三丁酸甘油酯水平对草鱼肠道细胞中 *Sp1*、*CDX2* 和 *PepT1* mRNA 相对表达量的影响（平均值±标准差，$n=4$）

（3）三丁酸甘油酯对草鱼肠道细胞 *PepT1*、*CDX2* 和 *Sp1* 基因表达的调控研究

三丁酸甘油酯对草鱼 *PepT1*、*CDX2* 和 *Sp1* 的 mRNA 表达在细胞水平的影响研究结果显示：三丁酸甘油酯对三者表达促进的最佳添加浓度时 5 mmol/L。高于 5 mmol/L 的添加水平，这三个基因的表达水平会逐渐降低，尤其是 CDX2 的表达水平在 0.5 mmol/L 之后呈阶梯式降低，而 PepT1 的表达则在添加浓度为 10 mmol/L 之后呈断崖式降低，三者在 20 mmol/L 的添加处理组的表达均低于对照组但没有显著性差异（图 3-32）。

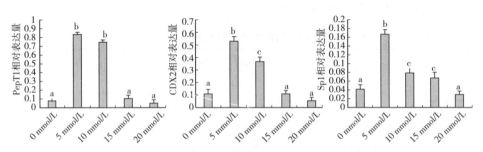

图 3-32 不同三丁酸甘油酯水平对肠道细胞 mRNA 相对表达量的影响（平均值±标准差，$n=4$）

饲料中一定添加水平的三丁酸甘油酯能显著提高草鱼的增重率和特定生长

率，该部分的研究对草鱼饲料中添加合适水平的三丁酸甘油酯促进草鱼的生长提供了指导。饲料或草鱼肠道细胞培养液中添加适量的三丁酸甘油酯能明显促进草鱼 *PepT1*、*CDX2* 和 *Sp1* mRNA 的表达。以上结果表明三丁酸甘油酯通过调控小肽转运相关基因的表达，尤其是促进小肽转运载体 PepT1 基因的表达，提高转运载体的数量，从而介导 PepT1 对小肽的转运。将本研究结果与前人在高等动物 PepT1 的调控机制研究比较，推测鱼类 PepT1 的调控机制可能与高等动物类似。

4 草鱼肠道 JAK2 – PepT1 调控途径

JAK（Janus kinase）是一类非受体型、非跨膜型的酪氨酸激酶。当前发现，JAK 有 JAK1、JAK2、JAK3 及 TyK2 共 4 个家族成员（吴小凤，2011）。JAK 家族成员分子质量大小都不同（120~140 ku），在其 N 端含有约 600 个氨基酸以及两个激酶区域，在其 C 端有 7 个结构域，包括 2 个功能区和 5 个同源区（O'shea et al.，1997）。JAK 可在细胞因子与其相应受体结合后磷酸化，进而激活下游的信号转导和转录激活子 STAT 来诱导目的基因的表达，从而调节机体的各项生理功能（Stahl et al.，1995）。

JAK2 在哺乳动物上研究较为深入。JAK2 在多种组织细胞中均有分布（Dalal et al.，1998；Saltzman et al.，1998），并在动物机体的胚胎发育（Duhé et al.，1995；Frenzel et al.，2006）、造血调节（Radosevic et al.，2004；赵声明等，2004）以及瘦素调节（Muraoka et al.，2003；肖维等，2008）等过程中起着非常重要的作用。然而，*JAK2* 基因在鱼类上的研究相对缺乏。经 NCBI 数据库搜索，目前仅见河豚、斑马鱼、鲤、鲫（*Carassius auratus*）和鳜（*Siniperca chuatsi*）等少数鱼类的 *JAK2* 基因 mRNA 核苷酸序列。*JAK2* 基因在鱼类中的结构和组织表达与哺乳动物相似，在物种间具有较高的同源性（Leu et al.，2000）。鳜 *JAK2* 基因的开放阅读框（Open Reading Frame，ORF）长度为 3 363 bp，其编码的氨基酸序列与河豚的相似性达 89%，而且鳜的蛋白结构显示与哺乳动物相同（Guo et al.，2009）。

关于鱼类 JAK2 蛋白功能的研究报道比较少，而且主要在免疫方面。斑马鱼 JAK2a 能够影响其血管构成和造血功能，将合成的短发夹 RNA 注射到斑马鱼受精卵中，发现在 24 h 后会抑制斑马鱼胚胎的血液循环，所有胚胎都死于 8 天内；敲除 *JAK2a* 72 h 后，会破坏斑马鱼胚胎的血管构造（Sung et al.，2009）。Guo 等（2009）学者报道，鳜 JAKs 和 STATs（不包括 STAT5）转录水平的提高，会显著提高细胞内细胞因子信号抑制物（Suppressor of cytokine signaling，SOCS）1、3 和干扰素调节因子 1（Interferon Regulatory Factors，IRF-1）等免疫因子基因的 mRNA 表达水平，进而提高机体免疫应答水平。此外，还有研究学者发现斑马鱼 JAK2a 能够参与其干扰素-γ

（Interferon-γ，IFN-γ）信号转导（Aggad et al.，2010）。

4.1　*JAK2* 基因克隆与营养调控

4.1.1　*JAK2* 基因克隆与序列分析

利用同源克隆技术克隆草鱼肠道组织中 *JAK2* 基因 cDNA 序列，通过 1.2％的琼脂糖凝胶电泳检测 PCR 产物长度为 3 676 bp，并将序列提交到 GenBank，登录号为 No. MK330872。

运用 PredictProtein 和 DNAstar 在线软件分析 *JAK2* cDNA 序列，发现草鱼 *JAK2* 基因 ORF 长度为 3 378 bp，编码 1 126 个氨基酸，分子质量为 130 ku，等电点为 6.37。如图 4－1 所示，JAK2 氨基酸序列具有 4 个结构域：一个类踝蛋白结构域（B41）、一个 Src 同源结构域（SH2，能与下游的 STAT 结合）和两个酪氨酸激酶催化结构域（TyrKc）。

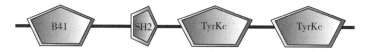

图 4－1　草鱼 JAK2 蛋白质的保守结构域

将 *JAK2* 基因在 NCBI GenBank 中进行 BLAST 分析，下载 18 个物种的 JAK2 氨基酸序列（GenBank 的登录号见表 4－1）。进化树分析结果表明，系统进化树显示其主要分为三个分支，包括哺乳动物、鸟类和鱼类，与传统分类学相一致（图 4－2）。同为鲤科鱼类的斑马鱼（*Danio rerio*）、鲤（*Cyprinus carpio*）、鲫（*Carassius auratus*）和犀角金线鲃（*Sinocyclocheilus rhinocerous*）与草鱼 JAK2 氨基酸序列相比，相似性在 96.2％～97.2％，一致性在 91.5％～94.0％。

表 4－1　草鱼 JAK2 与其他已知物种 JAK2 的氨基酸比较

物种名称	GenBank 序列号	相似性	一致性
人 *Homo sapiens*	NP_001309125.1	84.6	68.8
野猪 *Sus scrofa*	BAA21662.1	84.8	69.7
牛 *Bos taurus*	XP_005210038.1	84.7	69.4
褐家鼠 *Rattus norvegicus*	NP_113702.1	84.8	69.3
苏门答腊猩猩 *Pongo abelii*	NP_001125600.1	84.6	68.9
家鼠 *Mus musculus*	NP_032439.2	84.8	69.4
普氏野马 *Equus caballus*	XP_001492713.1	85.0	69.5

（续）

物种名称	GenBank 序列号	相似性	一致性
原鸡 *Gallus gallus*	NP_001025709.2	83.1	69.2
吐绶鸡 *Numida meleagris*	XP_021235768.1	79.8	67.6
野鸽 *Columba livia*	XP_013227099.1	82.6	69.2
大山雀 *Parus major*	XP_015508092.1	83.2	68.6
金丝雀 *Serinus canaria*	XP_009097237.1	83.0	68.7
美国乌鸦 *Corvus brachyrhynchos*	XP_017588292.1	83.5	68.8
鲤 *Cyprinus carpio*	AJP77390.1	97.2	92.9
斑马鱼 *Danio rerio*	NP_571162.1	96.7	91.5
鲫 *Carassius auratus*	XP_026067978.1	96.2	91.8
大西洋鲑 *Salmo salar*	XP_014027024.1	89.5	77.4
虹鳟 *Oncorhynchus mykiss*	XP_021461243.1	89.5	77.2
犀角金线鲃 *Sinocyclocheilus rhinocerous*	XP_016383392.1	97.1	94.0

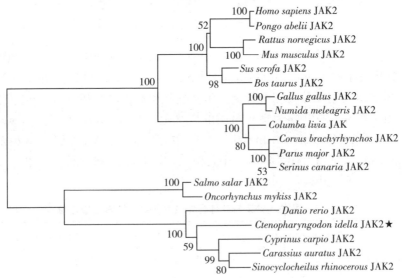

图 4-2　基于 19 种脊椎动物 JAK2 氨基酸序列的 NJ 系统进化树
（草鱼 JAK2 用星号标出）

　　采用 BioEdit 和 Clustalw 软件对草鱼与人（*Homo sapiens*）、牛（*Bos taurus*）、小鼠（*Mus musculus*）、原鸡（*Gallus gallus*）、鲤、鲫和斑马鱼 8 个物种的 JAK2 氨基酸序列进行，发现 *JAK2* 基因在物种间的保守性较好。

　　研究表明，*JAK2* 序列的相似性与物种的亲缘关系的远近有很大的关系

（Leu et al.，2000）。人的 *JAK2* 序列与鼠和猪的相似性非常高，均达到了 95%以上（Saltzman et al.，1998）。河豚与鳜间的 JAK2 氨基酸序列的相似性为 89%，河豚和小鼠之间为 66.8%（Guo et al.，2009）。系统进化分析中三个不同分支里，鱼类中大西洋鲑和虹鳟与草鱼 *JAK2* 的一致性分别为 77.4% 和 77.2%，相比其他鱼类高达 91%的一致性，其较低的一致性可能与其属于不同的科目有关，草鱼属于鲤科而这两者属于鲑科。氨基酸序列比对结果显示，*JAK2* 基因在物种间的保守性较好。人的 *JAK2* 基因通过 3 396 bp 的编码序列编码 JAK2 蛋白（Saltzman et al.，1998）。草鱼 *JAK2* 基因比人类 *JAK2* 编码的氨基酸数量少了 6 个氨基酸，这种差异可能与 JAK2 在进化过程中功能的多样性和不同物种的差异性相关。

4.1.2　草鱼 *JAK2* 基因时空表达特征

4.1.2.1　草鱼 *JAK2* 基因的组织表达分析

JAK2 基因在各组织中的表达分析结果显示，草鱼 *JAK2* 基因在所取各组织中均有表达，各组织分别为垂体（hypophysis）、心脏（heart）、肾脏（kidney）、肝脏（liver）、脾脏（spleen）、肌肉（muscle）和肠道（intestine），在肠道组织中的表达量最高，在垂体和脾脏中的表达最低（图 4-3）。

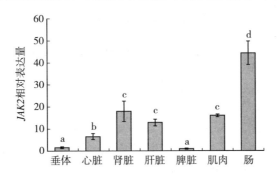

图 4-3　草鱼不同组织 *JAK2* mRNA 相对表达量（平均值±标准差，*n*＝4）
不同小写英文字母代表差异显著（*P*<0.05）

在多个物种中的研究表明，JAK2 的组织表达比较广泛。人 *JAK2* 基因几乎在所有的组织中均有表达，其中睾丸和脾脏为主要表达的组织（Saltzman et al.，1998）；大鼠 JAK2 的组织表达分布也较为广泛，但是主要在脑和脾脏中表达（Neubauer et al.，1997）。在鱼类的多种组织中 *JAK2* 基因同样广泛的表达，不同的鱼类间也存在一定差异。鳜 *JAK2* 组织表达分布最多的是在性腺中（Guo et al.，2009）。本研究分析的草鱼 *JAK2* 基因的组织表达特征与鳜 *JAK2* 的表达有一定的差异，这与两者分别属于草食性动物和肉食性动物的种属差异性有关。

4.1.2.2 草鱼不同发育时期 *JAK2* 基因的相对表达量

取草鱼胚胎发育的 8 个时期分析 *JAK2* 随胚胎发育的表达变化，8 个发育时期分布为受精卵（fertilized egg）、原肠期（gastrula stage）、神经期（neurologic stage）、器官期（organ stage）、孵化期（hatching stage）、出膜 1 d（1 d post hatch）、出膜 4 d（4 d post hatch）和出膜 7 d（7 d post hatch）。

结果显示：从受精卵阶段开始，*JAK2* 基因在胚胎发育过程各阶段均有表达，呈动态变化；原肠期阶段表达量最高，显著高于其他时期（$P < 0.05$）；其余七个时期基本保持稳定，无显著差异（$P > 0.05$）（图 4 - 4）。

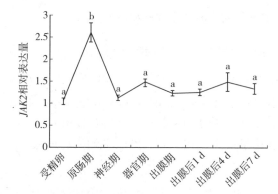

图 4 - 4　草鱼胚胎发育时期的 *JAK2* mRNA 相对表达量

Janus 家族激酶（JAKs）是一种非受体蛋白酪氨酸激酶，JAKs 参与多种细胞的生长、存活、发育以及分化，同时在免疫和造血方面起着重要作用（Duhé et al.，1995；Dalal et al.，1998；Saltzman et al.，1998；Radosevic et al.，2004；Frenzel et al.，2006）。原肠胚（gastrula）是动物胚胎发育过程中的一个重要阶段，是从囊胚发育而来，具有双胚层或三胚层的动物胚胎（刘静霞等，2005）。在原肠期，细胞核开始发挥主导作用，合成新的蛋白质，细胞分化显著，为组织发生、器官发生打下基础（刘静霞等，2005）。本试验中，*JAK2* 在原肠期表达量达到最高值，可能是由于在原肠期细胞分化显著，同时也说明 *JAK2* 基因表达随物种所处的个体发育阶段的变化而变化。

4.2　JAK2 对 *PepT1* 表达的调控

4.2.1　JAK2 对 *PepT1* 表达的作用

以 HEK293T 细胞为模型，通过荧光素酶试验检测 pCMV-N-Flag-JAK2

对 *PepT1* 基因活性的调控，试验以空质粒 pCMV-N-Flag 为空白对照，pRL-TK 为内参，每组四个重复。如图 4－5 显示，草鱼 *JAK2* 基因过表达能够显著上调 *PepT1*5′端调控序列的活性（$P < 0.05$）。

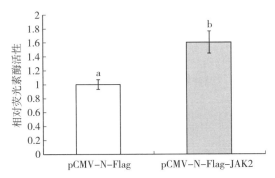

图 4－5　草鱼 JAK2 过表达对 *PepT1* 5′端调控序列活性的影响

　　在哺乳动物中，JAK2-STAT 信号通路在瘦素信号转导中起着关键作用。最近 Ostaszewska 等（2010）在虹鳟的生长试验中证明饲料中添加二肽 Lysyl-glycine 能显著诱导肠道 *PepT1* 和瘦素的表达水平，免疫组织化学检测发现虹鳟 *PepT1* 和瘦素蛋白在肠道上皮细胞刷状缘膜上都有较强的表达信号。这为我们提供了探究 Leptin 是否可以通过 JAK2 信号通路调控草鱼肠道 PepT1 转运小肽基因的思路和依据。Buyse 等（2001）研究了瘦素对大鼠空肠和人肠 Caco-2 细胞 PepT1 运转小肽功能的影响，发现 PepT1 和瘦素受体在 Caco-2 和大鼠肠黏膜细胞中表达，瘦素显著增加了 Gly-Sar 转运的最大速度。此外，瘦素刺激的 Gly-Sar 转运被秋水仙素完全抑制，秋水仙素破坏了蛋白质向质膜的细胞易位（Buyse et al.，2001）。本研究构建了草鱼 JAK2 重组表达载体，通过双荧光素酶报告试验发现 JAK2 基因过表达能够显著上调 *PepT1* 5′端调控序列的活性，暗示了草鱼肠道 JAK2 对 *PepT1* 基因可能具有调控作用，也为后续进一步研究 JAK2 介导瘦素调控草鱼肠道 *PepT1* 基因的表达奠定了基础。

4.2.2　瘦素对 *JAK2* 和 *STAT3* 及 *PepT1* 表达的调控

4.2.2.1　不同水平瘦素对草鱼肠道 *JAK2* 和 *PepT1* 基因表达水平的影响

　　通过不同浓度瘦素的注射试验，检测草鱼肠道组织 *JAK2* 和 *PepT1* 的 mRNA 表达水平（图 4－6 和图 4－7）。结果表明：草鱼肠道 *JAK2* 基因表达量在瘦素浓度为 0.16 μg/g 时最高（$P < 0.05$），其余组间无显著差异（$P > 0.05$）。草鱼肠道 *PepT1* 基因表达量随瘦素浓度的升高呈先增加后降低趋势；

同样在瘦素浓度为 0.16 $\mu g/g$ 时表达量最高，显著高于其余五组（$P < 0.05$）；1.6 $\mu g/g$、16 $\mu g/g$ 和 160 $\mu g/g$ 瘦素组 *PepT1* 基因表达水平较低，显著低于前三组（$P < 0.05$）。总而言之，草鱼肠道 *JAK2* 和 *PepT1* 基因表达水平均呈先增后降趋势，在瘦素浓度为 0.16 $\mu g/g$ 时最高。

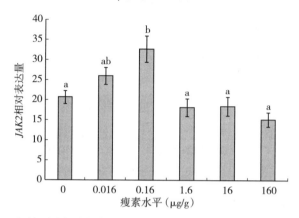

图 4-6　注射不同水平瘦素对草鱼肠道 *JAK2* mRNA 相对表达量的影响

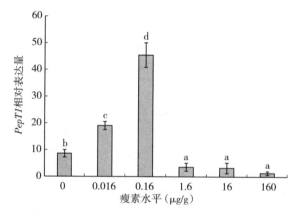

图 4-7　注射不同水平瘦素对草鱼肠道 *PepT1* mRNA 相对表达量的影响

关于鱼类瘦素生物学功能的研究主要集中在摄食和脂质代谢等方面。注射虹鳟重组瘦素 8 h 后会影响虹鳟的摄食，产生强烈的厌食反应，导致促食欲神经肽 Y mRNA 水平瞬时降低，而厌食性促黑素皮质素 A1 和 A2 的 mRNA 水平升高（Murashita et al.，2008）。重组草鱼瘦素蛋白通过腹腔注射后抑制了脂质代谢相关的重要酶脂蛋白脂肪酶的表达；促进了胆盐活化的胰脂肪酶和脂肪酸延长酶的基因表达（Li et al.，2010）。本研究通过活体腹腔注射不同浓度的草鱼重组瘦素，发现低浓度瘦素能够显著诱导草鱼肠道 *JAK2* 和 *PepT1* 基因的表达，表明瘦素可能通过 *JAK2* 介导草鱼 *PepT1* 的表达，从而调控

PepT1 对小肽的转运。

4.2.2.2 JAK2 抑制剂和瘦素对草鱼肠道 PepT1 基因表达水平的影响

通过草鱼腹腔注射试验，利用特异性抑制剂 AG490 干预 JAK2 活性，发现在处理 8 h 后，注射瘦素（0.16 μg/g）组草鱼肠道 PepT1 基因表达水平最高（$P < 0.05$），其余三组间无显著差异（$P > 0.05$）（图 4 - 8）。

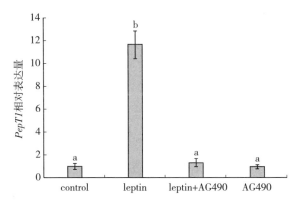

图 4 - 8　注射瘦素以及 AG490 对草鱼肠道 PepT1 mRNA 相对表达量的影响

接着我们利用特异性抑制剂 AG490 干预 JAK2 活性，发现在处理 8 h 后，草鱼重组瘦素（0.16 μg/g）诱导的 PepT1 基因表达水平被显著减弱甚至完全干预，进一步证实了 JAK2 基因可能介导了瘦素诱导的草鱼肠道 PepT1 表达调控过程。

4.2.2.3 瘦素对草鱼肠道细胞 JAK2 和 PepT1 基因表达水平的影响

分析不同浓度瘦素对草鱼肠道细胞中 JAK2 和 PepT1 的 mRNA 表达水平的影响（图 4 - 9 和图 4 - 10）。试验结果表明：JAK2 基因的 mRNA 表达量在 50 ng/mL 和 100 ng/mL 瘦素组最高（$P < 0.05$），PepT1 基因的 mRNA 表达量在 100 ng/mL 瘦素组最高（$P < 0.05$），其余组间均无显著差异（$P > 0.05$）。

4.2.2.4 JAK2 抑制剂和瘦素对草鱼肠道细胞 PepT1 基因表达水平的影响

以 AG490 和重组瘦素（100 ng/mL）处理草鱼肠道细胞 8 h 后，收集细胞，通过 RT-qPCR 对 PepT1 的 mRNA 表达水平进行检测（图 4 - 11）。试验

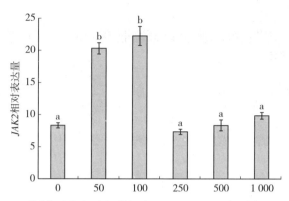

图 4 - 9　不同水平瘦素对肠道细胞 *JAK2* mRNA 相对表达量的影响

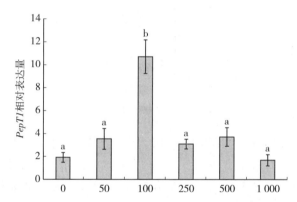

图 4 - 10　不同水平瘦素对肠道细胞 *PepT1* mRNA 相对表达量的影响

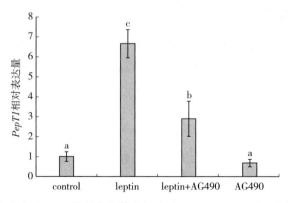

图 4 - 11　瘦素和 AG490 处理草鱼肠道细胞对 *PepT1* mRNA 相对表达量的影响

结果表明：培养基中只添加瘦素组细胞 *PepT1* 基因表达水平最高（*P*＜0.05）；瘦素＋AG490 组次之（*P*＜0.05）；对照组和 AG490 组最低（*P*＜0.05）。

在一定浓度范围内，瘦素对草鱼肠道不同瘦素 *JAK2* 和 *PepT1* 的表达有明显的促进作用，初步揭示其对 *PepT1* 的调控以及 *JAK2* 介导瘦素对草鱼 PepT1 调控的可能性。JAK2 特异性抑制剂 AG490 对 JAK2 活性的干预导致瘦素诱导的 PepT1 表达的下降，也进一步证明了 JAK2 对瘦素调控 PepT1 的介导。这也与哺乳动物体内瘦素信号转导通路（Matarese et al.，2010）以及 Buyse 等（2001）报道瘦素能够调控大鼠空肠和人肠 Caco-2 细胞 PepT1 运转小肽的研究结果相似。

4.2.3 大豆异黄酮（SIF）对 *JAK2* 和 *STAT3* 及 *PepT1* 表达的调控

由图 4-12 可见，我们对草鱼活体注射了不同水平的 SIF（0、4、6、8、10 μg/g），发现 SIF 注射剂量的不同也会影响瘦素信号通路上下游基因的 mRNA 表达。SIF 能促进瘦素 mRNA 的表达，随着注射剂量的增加呈现上升趋势。当其注射剂量为 8 和 10 μg/g 时脑瘦素 mRNA 表达显著上调（*P*＜0.05），在注射剂量为 10 μg/g 时表达水平最高，显著高于其他组（*P*＜0.05）。

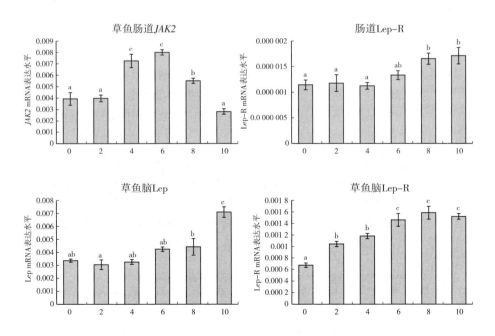

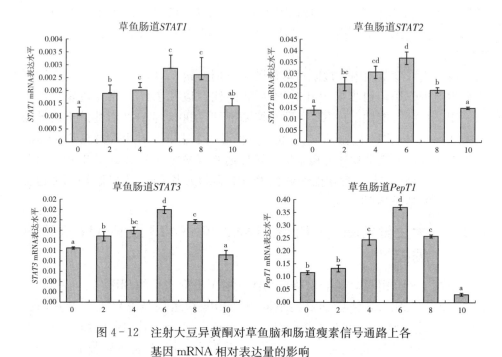

图 4-12　注射大豆异黄酮对草鱼脑和肠道瘦素信号通路上各
基因 mRNA 相对表达量的影响

图中数据为平均数±标准差（$n=3$），标注的小写字母不同代表差异显著（$P<0.05$）

SIF 能显著促进草鱼脑 Lep-R 的表达，各试验组的表达量均显著高于对照组（$P<0.05$），在 SIF 注射剂量为 8 μg/g 时表达量最高；SIF 能促进草鱼肠道 JAK2 的表达，当其注射剂量为 4、6、8 μg/g 时 JAK2 mRNA 表达量显著高于其他组（$P<0.05$），在注射剂量为 6 μg/g 时表达量最高。

SIF 能显著促进草鱼 STAT1 的表达，当注射剂量为 2、4、6、8 μg/g 时草鱼肠道 STAT1 mRNA 表达水平显著上调（$P<0.05$），10 μg/g 组相对于其他组均差异不显著；SIF 对草鱼肠道 STAT2 与 STAT3 的表达均具有促进作用，且均呈现出先上调后下调的趋势。当 SIF 注射剂量为 2、4、6、8 μg/g 时草鱼肠道 STAT2 表达水平显著上调（$P<0.05$），注射剂量在 6 μg/g 时有最高表达量，而当 SIF 注射剂量达 10 μg/g 则相对于其他试验组显著下调（$P<0.05$）；其注射剂量为 2、4、6、8 μg/g 时草鱼肠道 STAT3 表达水平显著上调（$P<0.05$），在注射剂量为 6 μg/g 时有最高表达水平，且显著高于其他组（$P<0.05$）。

SIF 能显著促进草鱼肠道 PepT1 的表达，随着 SIF 注射剂量的提高 PepT1 的表达水平呈现出先上调后下调的趋势，其注射剂量为 4、6、8 μg/g 时草鱼肠道 PepT1 表达水平显著上调（$P<0.05$），在注射剂量为 6 μg/g 时

PepT1 的表达水平最高，而当注射剂量达 10 μg/g 时 *PepT1* 的表达水平相对于对照组显著下调（$P<0.05$）。

JAK2 在细胞因子与其相应受体结合后发生磷酸化，进而激活下游的 *STAT1*、*STAT2* 和 *STAT3* 等信号转导和转录激活子，并借其 SH2 结构域形成二聚体，转运至核内，作用于核内的基因调控区从而影响目的基因的表达，进而调节机体的各项生理功能（Stahl et al.，1995；吴小凤等，2012），这也是瘦素信号转导的主要途径（Udagawa et al.，2000）。JAK2-STAT 通路与细胞生长、增殖及分化的关系密切，并且对调节骨骼肌发育和能量代谢具有重要影响（马佩云等，2010）。本试验中随着 SIF 在饲料中添加水平的不断提高，*JAK2*、*STAT1*、*STAT2* 和 *STAT3* mRNA 的相对表达均呈现出先上调后下调的趋势。*JAK2*、*STAT1* 和 *STAT2* 的相对表达均在 SIF 添加水平为 100 mg/kg 时有最大值，*STAT3* 则在 SIF 添加水平为 500 mg/kg 时有最大值，说明饲料中 SIF 水平过高会抑制 JAK2-STAT 通路上各基因的表达，这可能与 JAK2 对瘦素的调节作用有关（Muraoka et al.，2003；肖维等，2008）。

5 草鱼肠道 MDP – PepT1 调控途径

细菌性肠炎是危害非常大的传染性疾病,给草鱼规模化养殖带来挑战。研究鱼类细菌性肠道炎症具有重要的科学意义和应用价值。研究发现,肠道细菌过度繁殖或菌群失去平衡的状况下,肠道菌群可以释放大量细菌寡肽产物胞壁酰二肽(Muramyl Dipeptide,MDP)并越过肠黏膜屏障,诱发机体肠道炎症反应(Ostaszewska et al.,2010)。长期以来,人们对于 MDP 在肠道如何从胞外转运至胞内并以何种途径诱导细胞炎症反应并不清楚。近年来,随着现代生物学等学科的迅速发展,人们逐渐认识到一条由小肽转运载体 1 PepT1 介导细菌寡肽产物在动物肠道上皮细胞转运的关键途径(Charrier and Merlin,2006;Ingersoll et al.,2012)。

研究表明,小肽转运途径依赖于小肽转运载体 PepT1,其负责将二肽和三肽从细胞外转运到细胞内,并在动物肠道小肽的吸收中发挥关键性作用(Newstead et al.,2017;Spanier et al.,2014)。最近来自高等动物的研究发现,由 PepT1 介导转运的外来细菌寡肽产物通过激活胞内的具有核苷酸结合寡聚化结构域受体蛋白 2(Nucleotide-binding oligomerization domain 2,NOD2),并募集受体相互作用蛋白 2(Receptor-interacting protein 2,RIP2),继而通过核因子 κB(Nuclear factor kappa B,NF-κB)和有丝分裂原激活的蛋白激酶(Mitogen-activated protein kinase,MAPK)两条途径激活转录因子(Ingersoll et al.,2012),诱导肠道细胞炎性因子(IL-8 和 MCP-1)的表达,从而引起炎症反应(Kanneganti et al.,2007;Laroui et al.,2011)。前人研究结果表明,PepT1 介导的炎症信号通路具有重要的调控作用。然而,鱼类中是否存在类似的 PepT1 信号通路目前尚不清楚。

本研究正是基于这样一个现状,拟利用现代分子生物学技术鉴定草鱼肠道 PepT1 炎症信号通路关键基因序列,研究其对细菌 MDP 刺激的免疫应答规律,揭示 PepT1 途径的调控功能和分子机制。本研究不仅有助于阐明 PepT1 在草鱼肠道细菌性炎症中的功能及 MDP 诱导肠道炎症反应的分子机制,还将为解析鱼类肠道炎症发生的分子机制提供理论基础。

5.1 肠道 *PepT1* 炎症信号途径鉴定

有丝分裂原激活的蛋白激酶是肠道 PepT1 炎症信号通路的重要组成部分，在哺乳动物细胞多种受体信号传导途径中均有关键性作用（Johnson et al.，2002；Cloutier et al.，2007）。研究表明，MAPK 对外界刺激的响应是由一系列级联反应调控的，主要是通过 MAPK 激酶激酶（MAPK kinase kinase，MKKK）→MAPK 激酶（MAPK kinase，MKK）→MAPK 三级激酶级联进行信号的传递。当细胞受到刺激后，首先 MKKK 被磷酸化激活，继而磷酸化激活 MKK，而激活的 MKK 再磷酸化激活 MAPK，最终调节特定基因的表达（Farooq et al.，2004）。在真核细胞中，MAPK 由四个亚家族组成：细胞外信号调节激酶 1/2（Extracellular signal regulated protein kinase 1/2，ERK1/2）、c-Jun 氨基末端激酶（c-Jun N-terminal kinase，JNK）/应激活化蛋白激酶（Stress-activated protein kinases，SAPK）、大丝裂素活化蛋白激酶 1（Big MAPK kinase1，BMK1/ERK5）和 p38 促丝裂原活化蛋白激酶（p38MAPK）（Kondoh et al.，2007）。一般来说，每个 MAPK 的亚家族之间的功能存在着差异，如 ERKs 主要参与细胞的增殖和分化调控，而 JNK 和 p38 主要调控炎症反应、细胞周期和细胞死亡等多个生理过程（Rubinfeld et al.，2005；Ono et al.，2000）。

MKKs（MAPK kinases，MKKs）是 MAPK 信号转导通路的重要组成部分，它能够被上游 MKK 激酶（MAPK kinase kinase，MKKK）激活，然后将信号传递到下游 MAPK，最终激活转录因子，调控靶基因的表达（Kyriakis et al.，2001；Schaeffer et al.，1999）。MKKs 家族由多个成员组成，包括 MKK1～MKK7，其中 MKK6 能够活化下游激酶 p38，MKK7 能够活化下游激酶 JNK，而 MKK4 能同时激活 p38 和 JNK 两条 MAPK 信号转导通路，将细胞外的刺激信号转导至细胞及其细胞核内，并引起细胞凋亡、炎症反应及肿瘤发生（Tournier et al.，2001；Zou et al.，2007；Chang et al.，2002）。高等动物中，MAPK 家族基因序列和免疫学功能得到了广泛的研究，但是对于低等脊椎动物鱼类中，是否存在完整的 MAPK 信号通路，其是否参与 MDP/PepT1 诱导的草鱼肠道炎症反应尚不明确，这正好构成了本项目的研究内容。

5.1.1 草鱼肠道 *MKK4* 和 *MKK7* 基因的分子鉴定及表达特征

研究表明，MKK4 和 MKK7 是 JNK 的直接上游激酶，两者可使 JNK 的 Thr183 和 Tyr185 位点磷酸化而激活 JNK。MKK4 和 MKK7 都是双特异性蛋白激酶，都能磷酸化 JNK 的 Thr183 和 Tyr185 位点，MKK4 优先磷酸化 Tyr185 位点，而 MKK7 优先磷酸化 Thr183 位点（Tournier et al.，2001；Zou et al.，2007）。通常情况下，MKK4 和 MKK7 都是共同参与 JNK 的磷酸化作用，当敲除 *MKK4* 或者 *MKK7* 基因时，只能部分丧失磷酸化 JNK 的活性，只有同时敲除两个基因的时候，JNK 完全不能被活化（Zou et al.，2007）。进一步研究发现，MKK7 只参与炎症反应中的 JNK 活化，只有应激过程中的 JNK 的活化是 MKK4 和 MKK7 共同介导完成的（Tournier et al.，2001）。

5.1.1.1　草鱼 *MKK4* 和 *MKK7* 基因的分子克隆及结构特征分析

通过基因克隆并测序，分析了草鱼两个 MKK 家族成员 MKK4 和 MKK7。如图 5-1A 所示，*MKK4* 基因包含一个 1 212 bp 的开放阅读框，编码 403 个氨基酸的蛋白质。*MKK7* 的开放阅读框长度为 1 269 bp，编码 422 个氨基酸残基的蛋白质（图 5-1B）。与其他 MKK 家族成员类似，MKK4 和 MKK7 是典型的丝氨酸/苏氨酸酶，包含一个保守的丝氨酸/苏氨酸蛋白激酶（S_TKc）结构域和一个典型的双磷酸化基序（MKK4 序列中的 SIAKT，MKK7 序列中的 SKAKT）。

MKK4/MKK7 编码的蛋白质序列与其他报道的 MKK4/MKK7 编码蛋白质相比，草鱼 MKK4 和 MKK7 的 S_TKc 结构域和双重磷酸化序列显示出较高的保守性（图 5-2）。BLAST 分析表明，草鱼 MKK4 蛋白与其他物种的 MKK4 具有较高的序列同源性（80.3%～92.3%）和相似性（82.8%～95.6%），其中与鲤的 MKK4 具有 92.3% 的同源性和 95.6% 的相似性。与其他已知的 MKK7 相比，草鱼 MKK7 氨基酸序列与斑马鱼的 MKK7 同源性（98.3%）和相似性（99.3%）最高，与其他报道的 MKK7 的同源性和相似性分别为 80.2%～96.2% 和 88.9%～98.1%（表 5-1）。

多序列比对分析表明，草鱼 MKK4 和 MKK7 的氨基酸序列高度保守，与硬骨鱼类的 MKK4 和 MKK7 序列关系最近，表明草鱼 MKK4 和 MKK7 是硬骨鱼类 MKK 家族成员。草鱼 MKK4 和 MKK7 含有保守的 S_TKc 结构域，该结构域证明与 Ap-1 结合和蛋白质磷酸化有关（Raingeaud et al.，1996）。研究表明，MKK 的 SX_3T 结构模型可被上游 MKKKs 磷酸化并激活，对激活 MAPK 信号通路至关重要（Raingeaud et al.，1996；Kragelj et al.，2015）。MKK4 和 MKK7 的序列具有典型的双重磷酸化序列，在 MKK4 中是 SIAKT，在 MKK7 中是 SKAKT，这表明草鱼 MKK4 和 MKK7 可能具有与其先前报道的同源物相似的激活机制。

根据所选物种的氨基酸序列，构建了系统发育树，揭示了草鱼 MKK4/MKK7 蛋白与其他 MKK 蛋白的进化关系。如图 5-3 所示，不同种类的 MKK 清晰地聚集成五个分支，由 MKK1/2、MKK3/6、MKK5、MKK4 和 MKK7 组成。草鱼 MKK4 和 MKK7 蛋白分别在 MKK4 和 MKK7 组中。此

A

```
   1 ATGGCGACGTCCAGCTCCAGCAGTAACCCATCAGCAGCAGCAGCCTCCAGCCTGAGCAGC
   1 M  A  T  S  S  S  S  N  P  S  A  A  A  A  A  S  L  S  S
  61 AGCAGCGCGCAGCAGCACCCGACCCAAAGCCAGCAGCACATCAGCAGCCATGAGCAGC
  21 S  S  A  Q  Q  H  P  T  Q  S  Q  Q  H  I  S  T  M  S  S
 121 ATGCAAGGTAAACGTAAAGCCCTGAAGCTAAATTTTGCCAATCCTATCAAACCTACT
  41 M  Q  G  K  R  K  A  L  K  L  N  F  A  N  P  I  K  P  T
 181 TCCAGAATCACTCTGAACACTGCCGGGACTTCCTTTCAGAACCCACACATGGAGCGGCTG
  61 S  R  I  T  L  N  T  A  G  L  P  F  Q  N  P  H  M  E  R  L
 241 CGACACACAGTATCGAGTCATCTGGGAAGCTGAAGATCTCTCCGGAGCAGTCTGGGAC
  81 R  T  H  S  I  E  S  S  G  K  L  K  I  S  P  E  Q  H  W  D
 301 TTCACGGCAGAAGACCTTGAAGGATCTCGGAGAGATCGGCCGAGGAGCGTATGGCTCGTC
 101 F  T  A  E  D  L  K  D  L  G  E  I  G  R  G  A  Y  G  S  V
 361 AACAAGATGATGCACAAACCAAGTGAAACAAATCATGGCGTCAAAAAGGATCAGGTCGACG
 121 N  K  M  M  H  K  P  S  E  Q  I  M  A  V  K  R  I  R  S  T
 421 GTAGACGAGCGAGAACAGAAGCAGCTGTTGATGGATCTAGATGGTTCATGAGGAGCAGC
 141 V  D  E  R  E  Q  K  Q  L  L  M  D  L  D  V  V  M  R  S  S
 481 GACTGTCCCTACATCGTCCAGTTTTACGGAGCTCTTTTCAGAGAGGGGGACTGCTGGATA
 161 D  C  P  Y  I  V  Q  F  Y  G  A  L  F  R  E  G  D  C  W  I
 541 TGCATGGAGCTCATGTCTACCTTCCTTGACAAATTCTACAAATATGTGTTATTCCTCTTTA
 181 C  M  E  L  M  S  T  S  F  D  K  F  Y  K  Y  V  Y  S  S  L
 601 GACGAAGTGATTCCGGAAGAGATTTTAGGAAAAATCACATTAGCTACTGTGAAGGCACTT
 201 D  E  V  I  P  E  E  I  L  G  K  I  T  L  A  T  V  K  A  L
 661 AACCACTTAAAGGAAAATCTCAAAATTATTCACAGAGACATCAAACCATCAAATATCCTG
 221 N  H  L  K  E  N  L  K  I  I  H  R  D  I  K  P  S  N  I  L
 721 CTGGACAGGAAAGGCAACATTAAGCTGTGTGATTTTGGCATCAGTGGGCAGCTGGTAGAC
 241 L  D  R  K  G  N  I  K  L  C  D  F  G  I  S  G  Q  L  V  D
 781 TCCATTGCCAAGACGCGCGACGCTGGCTGCAGGCCGTATATGGCGCCTGAGAGGATAGAC
 261 S  I  A  K  T  R  D  A  G  C  R  P  Y  M  A  P  E  R  I  D
 841 CCCAGCAGCAGGCAGGGTTATGATGTCGGCTCAGATGTGTGGAGTTTGGAATCACG
 281 P  S  A  S  R  Q  G  Y  D  V  R  S  D  V  W  S  L  G  I  T
 901 CTGTATGAACTGGCAACAGGACGGTTTCCCTACCCGAAGTGGAACAGCGTGTTCGATCAG
 301 L  Y  E  L  A  T  G  R  F  P  Y  P  K  W  N  S  V  F  D  Q
 961 CTGACGCAGGTGGTGAAGGGCGACCCGCCGCAGCTCAGCAGCTCAGAGGAGAGGCAGTTC
 321 L  T  Q  V  V  K  G  D  P  P  Q  L  S  S  S  E  E  R  Q  F
1021 TCCCCAAATTCATCAATTTCAACTTTGTTAACCTAACAAAGGAGTCAAAGAGGCCA
 341 S  P  K  F  I  N  F  V  N  L  C  L  T  K  D  E  S  K  R  P
1081 AAGTACAAAGAGCTTCTGAAACATCCCTTCATTCAGATGTACGAGGAGCGTACTGTAGAC
 361 K  Y  K  E  L  L  K  H  P  F  I  Q  M  Y  E  E  R  T  V  D
1141 GTGGCCAGCTACGTCTGCATGATCCTCGATCAGATGCCGGCGTCTCCCAGCTCCAGCATG
 381 V  A  S  Y  V  C  M  I  L  D  Q  M  P  A  S  P  S  S  P  M
1201 TACGTGGACTGA
 401 Y  V  D  *
```

B

```
   1 ATGTCGTCGCTGGAGCAGAGACTCTCCCGAATCGAGGAGAAACTCAAGCAGGAAAATAAA
   1 M  S  S  L  E  Q  R  L  S  R  I  E  E  K  L  K  Q  E  N  K
  61 GAAGCCCGCAAACGAATCGATCTGAACATCGATATGAGCCCGCAGCGGTCGCGCTCGAGG
  21 E  A  R  K  R  I  D  L  N  I  D  M  S  P  Q  R  S  R  S  R
 121 CCAACTTTACCATTGGCCAACGATGGAGGAAGTCGCTCATCCTCTTCAGAAAGT
  41 P  T  L  Q  L  P  L  A  N  D  G  G  S  R  S  S  S  E  S
 181 TCTCCTCAACACCCGTCATCCTATCCTAGCAGACGCAAATGCTCACGCTTCCCACGCCA
  61 S  P  Q  H  P  S  Y  P  S  R  P  R  Q  M  L  T  L  P  T  P
 241 CCCTACAGCTCACAGAAGAGTCTGGAGAATGCTGAAATCGATCAAAAGCTTCAGGAAATC
  81 P  Y  S  L  Q  K  S  L  E  N  A  E  I  D  Q  K  L  Q  E  I
 301 ATGAAACAAACCGGATATCTGAAGATTGATGGGCAGCGTTACCCTGCAGAGGTGACGGAT
 101 M  K  Q  T  G  Y  L  K  I  D  G  Q  R  Y  P  A  E  V  T  D
 361 CTGTCACGATGAGGGAGATCGGCAGTGGAACGGGAGGTGTTTTAAAGTTGTTCGCTTT
 121 L  S  T  G  E  I  G  S  G  T  G  G  V  F  K  V  V  R  F
 421 AAGAAGACTGGCCATGTCATAGCTGTCAAGATGAGGACTGGAGGTAATAAAGACGAG
 141 K  K  T  G  H  V  I  A  V  K  M  R  T  G  G  N  K  D  E
 481 AATAAAAGAATCTTGATGGACCTGTTGGACGTTGTGTTGAAGAGTCATGACTGTCCGTACATC
 161 N  K  R  I  L  M  D  L  L  D  V  V  L  K  S  H  D  C  P  Y  I
 541 ATTCAGTGCTATGGAGCAATTGTCACCAACACCGATGTCTTCATCGCCATGGAACTAATG
 181 I  Q  C  Y  G  A  I  V  T  N  T  D  V  F  I  A  M  E  L  M
 601 GGGACGTGTGCAGAGAAGCTGAAGAAGCGCATCCAGGGACCAATCCCAGAGGCCATTCTG
 201 G  T  C  A  E  K  L  K  K  R  I  Q  G  P  I  P  E  A  I  L
 661 GGAAAGATGACAGTGGCCATTGTGAAGGCTCTGTATTACTTGAAAGAGAAGCACGGAGTC
 221 G  K  M  T  V  A  I  V  K  A  L  Y  Y  L  K  E  K  H  G  V
 721 ATTCACGATGTGAAGCCATCAAATATCTTGTTGGACGCAAAAGGCCAGATCAAGTTG
 241 I  H  D  V  K  P  S  N  I  L  L  D  A  K  G  Q  I  K  L
 781 TGTGATTTTGGCATCAGTGGCCAGACTGGTAGGCTGGTGGACAGCAAGGCTAAGACCTAT
 261 C  D  F  G  I  S  G  Q  L  V  D  S  K  A  K  T  R  S  A  G
 841 TGTGCTGCTTACATGGCGCCTGAGAGGAATAGACCTCCTGACTGCTCTAAGTCCAAGCCAGAC
 281 C  A  A  Y  M  A  P  E  R  I  D  P  P  D  C  S  K  S  K  P  D  Y
 901 GACATCAGAGCTGATGTGTGGAGTCTTGGCATTTCTCTTGTGGAGCTAGCAACAGGACAG
 301 D  I  R  A  D  V  W  S  L  G  I  S  L  V  E  L  A  T  G  Q
 961 TTTCCTTACAACTGCAAGACAGACTTCGAGGTTCTGAGCAAAGTTCTCCAAGAGGAC
 321 F  P  Y  N  C  K  T  D  F  E  V  L  T  K  V  L  Q  E  D
1021 CCGCCAGTCCTTCCCTCAGCATGGGCTTTTCCCCTGACTTTCAGTCCTTCAAAGAC
 341 P  P  V  L  P  L  S  M  G  F  S  P  D  F  Q  S  F  V  K  D
1081 TGCCTGACAAAGGATCACAGAAAGAGGCCAAAATACCACAAGCTGCTTGAACACAGTTTT
 361 C  L  T  K  D  H  R  K  R  P  K  Y  H  K  L  L  E  H  S  F
1141 ATCCGTCGTTACGAGGTCTCAGAAGTGGACGTAGCAGGATGGTTCCAGACTGTCATGGAGGAG
 381 I  R  R  Y  E  V  S  E  V  D  V  A  G  W  F  Q  T  V  M  E
1201 CGCACAGAGAGTCCTCGGAGCAGCCAGTGCTTCAGCCATCATCAGCTCCACTCTCTTC
 401 R  T  E  S  P  R  S  S  Q  C  F  S  H  H  Q  L  H  S  L  F
1261 AGCAGGTAG
 421 S  R  *
```

图 5-1　草鱼 *MKK4* 和 *MKK7* 基因的开放阅读框和推导的蛋白质序列

A. *MKK4*　B. *MKK7*

黑框表示保守的双磷酸化序列 MKK4 中的 SIAKT 和 MKK7 的 SKAKT。预测的丝氨酸/苏氨酸蛋白酶（S-TKc）结构域用灰色阴影显示

A

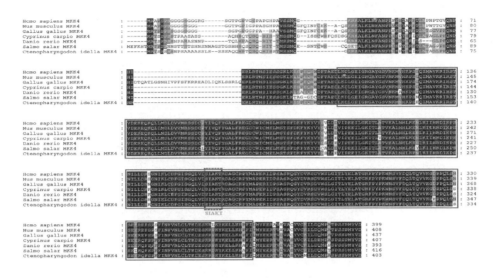

B

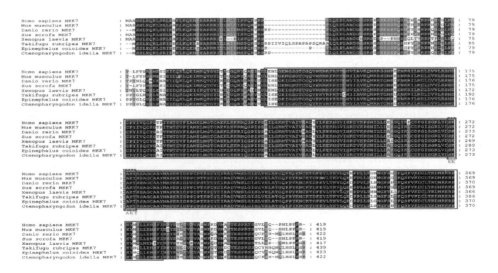

图 5-2　MKK4 和 MKK7 的蛋白质多序列比对分析

A. MKK4　B. MKK7

黑色底纹是保守序列，实线框是 S_TKc 结构域，虚线框是双磷酸化序列

外，草鱼 MKK4 与鲤 MKK4 的进化关系最近，而 MKK7 与斑马鱼 MKK7 的
进化关系最近。

表 5 - 1 MKK4 和 MKK7 与其他已知同系物的氨基酸比较

蛋白质	登记号	同源性	
		相似性	同源性
Homo sapiens MKK4	AAH60764.1	88.6	86.1
Mus musculus MKK4	NP_001303296.1	87.5	84.6
Gallus gallus MKK4	XP_015150723.1	82.5	80.3
Cyprinus carpio MKK4	BAB79524.1	95.6	92.3
Danio rerio MKK4	XP_009297453.1	94.3	92.1
Salmo salar MKK4	NP_001135384.1	88.7	83.0
Ctenopharyngodon idella MKK4	MH 491996	—	—
Homo sapiens MKK7	AAC16272.1	91.0	81.6
Mus musculus MKK7	NP_036074.2	91.5	81.4
Sus scrofa MKK7	XP_003123245.1	91.5	82.1
Xenopus laevis MKK7	NP_001081117.1	88.9	80.2
Danio rerio MKK7	XP_005160106.1	99.3	98.3
Takifugu rubripes MKK7	XP_003972126.1	93.8	91.1
Epinephelus coioides MKK7	ANB43558.1	98.1	96.2
Ctenopharyngodon idella MKK7	MH 491997	—	—

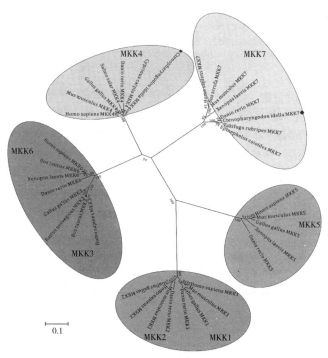

图 5 - 3 基于无脊椎动物和脊椎动物 MKK 氨基酸序列构建的系统发育树

5.1.1.2 草鱼 *MKK4* 和 *MKK7* 不同组织和不同发育时期表达特征

草鱼 *MKK4* 和 *MKK7* mRNA 在不同组织中表达水平不同。*MKK4* 在血液和鳃组织中的表达水平较高，其次是肌肉、肝脏、肾脏、心脏、肠道和脾脏。*MKK7* 与 *MKK4* 的表达相似，在鳃和血液中大量表达，在肌肉和肝脏中中度表达，在肾脏、心脏、肠道和脾脏中弱表达（图 5-4）。*MKK4* 和 *MKK7* 的组成型表达表明它们可能参与草鱼的多种生理过程。在不同发育时期表达分析中发现草鱼 *MKK4* 和 *MKK7* mRNA 所有发育阶段均有广泛表达，但其表达水平随个体发育而波动。如图 5-5 所示，*MKK4* 和 *MKK7* 的表达在原肠期显著增加并达到最高水平（$P < 0.05$），然后在神经胚期下降（$P < 0.05$）。神经胚期后，*MKK4* 的表达维持在较低水平，并呈波动性变化，而 *MKK7* 的 RNA 水平从神经胚期到 7 d 逐渐升高。*MKK4* 和 *MKK7* 在不同胚胎发育过程中的表达特征清楚地表明了 *MKK4* 和 *MKK7* 具有相似的组织表达特异性和相似的发育表达调控模式。

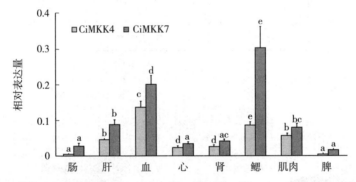

图 5-4 草鱼 *MKK4* 和 *MKK7* 在血、肾、肠、脾、肝、心、肌和鳃中的表达水平

数据柱不同小写字母表示差异显著（$P < 0.05$）

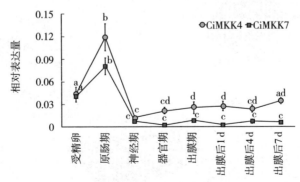

图 5-5 草鱼 *MKK4* 和 *MKK7* 在不同发育期的表达水平

数据柱不同小写字母表示差异显著（$P < 0.05$）

在脊椎动物中的MKKs研究结果表明，*MKK4* 和 *MKK7* 在各种器官中广泛表达，包括大脑、肌肉、肾脏、鳃和心脏（Hashimoto et al.，2000；Guo et al.，2016）。在无脊椎动物中，虾（Wang et al.，2016；Wang et al.，2018）和贝类（Zhang et al.，2018）中也是 *MKK4* 和 *MKK7* 的组成性表达模式。草鱼 *MKK4* 和 *MKK7* 在所有被检测的组织中都有广泛的表达，表明 MKK4 和 MKK7 是硬骨鱼类中广泛分布的蛋白激酶。有趣的是，我们发现在同一组织中，*MKK7* 的mRNA 水平高于 *MKK4* 的 mRNA 水平，这表明 *MKK7* 在草鱼中可能比 *MKK4* 发挥更广泛的作用。先前的研究发现，*MKK4* 和 *MKK7* 在脊椎动物和无脊椎动物的一些免疫相关组织中都有大量表达（Guo et al.，2016；Wang et al.，2016；Wang et al.，2017）。我们的数据显示，在血液中发现 *MKK4* mRNA 的特别高表达水平，这被认为是硬骨鱼类先天免疫和获得性免疫的重要因素（Chen et al.，2010；Lv et al.，2012）。与 *MKK4* mRNA 的表达相似，*MKK7* mRNA 在血液中也大量表达，但在鳃中表达水平最高，这与虾夷扇贝中 *MKK7* mRNA 的组织表达模式一致（Zou et al.，2015）。众所周知，鳃与皮肤和肠道一起构成鱼的黏膜表面，是对水生环境中各种病原体感染的免疫反应的第一道防线（Huang et al.，2015）。草鱼 *MKK4* 和 *MKK7* 在这些免疫相关组织中的高表达提示，*MKK4* 和 *MKK7* 可能在草鱼的免疫系统中发挥作用。MKK作为多功能信号分子，在哺乳动物的早期发育过程中被发现（Carboni et al.，1997；Lee et al.，1999）。最近，一些研究表明，*MKK4* 和 *MKK7* 对低等动物的胚胎发育也很重要（Asaoka and Nishina，2010），在果蝇（Han et al.，1998）、珍珠牡蛎（Zhang et al.，2018）和虾夷扇贝（Zou et al.，2015）等物种中发现 MKK4/MKK7 扮演着重要角色。为了确定草鱼 MKK4 和 MKK7 在不同发育时期的功能，采用 qRT-PCR 方法分析了它们在不同胚胎期的表达模式。结果表明，在不同的发育阶段，草鱼 *MKK4* 和 *MKK7* 都广泛表达，这与扇贝属 MKKs 的研究结果一致（Zou et al.，2015）。在胚胎发育的整个过程中，草鱼 *MKK4* mRNA 的表达水平高于 *MKK7* mRNA 的表达水平，这与之前的组织表达模式不同，暗示在草鱼胚胎发育过程中，*MKK4* 可能比 *MKK7* 发挥更重要的作用，但是需要进一步的研究。

5.1.2　肠道 *MKK6* 基因的分子鉴定及表达特征

MKK6 是 p38 通路上游的关键激酶，是 p38MAPK 激活的必要条件。MKK6 可以激活 p38 MAPK 家族的所有类型，而 MKK3 则不能激活 p38β，只能磷酸化 p38α、p38γ 和 p38δ。MKK3 和 MKK6 只能激活 p38MAPK，它们都不能激活 ERK 或 JNK。研究发现，p38MAPK 的活化是由 MKK6 和 MKK3 二者共同介导的。当同时敲除 *MKK3* 和 *MKK6* 时，p38 完全不能活化；而单独敲除 *MKK3*

或 *MKK6* 时，p38 保留部分活性（Chang et al.，2002；Bardwell et al.，2009）。与其他 MAPKs 一样，p38MAPK 的失活调节机制也是通过双特异性蛋白磷酸酶将同样位点的 Thr 和 Tyr 位点去磷酸化（Huang et al.，2019）。

5.1.2.1 *MKK6* 基因的分子克隆及结构特征

草鱼 *MKK6* 的核苷酸和推导的氨基酸序列如图 5-6A 所示。*MKK6* cDNA 由 1 393 bp 组成，包含 1 074 bp 的开放阅读框，编码 357 个氨基酸残基组成的蛋白质。将草鱼 *MKK6* 基因编码的蛋白质与其他报道的 *MKK6* 基因蛋白质进行比较，发现草鱼 *MKK6* 蛋白序列的长度与其他鱼类相似，但比高等脊椎动物长，比大多数无脊椎动物短。草鱼 MKK6 的蛋白质序列分析显示，它包含 MKK6 家

图 5-6　草鱼 *MKK6* 基因序列和蛋白空间结构

A. 基因序列　B. 蛋白空间结构

预测的丝氨酸/苏氨酸蛋白酶（S-TKc）结构域用灰色阴影显示，双磷酸化位点用线框表示

族的主要特征（Li et al.，2016；Wang et al.，2017），包括丝氨酸/苏氨酸蛋白激酶（S_TKc）结构域（图 5-6B）和双磷酸化位点（SVAKT）（图 5-6A）。

多重序列比对显示，推导的草鱼 MKK6 蛋白与其他报道的 MKK6 蛋白质具有高度的序列同源性。如图 5-7 所示，不同物种间 MKK6 蛋白质的 S_TKc 结构域和 SVAKT 模型序列高度保守。BLAST 分析表明，草鱼 MKK6 蛋白质序列与其他物种的 MKK6 蛋白质序列具有 34.5%～44.9% 的同源性和54.1%～66.3% 的相似性（图 5-8）。在这些序列中，草鱼 MKK6 蛋白质的氨基酸序列与斑马鱼最接近，其次是高体鰤和青鳉。利用草鱼 MKK6 蛋白质序列和其他已知的 MKK6 蛋白质的氨基酸序列构建一个邻居连接（NJ）系统发育树，系统发育树分析表明，MKK6 同源蛋白可分为脊椎动物和无脊椎动物两大类。草鱼 MKK6 蛋白质位于脊椎动物群中，与斑马鱼 MKK6 蛋白质的进化关系最近（图 5-9），这与序列比对结果一致。这些结果表明，草鱼 MKK6属于硬骨鱼类 MKK6 家族的一个重要成员。

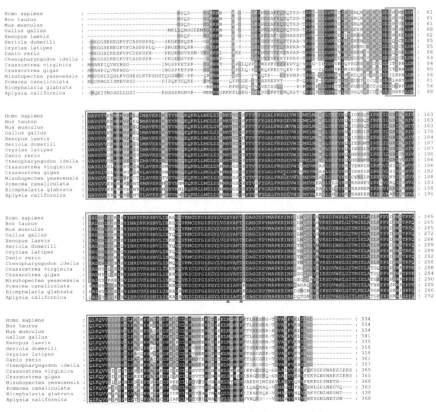

图 5-7　MKK6 的蛋白质多序列比对分析

黑色底纹是保守序列，线框是 S_TKc 结构域

	1	2	3	4	5	6	7	8	9	10	11	12	13	14	15
1. *Homo sapiens*		98.5	97.9	94.1	92.5	81.6	79.9	80.3	56.1	56.1	57.4	54.8	57.0	54.1	81.5
2. *Bos taurus*	98.8		97.6	93.3	92.5	81.3	79.6	79.8	55.8	55.9	57.4	55.1	57.0	53.8	81.2
3. *Mus musculus*	99.1	98.5		93.3	91.3	81.6	79.3	79.8	56.1	56.1	57.1	54.2	56.4	53.5	80.7
4. *Gallus gallus*	95.6	94.7	95.6		90.9	82.7	81.3	81.4	57.2	67.1	57.4	55.1	55.8	54.6	82.4
5. *Xenopus laevis*	95.5	95.5	95.2	94.4		79.9	79.9	80.1	55.5	55.6	57.3	54.4	58.0	55.8	80.2
6. *Seriola dumerili*	86.3	85.8	86.3	89.4	85.8		95.5	88.4	55.9	55.2	58.4	55.3	54.2	53.2	90.8
7. *Oryzias latipes*	85.5	84.9	85.5	88.3	85.2	98.6		88.1	55.1	55.0	56.7	54.6	54.0	53.8	89.9
8. *Danic rerio*	85.6	85.3	85.3	87.8	85.6	92.0	91.1		55.7	54.7	57.6	54.4	53.1	53.8	95.0
9. *Crassostrea virginica*	68.8	68.6	68.6	70.2	69.1	70.2	69.9	71.0		94.1	66.8	60.4	57.5	57.4	56.2
10. *Crassostraa gigas*	70.1	69.8	70.1	71.7	70.6	72.0	71.7	72.8	96.2		65.9	60.8	58.0	57.8	55.8
11. *Mizuhopecten yessoensis*	71.2	71.5	71.5	71.2	70.1	72.0	71.7	72.0	78.3	78.0		59.1	58.9	59.9	59.2
12. *Pomacea canaliculata*	69.1	69.4	69.1	70.5	69.4	71.3	69.4	71.1	74.5	75.3	73.6		67.3	66.0	55.5
13. *Biomphalaria glabrata*	74.9	74.9	74.9	74.2	74.3	70.1	69.6	69.3	70.2	70.3	71.2	78.0		73.8	53.5
14. *Aplysia californica*	69.6	69.3	69.6	70.4	70.4	70.1	69.8	72.3	73.2	73.9	72.8	78.5	82.9		53.9
15. *Ctenopharyngodon idella*	86.6	86.3	86.3	88.8	87.1	94.4	93.3	96.1	70.2	72.8	72.6	68.9	70.3	71.5	

图 5-8　MKK6 序列的相似性（灰色）和同源性（深灰色）（MatGAT v2.02 软件分析）

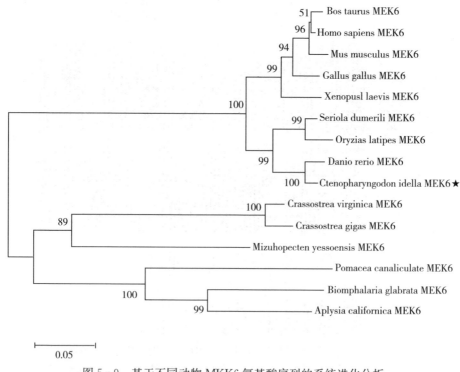

图 5-9　基于不同动物 MKK6 氨基酸序列的系统进化分析

5.1.2.2 草鱼 *MKK6* 不同组织和不同发育时期的表达特征

为了研究草鱼 *MKK6* 的组织分布，采用 qRT-PCR 方法检测了不同组织中草鱼 *MKK6* 的 mRNA 表达水平。结果显示，草鱼 *MKK6* mRNA 在所取样组织中广泛表达，包括血、肾、肠、脾、肝、心、肌和鳃（图 5-10，*Ci* 代表草鱼），提示草鱼 *MKK6* 可能参与草鱼的多种生物学过程。草鱼 *MKK6* mRNA 在血液中的表达水平最高，与其他组织表达水平有显著差异（$P<$ 0.05），在鳃中也观察到了较高的 *MKK6* 转录水平，提示 *MKK6* 可能在维持草鱼鳃内环境稳定中发挥作用。

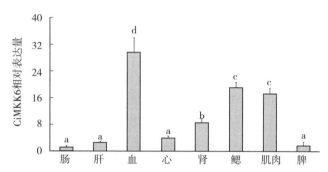

图 5-10　草鱼 MKK6 在草鱼组织中的表达水平

数据柱不同小写字母表示差异显著（$P<0.05$）

在不同发育时期取样后并进行基因表达分析发现，草鱼 *MKK6* 广泛表达于所取样各发育阶段，包括卵子、原肠胚、神经胚、器官发生、孵化、孵化后 1 d、4 d 和 7 d（图 5-11）。草鱼 *MKK6* 转录水平随胚胎发育过程而变化：草鱼 *MKK6* mRNA 水平在原肠期显著升高并达到高峰（在原肠期比受精卵期高

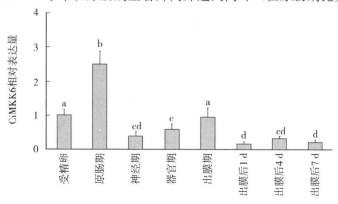

图 5-11　草鱼 *MKK6* 在不同胚胎期的表达水平

数据柱不同小写字母表示差异显著（$P<0.05$）

2.5 倍，$P < 0.05$）；在神经胚期显著降低；从神经胚期到孵化期呈逐渐上升趋势；最后从 1 d 下降到 7 d 呈低水平。草鱼 *MKK6* mRNA 的最高表达水平在原肠期，这是鱼类胚胎发育的一个重要阶段，在此期间，草鱼 MKK 家族成员（*MKK4* 和 *MKK7*）mRNA 也有较高的表达。这些结果表明，草鱼 *MKK6* 可能参与草鱼原肠胚期的主要活动。

MKK6 是一种蛋白激酶，在各种组织和器官中广泛表达（Hashimoto et al.，2000；Zou et al.，2015）。例如，鲤 *MKK6* 基因在鲤各组织中广泛表达（Hashimoto et al.，2000），在刺参的所有组织中都能检测到 *MKK6* 的表达（Wang et al.，2017）。在虾体内，*MKK6* 在胃、肠、血细胞、心脏、眼柄、神经、鳃、上皮、幽门盲囊、肌肉和肝胰腺中也广泛表达（Li et al.，2016）。我们发现 *MKK6* 在草鱼各组织中都广泛表达，说明草鱼中的 *MKK6* 与其他动物一样，参与多种生理功能；而且 *MKK6* 在草鱼血液中高度表达，与其他物种相似，免疫相关基因在血液中高表达（Chen et al.，2010；Lv et al.，2012；Xu et al.，2013）。例如，在双壳类软体动物中，虾夷扇贝 *MKK6* 主要在血细胞中表达，血细胞与鱼类血液相似，被认为是认识和消除贝类细胞病原体的关键免疫组织（Zou et al.，2015）。人们普遍认为，鱼鳃与水环境直接接触，是抵御各种水生病原体的第一道防线。已有研究表明，许多与免疫相关的信号转导基因，包括肿瘤坏死因子受体 1（TNFR1）（Zhang et al.，2016）、Toll 样受体（TLR4）（Huang et al.，2012）和核苷酸结合寡聚结构域蛋白 1/2（NOD1/2）（Chen et al.，2010）在草鱼鳃中大量表达。本研究中，草鱼 *MKK6* 在鳃中大量表达，表明 MKK6 是参与免疫反应的重要因子。大量的研究表明 p38 MAPKs 在两栖动物、鱼类和软体动物胚胎发育中具有调节作用（Keren et al.，2005；Krens et al.，2006；Qu et al.，2016）。虽然 MKK6 是 p38MAPK 信号通路的关键上游激酶，但 *MKK6* 是否参与胚胎发生尚不清楚。本研究检测了草鱼 *MKK6* 在不同胚胎期和幼虫期的表达模式，确定 *MKK6* 在草鱼发育阶段发挥重要功能。

5.1.3 肠道 *JNK* 基因的分子鉴定及表达特征

JNK 作为一种应激蛋白，对炎症的发生以及发展起到一定调节作用。JNK 信号通路能被脂多糖（LPS）、肿瘤坏死因子 α（TNF-α）等激活（Iloun et al.，2018；Yuan et al.，2018）。有研究发现，TNF-α 和 IL-1 等致炎因子可以活化 JNK，活化后的 JNK 转而磷酸化 c-Jun 的特定位点，活化的 c-Jun 进入细胞核激活 AP-1，进而启动免疫反应的基因开始转录与表达（Uluçkan et al.，2015；Hannemann et al.，2017）。石慧等（2012）研究发现，JNK 在 TNF-α 诱导类风湿性关节炎炎性反应和血管形成过程中起关键作用。Swantek

等（1997）研究发现，JNK 的缺失突变可以阻止 TNF-α 翻译。JNK 抑制剂 SP 600125 能显著抑制小鼠急性气管炎中 TNF-α、IL-4 和 IL-13 的表达。

5.1.3.1 *JNK* 基因的分子克隆及结构特征

草鱼 *JNK* cDNA 全长含有 104 bp 的 5'-UTR，286 bp 的 3'-UTR 和 1 155 bp 的开放阅读框，共编码 384 个氨基酸残基（图 5 - 12）。经生物信息学分析，理论 pI 为 6.84，分子质量为 44.19 ku。用 SMART 工具和 Swiss 模型程序的结构分析表明，JNK 编码的蛋白序列中存在保守的结构域和功能位点，包括一个典型 S_TKc 结构域和一个双磷酸化序列 Thr-Pro-Tyr，具有 JNK 家族蛋白的典型特征（彩图 18）。

```
   1 tcctttatgaatctgctcttgaattgtatgtatatcttttaagaggattttgaaggtga
  61 agtttttcttgaatgcccaagacacagtcagtacggttttcaacATGAACAGGAATAAGC
   1                                              M  N  R  N  K  R
 121 GTGAGAAGAATATTACAGCATAGATGTAGGAGATTCAACGTTCACCGTTTTGAAGCGCT
   7  E  K  Y  Y  S  I  D  V  G  D  S  T  F  T  V  L  K  R  Y
 181 ATCGGAATTTAAGACCAATCGGGTCTGGAGCACAAGGCATTGTCTGCTCTGCATATGACC
  27  R  N  L  R  P  I  G  S  G  A  Q  G  I  V  C  S  A  Y  D  H
 241 ACGTTCTGAACGAAATGTTGCAATTAAGAAACTTAGCCGACCCTTTCAGAACCAAACCC
  47  V  L  E  R  N  V  A  I  K  K  L  S  R  P  F  Q  N  Q  T  H
 301 ATGCAAAAGACTCGCTATCGTGAGCTGGTCCTGATGAAGTGCGTCAATCACAAAAATAAA
  67  A  K  R  A  Y  R  E  L  V  L  M  K  C  V  N  H  K  N  I  I
 361 TTGGCTGTTAATGTGTTCACGCCACAGAAGACTCTGGAGGAGTTCCAGGATGTTTATC
  87  G  L  L  N  V  F  T  P  Q  K  T  L  E  E  F  Q  D  V  Y  L
 421 TGGTGATGGAGCTGATGGATGCCAATCTGTGCCAGGTGATCCAGATGGAGCTGGACCATG
 107  V  M  E  L  M  D  A  N  L  C  Q  V  I  Q  M  E  L  D  H  E
 481 AGAGACTCTCCTACCTGCTTTATCAGATGCTCTGCGGCATCAAACACCTTCATGCTGCCG
 127  R  L  S  Y  L  L  Y  Q  M  L  C  G  I  K  H  L  H  A  A  G
 541 GCATACACAGGGATCTGAAACCTAGTAACATAGTAGTGAAATCCGACTGTACTGA
 147  I  I  H  R  D  L  K  P  S  N  I  V  V  K  S  D  C  T  L  K
 601 AGATCCTGACTTCGGCCTGGCCCGGACGGCCGCCACCGGCCTCCTCATGACCCCTTACG
 167  I  L  D  F  G  L  A  R  T  A  A  T  G  L  L  M  [T  P  Y]  V
 661 TGGTGACGAGATACTATCGGGCTCCTGAGGTCATTCTGGGCATGGGCTACCAAGCCAATG
 187  V  T  R  Y  Y  R  A  P  E  V  I  L  G  M  G  Y  Q  A  N  V
 721 TTGATGTCTGGTCTGTCGGCTGCATCATGGCTGAGATGGTCAGAGGTAGTGTTGTTTC
 207  D  V  W  S  V  G  C  I  M  A  E  M  V  R  G  S  V  L  F  P
 781 CTGGCACAGATCACATAGACCAGTGGAACAAAGTCATAGAGCAGCTGGGAACCACCGTCTC
 227  G  T  D  H  I  D  Q  W  N  K  V  I  E  Q  L  G  T  P  S  Q
 841 AGGAGTTCATGATGAAGCTGAACCAGTCTGTGAGGACTTATGTGGAGAACAGACCTCGCT
 247  E  F  M  M  K  L  N  Q  S  V  R  T  Y  V  E  N  R  P  R  Y
 901 ATGCCGGATACAGTTTTGAGAAGCTCTTCCCTGACGTGCTCTTCCCTGCAGACTCGGACC
 267  A  G  Y  S  F  E  K  L  F  P  D  V  L  F  P  A  D  S  D  H
 961 ACAACAAACTGAAAGCGAGCCAGGCGCGAGACTTGTTATCCAAAATGCTGGTAATAGATG
 287  N  K  L  K  A  S  Q  A  R  D  L  L  S  K  M  L  V  I  D  A
1021 CGTCAAAGGCAATCTCAGTGGATGAAGCCCTTCAGCACCCGTACATCAACGTGTGGTATG
 307  S  K  R  I  S  V  D  E  A  L  Q  H  P  Y  I  N  V  W  Y  D
1081 ATCCGTCGGAGGTCGAGGCGCCACCAGCGCCGATCATGGACAAGCAGCTGGACAGAGAG
 327  P  S  E  V  E  A  P  P  A  I  M  D  K  Q  L  D  R  E
1141 AACACAGTCGAAGAGTGGAAGGAGCTGATATATAAAGAGGTGCTGGACTGGGAGGAGAG
 347  H  T  V  E  E  W  K  E  L  I  Y  K  E  V  L  D  W  E  E  R
1201 GAACGAAAAGCGGGTGATCCGAGGACAGCCGGCTCACTAGCACAGGTGCAGCAGTGAg
 367  T  K  N  G  V  I  R  G  Q  P  A  S  L  A  Q  V  Q  Q  *
1261 caatgactccacgagccctgacgacgtgctcctcctcacaaacgacgtctcgtccat
1321 gtccacgacaaccaaatgtcgaccacaccaatgcgatcatggacatcctggacaataca
1381 gctgggggtgctgcagatgactatcctcgttcatccagttcctgctaccatccgtcttcac
1441 tggcgcaaacaagttcatgccaagtttggaaaagtgtcctccttttcttttctcaaactgaca
1501 agttcttttgaattgaaaaagtttaagaatgagaggtaagagttt
```

图 5 - 12　草鱼 *JNK* 基因序列

通过比较 *JNK* 的基因组 DNA 和 cDNA 序列，分析 *JNK* 的基因组结构，如图 5 - 13A 所示，*JNK* 的 DNA 序列具有由 11 个内含子和 12 个外显子。通过对 5'-上游 DNA 序列的分析，发现了几个预测的转录因子结合位点，包括 4 个 CREB 点、3 个 STAT3 位点、5 个 AP-1 位点、3 个 NF-κB 位点和 2 个 Elk-

1 位点（图 5 - 13B）。

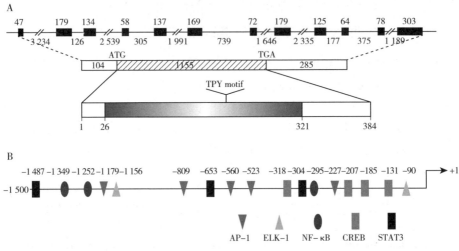

图 5 - 13　*JNK* 基因外显子—内含子结构和上游转录因子位点

A. 外显子内含子结构　　B. 上游转录位点

　　通过氨基酸序列比对进一步显示，草鱼 JNK 和其他物种 JNK 在 S_Tkc 结构域中存在高度保守区域，并且所有这些区域都包含典型的双磷酸化序列。MatGAT 分析表明，*JNK* 基因推断的氨基酸序列与其他物种的 JNK 具有 84.3%～99.7% 的相似性和 77.5%～98.4% 的同源性，与斑马鱼同源性最高（图 5 - 14）。

	1	2	3	4	5	6	7	8	9	10
1. *Homo sapiens* JNK1		97.2	97.4	97.0	99.1	77.8	78.2	78.0	78.7	78.5
2. *Rattus norvegicus* JNK1	98.6		98.6	98.6	96.7	77.0	77.3	77.3	78.0	77.8
3. *Bos mutus* JNK1	99.1	99.3		98.6	97.0	76.8	77.3	77.0	77.8	77.5
4. *Tyto alba* JNK1	98.6	99.3	99.5		97.9	77.3	77.5	77.5	78.2	78.0
5. *Apteryx rowi* JNK1	99.8	98.4	98.8	98.8		78.0	78.2	78.2	78.9	78.7
6. *Danio rerio* JNK1	85.2	84.3	84.5	84.5	85.2		97.1	97.1	96.9	98.4
7. *Epinephelus coioides* JNK1	84.8	83.8	84.1	83.8	84.8	99.2		99.5	99.2	97.7
8. *Paralichthys olivaceus* JNK1	84.8	83.8	84.1	84.1	84.8	99.5	99.7		99.2	97.7
9. *Perca flavescens* JNK1	84.8	83.8	84.1	84.1	84.8	99.5	99.7	100.0		97.4
10. *Ctenopharyngodon idella* JNK	85.2	84.3	84.5	84.5	85.2	99.7	99.0	99.2	99.2	

图 5 - 14　JNK 序列的相似性（灰色）和同源性（深灰色）（MatGAT v2.02 软件分析）

系统发育树显示草鱼 *JNK* 编码的蛋白质和其他报道的 JNK 的氨基酸序列分为 JNK1、JNK2 和 JNK3 三大类，其中草鱼 JNK 的序列位于 JNK1 组，表明草鱼 JNK 属于 JNK1 家族（图 5 - 15），从系统发育分析可以看出草鱼 JNK 与斑马鱼 JNK1 之间进化关系最近。

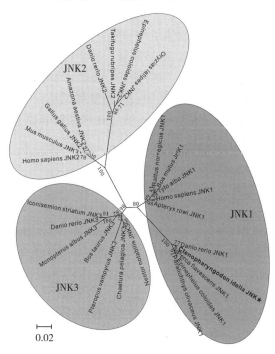

图 5 - 15　基于不同动物 JNK 氨基酸序列的系统发育分析

在 JNK 蛋白的活性中心观察到典型的保守 TPY 模型，该序列被证明与上游的 MKK（MKK4 或 MKK7）磷酸化有关（Lawler et al.，1998；Akella et al.，2008）。以往研究表明，*JNK* 基因在进化过程中发生了多次重复拷贝，已知 JNK 家族基因的大小从 1 到 3 个拷贝不等，其中 1 个拷贝分布在扇贝和牡蛎中（Sun et al.，2016；Sun et al.，2018），3 个拷贝分布（*JNK1*、*JNK2* 和 *JNK3*）在哺乳动物和鱼类中（Guo et al.，2016）。多序列比对和系统发育分析表明，草鱼 JNK 与已报道的鱼类同源性较高，属于 JNK1 亚家族。转录因子 NF-κB、AP-1 和 STAT3 等参与了多种免疫基因的表达调控，在草鱼 *JNK* 基因上游区域都有这些转录因子结合位点，提示 *JNK* 可能参与草鱼 PepT1/MDP 肠道炎症的相关反应。

大量研究表明，JNKs 在哺乳动物免疫防御过程中发挥着重要作用，以应对病原免疫应激（Chu et al.，1999；Baranova et al.，2008）。然而，关于鱼类 JNKs 在先天免疫，特别是在肠道炎症中的调控及信号传导作用的相关文献资料未见报道。我们首次从草鱼肠道中克隆和鉴定了 *JNK*、*MKK4* 和 *MKK7* 基因，揭示了草鱼以及淡水鱼体内也可能存在一条 JNK 信号通路，参与免疫防御及肠道炎症的调控与信号传导过程。

5.1.3.2 草鱼 *JNK* 基因不同组织和不同发育时期表达特征

用 qRT-PCR 方法检测草鱼成体组织和发育阶段草鱼 *JNK* 基因的表达，结果显示草鱼 *JNK* 在脾脏、心脏、鳃、血液、肠、肾脏、肌肉和肝脏中广泛表达，肝脏中表达水平最高，脾脏、肠和肾脏中表达水平相对较低（图 5-16A）。不同发育时期表达特征显示 *JNK* 基因在草鱼胚胎期就已经开始表达，在原肠期显著升高并达到最高峰（$P<0.05$），然后在神经期和器官发生期显著降低，最后从孵化到 7 d 保持相对较低的水平（图 5-16B）。

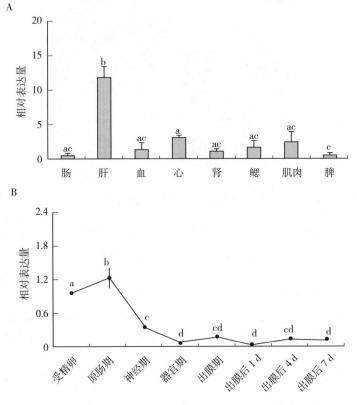

图 5-16 草鱼 *JNK* 基因在不同组织和不同发育阶段的相对表达水平

A. 不同组织中的相对表达水平 B. 不同发育阶段的相对表达水平

数据柱不同小写字母表示差异显著（$P<0.05$）

在哺乳动物中发现，相比于 *JNK1* 和 *JNK2* 基因，*JNK3* 更具组织特异性（Kuan et al.，1999）。然而，最近的研究表明，鱼类 $JNK3$ 也是一个广泛表达的基因，其转录产物已在大脑、鳃、皮肤、肝脏和肌肉中检测观察到（Guo et al.，2016）。本研究中，草鱼 JNK 在所有被检测组织中都有表达，包括血液、肠、脾脏、心脏、鳃、肾脏、肌肉和肝脏，这与之前的研究报道一致。JNK 的普遍分布可能表明其在草鱼的许多生理过程中具有更广泛、更普遍的作用。草鱼 JNK 在肝脏中的高表达水平意味着肝脏可能在与 JNK 相关的生物学过程中发挥作用。此外，JNK 在脾、肠和肾中的表达水平非常低，提示草鱼 JNK 在非免疫刺激条件下可能对机体免疫相关组织的生理过程不起关键作用。先前的研究显示 JNK 基因和蛋白质在斑马鱼胚胎不同发育阶段都有表达（Xiao et al.，2013），在虾夷扇贝的 10 个不同胚胎期和幼虫期中广泛表达（Sun et al.，2016）。这些先前的发现强烈地表明 JNK 通路在不同物种的发育过程都有十分重要的作用。我们发现草鱼 JNK 基因在草鱼各发育阶段均有广泛表达，在原肠期表达量显著增加，提示草鱼 JNK 可能在草鱼胚胎发育中也可能参与了对病原菌的免疫防御反应。

5.1.4 肠道 $p38\alpha$ 和 $p38\beta$ 基因的分子鉴定及表达特征

p38 激酶是一种酪氨酸磷酸化蛋白，分子质量为 38 ku，由 Brewster 等（1993）在酵母中发现。p38 在从酵母到南美白对虾到高等动物体内都广泛分布，是一类保守的蛋白激酶（Cuenda and Rousseau，2007；Yan et al.，2013）。目前已经发现 p38 MAPK 家族主要包含四种不同类型的异构体：p38α、p38β、p38γ 和 p38δ，它们的编码基因各不相同，p38MAPK 家族这几种异构体虽然在结构上相似，但是在组织的表达分布以及磷酸化活性方面存在着很大的差异（张琳和姜勇，2000）。p38α 和 p38β 在机体广泛分布；p38γ 主要集中在骨骼肌细胞中表达；p38δ 的表达主要在肺、垂体、小肠中的巨噬细胞内表达。研究发现，正常情况下单核细胞中，$p38\alpha$、$p38\beta$ 的表达主要分布于细胞质中，只有少量分布于细胞核中。当受到外界因子刺激后，p38α、p38β 会移位到细胞核中，但是 p38γ 在刺激后无移位现象，p38δ 在刺激后则从细胞质中移位到细胞膜。这种对外界刺激后不同的移位现象使得 p38 MAPK 家族各成员在细胞中发挥不同的生理功能（Keren et al.，2006）。p38 MAPK 家族的四个异构体都属于丝氨酸‑苏氨酸蛋白激酶，具有相同的苏氨酸‑甘氨酸‑酪氨酸（Thr‑Gly‑Tyr，TGY）激活结构域，当 Thr 和 Tyr 同时磷酸化时，p38 MAPK 可被激活（Déléris et al.，2008）。p38 MAPK 是最重要的应激信号传导通路之一，可以广泛地被外界环境因子如病原体、热休克、渗透压等激活。在外界因子的刺激下 p38 发生磷酸化，并激活下游转录因子，调节多种基因的转录和表达（陈松等，2017）。

5.1.4.1　*p38α*、*p38β* 的 cDNA 克隆及序列分析

从草鱼中获得 *p38α* 和 *p38β* 的 cDNA 序列。如图 5 - 17 所示，*p38α* 和 *p38β* 都包括 1 086 bp 的开放阅读框，编码由 361 个氨基酸残基组成的蛋白质序列。草鱼 p38 MAPK 与牙鲆 p38 家族成员相似，也含有双磷酸化序列（TGY，p38α 残基 181～183，p38β 残基 179～181）和保守的底物结合位点（ATRW，p38α 残基 185～188，p38β 残基 183～186）。三维结构分析进一步表明，草鱼 p38 MAPKs 具有两种主要的二级结构，即 α 螺旋和 β 折叠片以及蛋白质多肽链中的两种功能序列（TGY 和 ATRW）（彩图 19）。

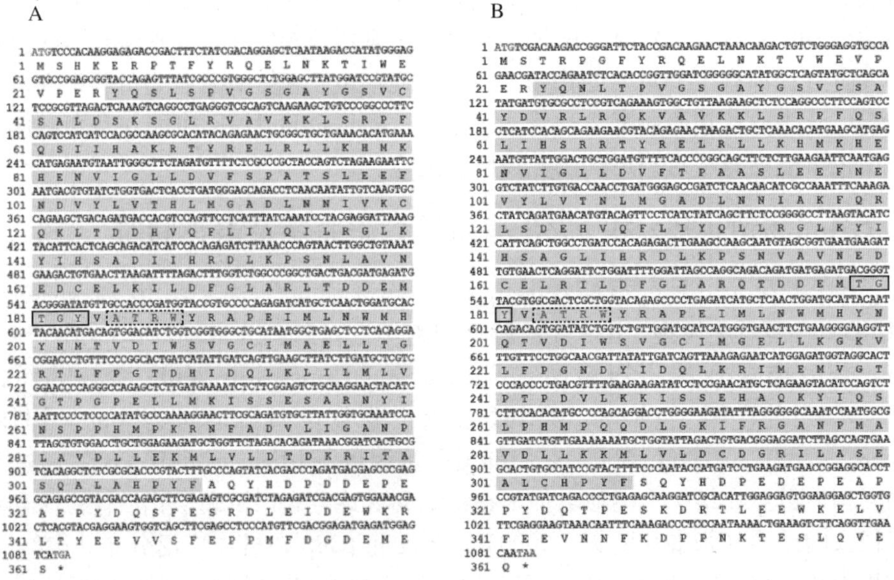

A　　　　　　　　　　　　　B

图 5 - 17　草鱼 p38α 和 p38β 序列

A. p38α　B. p38β

保守的双磷酸化基序（TGY）用实线框表示。预测的丝氨酸/苏氨酸蛋白激酶（S_TKc）结构域和底物结合位点（ATRW）分别用灰色阴影和虚线框表示

基因组结构分析表明，*p38α* 和 *p38β* 均含有 12 个外显子和 11 个内含子，与报道的鱼类 p38 MAPK 一致（图 5 - 18A）。AliBaba2 和 JASPAR 程序分析 5' 侧翼区序列显示，在 *p38β* 启动子区的上游序列中有许多潜在的转录因子结合位点，包括 1 个 CREB 位点、2 个 STAT3 位点、2 个 AP-1 位点、3 个 NF-κB 位点和 4 个 Elk-1 位点（图 5 - 18B）。值得注意的是，除 STAT3 位点外，*p38α* 的启动子区也被预测为 NF-κB（2 个）、Elk-1（3 个）、CREB（3 个）和 AP-1 结合位点（4 个）。

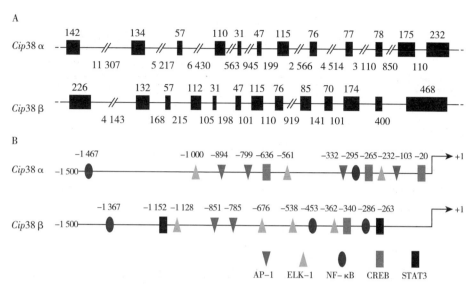

图 5-18 *p38α* 和 *p38β* 基因外显子-内含子结构和上游转录因子位点

A. 外显子-内含子结构 B. 上游转录因子位点

MatGat 分析表明，p38α 的氨基酸序列与其他报道的 p38α 蛋白序列具有很高的同源性（86.4%～95.3%）和相似性（93.1%～98.1%）；同样，p38β 序列也与其他物种的 p38β 分子具有很高的保守性。此外，p38α 序列与 p38β 序列具有 74.1% 的同源性和 87.3% 的相似性（表 5-2）。

表 5-2 **p38α 和 p38β 氨基酸序列与其他物种的同源性**

蛋白质	登记号	同源性	
		相似性（%）	同源性（%）
Homo sapiens p38α	AAH31574.1	95.0	90.3
Mus musculus p38α	AAH12235.1	94.7	90.0
Bos taurus p38α	NP_001095644.1	93.1	86.7
Xenopus laevis p38α	NP_001080300.1	93.1	86.4
Pygoscelis adeliae p38α	XP_009333046.1	93.4	88.1
Danio rerio p38α	AAQ91248.1	98.1	95.3
Carassius auratus p38α	XP_026098252.1	97.8	93.6
Salmo salar p38α	XP_013991178.1	97.2	91.4
Oryzias latipes p38α	XP_004069211.1	97.0	91.7
Ctenopharyngodon idella p38α	AYN79350.1	—	—
Homo sapiens p38β	NP_002742.3	90.1	81.6

（续）

蛋白质	登记号	同源性	
		相似性（%）	同源性（%）
Mus musculus p38β	NP_035291.4	89.3	80.2
Bos taurus p38β	NP_001073804.1	87.5	78.3
Gallus gallus p38β	NP_001006227.1	92.0	83.1
Notechis scutatus p38β	XP_026524824.1	92.8	82.5
Danio rerio p38β	NP_001002095.1	99.2	97.8
Cyprinus carpio p38β	XP_018949932.1	98.3	97.5
Carassius auratus p38β	XP_026065208.1	93.4	89.5
Oncorhynchus mykiss p38β	XP_021432928.1	98.3	97.5
Salmo salar p38β	XP_014008785.1	96.1	92.5
Ctenopharyngodon idella p38β	AYN79351.1	—	—

构建的 *p38* MAPK 的系统发育树显示，*p38* MAPK 基因分为 *p38α*、*p38β*、*p38γ* 和 *p38δ* 四类，其中草鱼 *p38α* 和 *p38β* 分别与先前报道的其他物种 *p38α* 和 *p38β* 基因聚在一起。此外，草鱼 *p38α* 和 *p38β* 与斑马鱼进化亲缘关系最近，并与鱼类 *p38* MAPK（图 5-19）聚在一起，提示草鱼 *p38α* 和 *p38β* 属于鱼类 *p38* MAPK 家族。

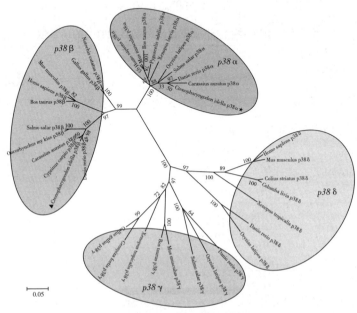

图 5-19　基于不同脊椎动物 *p38* MAPK 同源基因氨基酸序列的系统发育树

　　p38 MAPK 是病原模式识别受体介导的免疫信号转导途径中的重要细胞内信号转导蛋白，在高等脊椎动物中防御病原体感染中具有重要意义（Ono and Han，2000；Waetzig et al.，2002）。然而，p38 MAPK 在低等脊椎动物中，特别是在硬骨鱼类中的分子特征和免疫功能仍然知之甚少。我们从草鱼中分离并鉴定了两种鱼类 *p38* MAPK（*p38α* 和 *p38β*）基因，与其他报道的 p38 MAPK 家族成员的序列比较表明，草鱼的两个 p38 MAPK 克隆分别来自 p38α 亚家族和 p38β 亚家族。先前的研究表明 MAPK 具有 TGY 序列，表明硬骨鱼 p38 可能具有与哺乳动物相似的激活机制。此外，在 P38α 和 p38β 序列中发现一个 ATRW 保守序列，具有能被激酶相互作用序列（Kinase interaction motif，KIM）和底物结合的位点（Akella et al.，2008；Ressurreição et al.，2011）。基因结构分析表明，*p38α* 和 *p38β* 基因均含有 12 个外显子和 11 个内含子，与石斑鲷的 *MAPK11* 和 *MAPK14* 相似（Umasuthan et al.，2015），表明 *p38* MAPK 的基因组从鱼类到哺乳动物具有高度保守性。

5.1.4.2　草鱼 *p38α*、*p38β* 基因不同组织和不同发育时期表达特征

　　从各组织 qPCR 分析表明，草鱼 *p38α* 和 *p38β* mRNA 在各种组织中均有广泛表达，其中在鳃和血液中的表达量相对较高（$P < 0.05$），在脾脏和心脏中的表达水平最低。在草鱼的同一组织中，*p38α* 的表达水平高于 *p38β*（图 5 - 20A）。各发育阶段特异性表达分析结果表明，草鱼 *p38α* 和 *p38β* 在所有试验取样各阶段均有广泛表达，但其表达水平随胚胎发育而波动。如图 5 - 20B 所示，草鱼 *p38α* mRNA 水平在原肠期显著升高（$P < 0.05$），然后在神经期显著降低，从器官发生到 7 d 开始保持相对较低水平。与草鱼 *p38α* 的表达不同，尽管从受精卵到 7 d，*p38β* 水平发生了显著变化（$P < 0.05$），但是 *p38β* 在所有发育阶段的表达都相对较低（图 5 - 20B）。这些数据表明，草鱼 *p38α* 在草鱼发育过程中可能起主要作用，而 *p38β* 在此过程中作用相对较弱。

5.2　肠道 PepT1/NOD2 途径对 MDP 刺激的应答模式

　　PepT1 作为小肠上皮细胞主要的肽转运载体，能将营养小肽（二肽或三肽）转运入细胞内，同时也能将细菌小肽 MDP 转入细胞内。PepT1 作为小肽的转运使者，充当着重要的作用，转运营养小肽主要是促进生长性能，在饲料中加入小肽能上调 *PepT1* 的表达量，继而正反馈加强对小肽的吸收，进一步促进小肽的吸收和转运。Rangacharyulu 等（2003）用蚕蛹替代鱼粉，发现蚕蛹经发酵后替代鱼粉具有较好的效果，其增重率、饵料系数、蛋白质效率、特

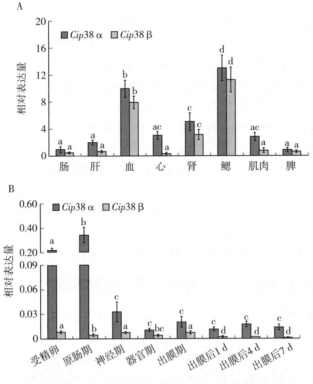

图 5-20　草鱼 $p38\alpha$ 和 $p38\beta$ 在不同组织和不同发育阶段的表达分布

A. 不同组织的相对表达水平　B. 不同阶段的相对表达水平

数据柱不同小写字母表示差异显著（$P < 0.05$）

定生长率指标均高于未发酵组。分析认为，蚕蛹经微生物发酵后蛋白质降解成可溶性小肽，易吸收，具有较好的促生长作用。可见，大分子的蛋白质经发酵后作为饲料原料对促进动物生长、提高成活率有一定的优势。同时，于辉等（2004）、蒋步国等（2010）用酪蛋白小肽饲喂草鱼，发现小肽还可以促进蛋白质合成，提高生长速度。Córdova-Murueta（2002）、路晶晶等（2018）和Szlaminska 等（1991）在饲料中添加不同的水解蛋白研究南美白对虾、大菱鲆、金鱼的生长性能，发现水解后的蛋白质具有促进生长的作用。王常安等（2010）研究发现小肽制品能显著提高凡纳滨对虾的体重增长率和免疫功能。刘沛等（2014）证明饲料中豆粕小肽替代 25% 鱼粉时，对青鱼幼鱼的生长性能不产生负面影响。上述研究表明，小肽能提高水产动物的生长性能。但是目前关于 PepT1 在转运小肽的过程中 PepT1 如何与小肽识别、结合和转运的机制尚无报道。本研究中，采用生物信息学技术对 PepT1 及小肽的结构进行模拟发现，PepT1 与小肽结合的应答模式主要是依靠 PepT1 表面肽结合位点的关键氨基酸残基 Arg 等通过氨基或羧基与小肽形成氢键，结合小肽，继而进行转运。

同样，作为细菌细胞壁降解产物 MDP，在高等动物中肠道由 PepT1 转运入细胞，通过 Nod2-Rip2-NF-κB 信号通路诱发肠道炎症，但在低等脊椎动物中，目前尚无该报道。本研究以草鱼为研究对象，采用腹腔注射 MDP 的方式，发现 MDP 与营养小肽一样，也能上调草鱼肠道 *PepT1* 的表达量，继而促进 PepT1 对 MDP 的吸收。经生物信息学 3D 模拟发现，MDP 具有跟营养二肽相同的肽结合位点，也是依靠氨基酸残基的氨基或羧基与之形成氢键达到亲和的目的。综合营养小肽与 MDP 的注射试验，结合生物信息学方法，PepT1 对营养小肽及 MDP 的应答是依靠 PepT1 三维分子表面的氨基酸形成氢键达到亲和目的。

5.2.1 PepT1 和 MDP 的结合模式及应答特征

经 3D 结构预测分析，PepT1 分子表面的肽结合位点（彩图 20A、B）的关键氨基酸残基精氨酸 Arg34 发挥重要作用，精氨酸的氨基与 MDP 中的 O 原子形成氢键，负责与 MDP 进行结合（彩图 20C），再转运入细胞内。草鱼腹腔注射细菌 MDP 应激后 6 h，肠道内 *PepT1* mRNA 表达量迅速显著增加，在 24 h 达到高峰（$P<0.01$），48 h 后逐渐下降，72 h 后又恢复到初始的水平（彩图 20D），说明 MDP 能上调 *PepT1* mRNA 的表达量。

5.2.2 PepT1 和营养二肽的结合模式及应答特征

同样的，对 PepT1 分子进行 3D 结构预测分析，负责与肌肽（Carnosine）结合的关键氨基酸残基是天冬氨酸 Asp439，天冬氨酸的羧基与 Carnosine 的-NH 形成氢键，再吸收转运入细胞内（彩图 21A、B）。负责与 Ala-Gln 营养二肽结合的关键氨基酸残基是甘氨酸 Gly420 和天冬酰胺 Gln421，通过这两个氨基酸的羧基与二肽的- NH 形成氢键，再吸收转运入细胞内（彩图 21C、D）。分子对接的结果揭示，草鱼 PepT1 可能同时具备转运营养小肽和细菌小肽的功能，将为进一步利用营养小肽竞争性干预细菌小肽转运从而缓解肠道炎症反应提供条件。

5.3 PepT1/NOD2 途径介导 MDP 诱导肠道炎症反应的功能

来自高等动物中的研究发现，由小肽转运载体 PepT1 介导 MDP 可引起炎症反应（Kanneganti et al.，2007；Laroui et al.，2011）。然而，鱼类中是否存在类似的 PepT1 免疫信号通路，目前尚不清楚。近年来，我国学者报道了 PepT1 参与 IL-6 诱导河豚（*Tetraodon nigrovidridis*）的肠道炎症反应（Wang et al.，2013），揭示 PepT1 表达与肠道炎症相关。然而，在低等脊椎动物鱼类中 PepT1 是否参与细菌 MDP 诱导的肠道炎症反应，其调控功能是什么，尚不清楚。

5.3.1 PepT1 介导 MDP 对炎症因子的调控作用

在草鱼腹腔注射 MDP 是模拟自然界细菌降解产物胞壁酰二肽引起的肠道炎症的在体试验。经荧光定量 PCR 分析可知（图 5 - 21），腹腔注射 MDP 后，调控因子和各炎症因子 *TNF-α*、*IL-1β*、*IL-6* 和 *IL-8* 的 mRNA 的表达水平都升高，尤其是 *IL-6* 的 mRNA 表达量最高，超出正常水平 $4 \sim 5$ 倍。当注射 MDP＋carnosine 后，*IL-1β* 和 *IL-6* mRNA 表达量虽有上调，但是差异不显著（$P > 0.05$），而 *TNF-α* 和 *IL-8* mRNA 表达量上升，与对照相比差异显著（$P < 0.05$）。而注射 MDP＋Ala-Gln 后，各调控因子和炎症因子都没有明显变化（$P > 0.05$）。在高等动物中已经发现，肠道中细菌降解产物 MDP 能上调 *PepT1* 的表达量，继而通过 *PepT1* 介导 MDP 诱发肠道炎症。我们用经腹腔注射 MDP 或 MDP＋营养小肽的方式探讨其机理。结果发现，单独注射 MDP 会上调肠道炎症因子 mRNA 的表达水平，这个结果与目前高等动物的研究结果一致，证明在草鱼中 *PepT1* 介导 MDP 也能诱发肠道炎症。有趣的是，当腹腔注射 MDP＋营养小肽时，发现炎症因子的表达有所变化，加入不同类型的营养小肽，差异较大，如 Ala-Gln，各炎症因子 mRNA 表达水平与正常水平相当，炎症缓解效果相对 Carnosine 较好。由此可知，在草鱼肠道中细菌降解产生的 MDP 会被 PepT1 转运入肠道细胞诱发肠道炎症，但是如果同时给予一定剂量、不同类型的营养小肽可能会缓解此种炎症反应。

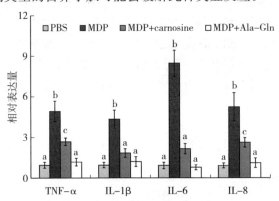

图 5 - 21　Carnosine 和 Ala-Gln 对 MDP 诱导肠道炎症水平的调控作用

数据柱不同小写字母表示差异显著（$P < 0.05$）

5.3.2 PepT1 介导 MDP 对 NOD2/RIP2 通路的调控作用

从草鱼腹腔注射试验结果来看（图 5－22），当只注射 MDP 时，细胞内 *NOD2* 和 *RIP2* mRNA 的表达量都显著升高（$P < 0.01$）。当注射 MDP＋Carnosine 后，仅 *NOD2* mRNA 表达上调显著（$P < 0.05$），而 *RIP2* mRNA 表达与对照无显著差异（$P > 0.05$）。当注射 MDP＋Ala-Gln 后，*NOD2* 和 *RIP2* mRNA 表达均无显著变化（$P > 0.05$）。从表达的时间特性来看，在注射 MDP 后 *NOD2* 和 *RIP2* mRNA 的表达都具有时间依赖性，表现出先增高后降低的时间依赖特性。其中 *NOD2* mRNA 在注射后 6 h 和 24 h 上调显著（$P < 0.05$），以 6 h 最高（$P < 0.01$），随后降低至正常水平；而 *RIP2* mRNA 在 6、12、24 h 表达都显著上调（$P < 0.05$），随后降低至正常水平。这些研究结果表明，细菌 MDP 能够显著诱导草鱼肠道 PepT1 通路下游 *NOD2*、*RIP2* 基因表达水平，而这种诱导作用可受到外源营养二肽的显著干预。

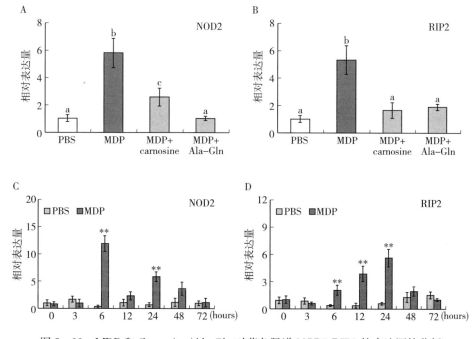

图 5－22 MDP 和 Carnosine/Ala-Gln 对草鱼肠道 NOD2-RIP2 的表达调控分析

A. *NOD2* mRNA 相对表达量 B. *RIP2* mRNA 相对表达量

C. 不同时间 *NOD2* mRNA 相对表达量 D. 不同时间 *RIP2* mRNA 相对表达量。

＊表示 $P < 0.05$，＊＊表示 $P < 0.01$。数据柱不同小写字母表示差异显著（$P < 0.05$）

5.3.3　PepT1 介导 MDP 对 NF-κB 的调控作用

核转录因子（nuclear transcription factor-κB，NF-κB）是广泛存在于各种类型细胞中的一种免疫相关转录因子，可以参与调节众多肠炎炎症因子的表达，是肠道炎症发生的中间环节调节基因。从图 5-23 可知，在腹腔注射 MDP 后，*NF-κB* mRNA 表达水平显著上调（$P<0.05$），当注射 MDP 同时加入 Carnosine 或 Ala-Gln 时，*NF-κB* mRNA 表达量显著下调（$P<0.05$），揭示细菌 MDP 可激活草鱼 NF-κB 信号通路，而这种激活作用受到 PepT1 介导转运的营养小肽显著干预。为了进一步研究 NF-κB 对 MDP 诱导肠道炎症反应的调控功能，利用特异性抑制剂 PDTC 干预 NF-κB 通路活性，结果发现由 MDP 诱导的草鱼肠道炎症因子 *IL-1β*、*IL-15* 和 *TNF-5* 表达水平显著下调（$P<0.05$），表明 NF-κB 对 MDP 诱导的肠道炎症反应发挥重要的调控功能。

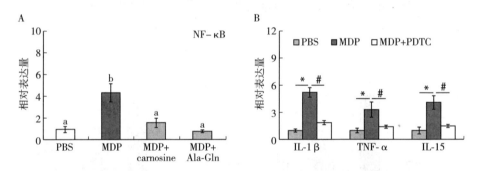

图 5-23　MDP 和 Carnosine/Ala-Gln 对草鱼肠道 *NF-κB* 的表达调控分析

A. *NF-κB* mRNA 的相对表达量　B. *TNF-α*、*IL-1β* 和 *IL-15* mRNA 的相对表达量

*、♯表示差异显著（$P<0.05$），数据柱不同小写字母表示差异显著（$P<0.05$）

5.3.4　PepT1 介导 MDP 对 MKK4/MKK7-JNK 通路的调控作用

当注射 MDP 后，草鱼 JNK 信号途径的 *MKK4* 和 *MKK7* mRNA 表达量明显上调（图 5-24）。*MKK4* mRNA 表达量为对照组的 3 倍，差异显著（$P<0.05$）；*MKK7* mRNA 表达量为对照组的 20 多倍，差异显著（$P<0.05$）；即使同时加入 Carnosine，*MKK4* 和 *MKK7* mRNA 表达量也有提高，差异显著（$P<0.05$）；只有在同时加入 Ala-Gln 的时候 *MKK4* mRNA 的表达量与对照差异不显著（$P>0.05$），*MKK7* mRNA 表达也具有相同趋势。而对于 *JNK* 基因来说，当只注射 MDP 时，mRNA 表达量明显上升，差异显著（$P<0.05$），加入营养二肽的两组则 *JNK* mRNA 表达量与对照无显著差异。

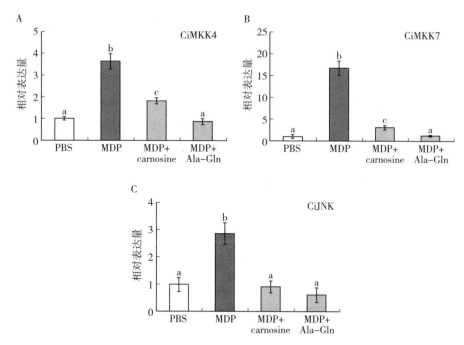

图 5－24 MDP 和 Carnosine/Ala-Gln 对草鱼肠道 *MKK4*/*MKK7-JNK* 的表达调控
A. *MKK4* mRNA 相对表达量 B. *MKK7* mRNA 相对表达量 C. *JNK* mRNA 相对表达量
数据柱不同小写字母表示差异显著（$P < 0.05$）

高等动物细胞内，NOD2/RIP2 除了诱导 NF-κB 信号通路之外，还能通过 MAPK 激活转录因子，诱发肠道炎症反应。MAPK 广泛存在于生物界中，在哺乳动物细胞多种信号途径中发挥关键性作用，主要是通过磷酸化作用将信号传递至细胞核，最终参与炎症反应等病理过程（龚小卫，2000；Johnson and Lapadat，2002）。JNK 作为一种蛋白激酶是 MAPK 超家族的重要成员，在细胞的调控方面发挥重要作用（Davis，2000）。MKK4 和 MKK7 是 JNK 的直接上游激酶，通过双磷酸化 JNK 位点而激活 JNK，MKK4 和 MKK7 共同参与 JNK 的活化（Zou et al.，2007）。最近研究表明，MKK7 只参与介导炎症反应中的 JNK 活化（Tournier et al.，2001）。本研究中发现草鱼腹腔注射 MDP 后，其 *JNK*、*MKK4*/*MKK7* mRNA 表达水平均显著上调，表明草鱼在 PepT1 介导 MDP 肠道炎症的发生过程中，MKK4/MKK7-JNK 途径发挥重要的作用。同样的，当 MDP 中加入 Carnosine 或 Ala-Gln 时，*JNK*、*MKK4*/*MKK7* mRNA 的表达水平都不会发生明显变化。说明在草鱼肠道 PepT1 介导的 MDP 能通过 MKK4/MKK7-JNK 途径诱发肠道炎症，这种效能被营养二肽所抑制。

5.3.5 PepT1 介导 MDP 对 MKK6-p38 信号通路的调控作用

对于 MKK6-p38 信号通路而言（图 5-25），*MKK6*、*p38α* 和 *p38β* mRNA 的表达都具有相同的趋势。在注射 MDP 时，其 mRNA 表达量显著上调，差异显著（$P < 0.05$）；无论是加入营养二肽 Carnosine 还是 Ala-Gln，*MKK6*、*p38α* 和 *p38β* mRNA 表达水平都与对照无显著差异（$P > 0.05$）。高等动物细胞内 MAPK 途径中的另外一条与炎症反应相关的支路是 MKK6/p38 途径。p38 广泛存在于生物界，是 MAPK 家族最重要的成员，由 Brewster 等（1993）发现，是最重要的应激信号转导通路之一，很容易被外界因子激活，其中 MKK6 是 p38 通路上游的关键激酶（Chang et al., 2002），对 p38 MAPK 有高度的特异性，可以激活 α、β、γ 和 δ 四种类型的 p38，但不能激活 JNK，是细胞内 p38 MAPK 激活的必备条件。本研究中草鱼腹腔注射 MDP 后，*MKK6*、*p38α* 和 *p38β* mRNA 表达水平都显著上调，说明在草鱼细胞内也存在这样一条途径，其功能与高等生物相同，对于 PepT1 介导的 MDP 的外界因子能激活 MAPK 信号途径，具有潜在发生肠道炎症的可能性。但是只要加入营养二肽 Carnosine 或者 Ala-Gln，此时 MAPK 中的 *MKK6/p38* mRNA 表达水平都没有发生变化，表明营养二肽具有抑制由 PepT1 介导的 MDP 对 *MKK6/p38* mRNA 表达的上调作用。

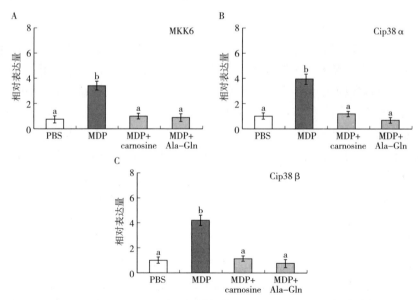

图 5-25　MDP 和 Carnosine/Ala-Gln 对草鱼肠道 MKK6-p38 通路的表达调控分析
A. *MKK6* mRNA 相对表达量　B. *p38α* mRNA 相对表达量　C. *p38β* mRNA 相对表达量
数据柱不同小写字母表示差异显著（$P < 0.05$）

6 草鱼肠道 Nrf2 – PepT1 调控途径及其功能

核因子 E2 相关因子 2（Nuclear factor erythoid-2 related factor 2，Nrf2）在动物体抗氧化应激过程中发挥重要的调节作用。有关哺乳动物中的研究发现，Nrf2 与氧化应激性纤维化疾病、呼吸系统和神经系统疾病以及恶性肿瘤等方面有着紧密联系，同时也可能与肿瘤耐药机制的发生发展密切相关。进一步研究证实，Nrf2 对 insulin/IGF-1 生长因子调控信号通路、小肽转运载体 PepT1 表达活性上同样具有重要作用（Beyer et al.，2008；Geillinger et al.，2014）。

6.1 Nrf2-PepT1 调控途径鉴定

6.1.1 Nrf2 介绍

多种动物中研究表明，由于 Nrf2 对内源性氧化应激和外源性有害物质具有高效的灵敏性。因此，在体内外应激源诱导产生的氧化应激反应中，Nrf2 都能显著抑制其应激反应的过度失衡，避免细胞氧化损伤。Nrf2 蛋白在 1994 年由 Moi 等于哺乳动物体内首次发现，分子质量为 66 ku，由 2.2 kb 的基因编码，且存在亮氨酸拉链结构（basic leucine zipper，bZip），属于 Cap-n-Collar（CNC）转录因子家族（Moi et al.，1994）。该家族共有 6 个成员：NF-F、Nrf1、Nrf2、Nrf3、Bach1 和 Bach2，广泛存在于机体多个组织器官中。Nrf2 通过与下游的抗氧化反应元件（Antioxidant response elements，AREs）结合而使其活化，进而激活机体多种抗氧化反应和解毒基因的表达，从而保护所在组织免受自由基和毒性物质的伤害。Nrf2 的基因区域含有 6 个功能区，分别是 Neh 1～Neh 6。Neh 1 具有一个 bZip 结构，能与小 Maf 家族蛋白发生结合，形成异二聚体并进一步识别与结合 ARE 中的 DNA 序列（GATGAGTCA），从而活化 ARE，激活其下游目标基因的转录。Neh 2 功能区的 N 末端区域包含 7 个赖氨酸残基，该残基通过与泛素结合，对 Nrf2 的降解具有调控作用。类似的是 Neh 3 也参与 Nrf2 的转录活性的调控与活化。Neh4 和 Neh5 能与转录辅激活因子 CBP［cAMP response element binding protein（CREB）binding protein］结合，进而激活 Nrf2 下游目的基因的转录翻译。因此，Nrf2 是细胞防御中重要组成部分，广泛存在于大部分细胞保护基因的调节序列中，通过调节抗氧化反应元件 AREs 而发挥其防御机制。

6.1.2 Keap1-Nrf2 通路的调控机制

Kelch 样环氧氯苯烷相关蛋白-1（Kelch-like ECH-associated protein 1, Keap1）-Nrf2 信号通路是细胞内抗氧化应激和维持氧化还原平衡的重要通路之一。目前，已证实在很多的甲壳类、鱼类和哺乳类动物中存在该信号通路。氧化应激能够抑制 E3 泛素化连接酶的活性来激活 Nrf2 基因的表达，上调的 Nrf2 进而诱导其下游依赖 Nrf2 的相关基因的转录。Keap1 是核转录因子 Nrf2 的一个重要的结合受体，其分子质量为 96 ku，在细胞质中主要定位于肌动蛋白上。在 Nrf2 和 Keap1 序列的结构域中都存在有多个半胱氨酸残基，当有应激诱导类物质存在时，Keap1 上残基可优先与其相互作用引发 Keap1 构型改变，促使与 Keap1 结合的 Nrf2 发生解离。当无外界干扰时，核转录因子 Nrf2 多为与其抑制剂 Keap1 呈结合状态，以非活性状态存在于细胞质当中。当外界诱导物（应激源、有毒物质等）对正常细胞发生干扰时，Keap1 构型会随之发生改变，促使 Nrf2 从 Keap1 上快速脱离下来，进入细胞核内与核小 Maf 蛋白发生结合并形成异二聚物，进一步与抗氧化反应元件（AREs）结合使其激活，从而调控下游血红素氧合酶 I（Heme oxygenase I，HO-1）、环氧化物水解酶、苯醌还原酶 1（NQO1）、超氧化物歧化酶（Superoxide dismutase，SOD）和 UDP-葡萄糖苷酸转移酶（UGT）等多种抗氧化蛋白/酶的转录活性，从而增加细胞对氧化应激的抵抗性，保护细胞免受氧化损伤（图 6-1）（Kobayashi et al.，2016；Suzuki & Yamamoto，2015）。当前的理论认为，抑制剂 Keap1 与核转录因子 Nrf2 能适时发生解偶联可能存在两种机制：①Keap1 变构，这是由氧自由基或亲核物质的直接攻击导致；②Nrf2 磷酸化，从而磷酸化的 Nrf2 间接从 Keap1 上解离。Nrf2 的激活受多个水平的调控，最新的研究表明，蛋白激酶 C（protein kinase C，PKC）、促分裂原活化蛋白激酶（Mitogen-activated protein kinase，MAPKs）和磷脂酰肌醇-3-激酶（Phosphatidylinositol 3-kinase，PI3K）等多种因子对 Keap1-Nrf2/ARE 信号途径的活化以及该途径中关键基因的转录表达也具有明显的调控作用。同样，在 Nrf2 解离后由细胞质向细胞核的转移过程中，牛磺酸氯胺（Taurovinylchloride，TauCl）也具有重要促进作用，增加转录因子 Nrf2 与 AREs 的结合。可见，多种机制参与了细胞中 Nrf2 介导的程序性存活反应。目前，核转录因子 Nrf2 的功能已得到广泛的认识和认可。一方面，Nrf2 能强化机体和细胞对外源有毒物质和氧化自由基的防御作用；另一方面，Nrf2 的激活障碍或缺失可引发某些细胞对应激源的敏感性迟钝。因此，一些学者认为，Nrf2 在抗氧化应激纤维化、抗细胞凋亡以及炎症修复进程等反应中同样发挥着至关重要的调节作用。

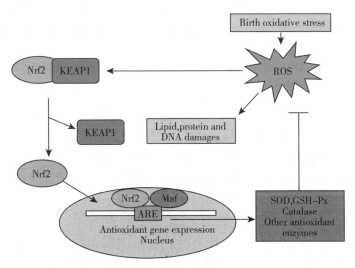

图 6 - 1　Keap1-Nrf2 信号通路（Wakabayashi et al.，2003）

6.1.3　Nrf2 在水产动物中的保护作用

6.1.3.1　抗氧化应激作用

Nrf2 的活化及表达在动物体多途径抵御氧化应激的进程中发挥关键作用。许多的物理化学因子均能激活机体内 Nrf2 活性，调控其下游靶基因的表达。通常，动物体内具有两套抗氧化调节系统，一种是酶抗氧化调节系统，主要包括过氧化氢酶（Catalase，CAT），血红素氧合酶Ⅰ，苯醌还原酶 1 和 SOD 等；另一种是非酶抗氧化调节体系，其中包括矿物质（铜、锌、硒）、维生素（维生素 C、维生素 E）、激素（褪黑素）以及其他（麦角硫因、α-硫辛酸、类胡萝卜素）等活性物质。而 Keap1-Nrf2/ARE 信号通路参与调节的抗氧化蛋白酶就包括谷氨酰半胱氨酸合成酶（γ-GCS）、CAT、NQO1 和 SOD 等。大鼠中的研究表明，将心脏左冠状动脉结扎以后，其心肌中 Nrf2 基因的表达水平显著下降，而进行缺血性预适应则会促进核转录因子 Nrf2 向核内转移发挥其活性，诱导心肌中血红素氧合酶Ⅰ（HO-1）基因的表达，进而抑制心肌氧化应激水平，避免心脏细胞因缺血受到氧化损伤。此外，白藜芦醇也能够通过活化 Nrf2 而提高超氧化物歧化酶的活性，对大鼠肝原代细胞中过氧化氢导致的氧化应激损伤起到保护作用。国内外一些其他的研究也证明，核转录因子 Nrf2 可以调节 SOD 的活性。如紫铆黄酮通过激活 PI3K/Akt 信号通路而显著

上调 *Nrf2* 基因的表达，进而增加超氧化物歧化酶的活性以抑制细胞中线粒体的氧化反应。同时，Nrf2$^{+/+}$ 小鼠在饲喂吡唑后其肝脏中 SOD、CAT 和 GST 等抗氧化酶蛋白表达显著上调，小鼠肝脏中氧化应激反应明显得到减轻，而 Nrf2$^{-/-}$ 小鼠在给予吡唑喂养后，其肝脏中有关抗氧化酶的表达无明显变化，肝脏所受的氧化损伤则会显著加重。

6.1.3.2 抗细胞凋亡作用

多项研究表明，Nrf2 蛋白参与调控细胞凋亡进程且发挥重要功能。在小鼠中的研究发现，Nrf2 缺失可显著提高其细胞凋亡敏感性，如肿瘤坏死因子 α（Tumor necrosis factor-α，TNF-α）介导以及 T 细胞中 *Fas* 基因介导的细胞凋亡、鱼藤酮等线粒体毒物诱导的神经元凋亡、紫外线诱导的皮肤纤维原细胞的凋亡水平均明显上升，而在用 Keap1 对小鼠进行干扰治疗之后，小鼠细胞的凋亡敏感性得到有效恢复。以 TNF-α 对小鼠进行刺激诱导构建小鼠肝炎模型，发现野生型小鼠表现良好，而核转录因子 Nrf2 双敲除的小鼠表现出严重的肝脏炎症反应。当前，Nrf2 对细胞凋亡敏感性发挥调控作用的以下可能途径已得到普遍认同：一条途径是核转录因子 Nrf2 通过上调细胞中谷胱甘肽基因的表达进而增加细胞对凋亡信号的敏感性；另一途径则是 Nrf2 对 *Fas* 基因功能的调节。首先，T 细胞中 *Fas* 基因介导的细胞凋亡易引起 Nrf2 敏感，同时，当 Nrf2 过度表达时则会抑制 *Fas* 基因介导的细胞程序性凋亡。然而，Nrf2 对 Fas 介导凋亡过程的抑制作用是由调节 Fas 信号途径的信号因子直接介导还是由氧化应激敏感性调节所导致，目前还未有相关研究阐明。

6.1.3.3 促炎症修复作用

前文已提到牛磺酸氯胺对 Nrf2 解离后由细胞质向细胞核的内转移过程具有促进作用，增加 Nrf2 与 AREs 的结合，进而发挥 Nrf2 的抗炎作用。另外还有研究报道 Nrf2 可以诱导特定基因表达以及召集炎症细胞的方式参与由 15-脱氧-Δ（12，14）-前列腺素 J（2）（15d-PGJ2）脱氧所引发的炎症反应。在细胞内，环氧合酶（Cyclooxygenase，COX）催化合成花生四烯酸，进而诱导 15d-PGJ2 与 Keap1 形成共价化合物，促使 Nrf2 从 Keap1 上解离并转移进细胞核中而发生激活作用。在 Nrf2$^{+/+}$ 小鼠中，当炎症细胞对 15d-PGJ2 的敏感性降低时，机体炎症反应时间会显著增加。而在 Nrf2$^{-/-}$ 小鼠中，角叉（菜）胶诱导的急性肺部损害比野生型小鼠会更加严重，这其中，15d-PGJ2 通过激活 Nrf2 信号相关通路来保护野生型小鼠免受角叉（菜）胶所引发的肺部急性损伤。此外，Nrf2 的内源性诱导剂在皮肤损伤的修复过程中也具有重要作用，如当皮肤出现损伤时，动物上皮角质化细胞出现明显增殖，且细胞内的 Nrf2

蛋白会显著性高表达。在 Nrf2 正常的上皮细胞的受损修复过程中，炎症因子 TNF-α 和白细胞介素 1β（Interleukin-1β，IL-1β）在前期的表达水平显著下降，而随着修复的进行，后期两因子的表达水平升高。通过微阵列方法分析表明，Nrf2 可激活大约 50 个具有抗氧化或细胞保护作用的基因表达，且这些基因在氧化应激反应和抵御香烟烟尘诱导的炎症反应中共同发挥了重要调节作用。核转录因子 Nrf2 能消耗氧自由基来促进铁血红素的分解，而且其分解产生的胆红素、铁蛋白等物质对于细胞氧化应激具有免疫防御作用。在 NADPH 氧化还原酶 2 介导的内皮细胞生成过程中，Nrf2 对于促氧化剂的氧化诱导具有显著的抑制作用。以上的结果均表明，Keap1-Nrf2 信号通路具有抑制炎症促进修复的作用。

6.1.4　Nrf2-PepT1 调控途径鉴定

目前，Keap1-Nrf2 通路已被证实存在于多种鱼类体内，并对鱼体正常生理性能的发挥具有重要的调节作用。Zheng 等（2016）研究发现，当受到外界急性锌胁迫时，大黄鱼（*Pseudosciaena crocea*）能从转录水平、酶水平和基因表达水平激活其体内 Keap1-Nrf2 通路发挥其抗氧化防御机制。同样，铜胁迫通过扰乱 Keap1-Nrf2 通路的调节功能，引起鱼脑中氧化损伤，破坏其抗氧化系统（Jiang et al.，2014）。作为应激状态下最重要的细胞防御通路，Keap1-Nrf/ARE 所介导的防御系统还可能在包括金黄色葡萄球菌（MacGarvey et al.，2012）、HBV 病毒（Kosmider et al.，2012）、克氏锥虫（Paiva et al.，2012）在内的多种病原生物的感染中发挥着重要作用。Yang 等（2014）也研究发现鲤春病毒血症病毒（SVCV）感染显著上调黑头软口鲦上皮瘤（EPC）细胞中核转录因子 *Nrf2* 转录和表达水平，而激活的 Nrf2 能够上调 *HO-1* 和 *SOD1* 基因的表达以增强 EPC 细胞的总抗氧化能力。

Keap1-Nrf2 通路对小肽转运载体 PepT1 也具有调控作用。在人结肠癌细胞株 Caco-2 的研究中，荧光素酶报告基因检测显示过表达 *Nrf2* 基因能诱导 *PepT1* 启动子的转录激活，凝胶电泳迁移率试验（Electrophoretic mobility shift assay，EMSA）和染色质免疫共沉淀技术（Chromatin Immunoprecipitation，ChIP）分析也发现 PepT1 能结合到 ARE 最接近起始密码子的位置上（PepT1-ARE1）；同时，Nrf2 信号通路能诱导内源性 PepT1 蛋白丰度和转运活性的增加（Geillinger et al.，2014）。这些结果确定 *PepT1* 是 Nrf2 通路的可诱导靶基因。此外有文献报道，动物体氧化应激反应可能是一种 PepT1 的调控因子。将人 Caco-2 细胞暴露于双氧水（诱导氧化应激）24 h 后，其 PepT1 转运速率被显著抑制，二肽底物甘氨酰肌氨酸（Glycylsarcosine，Gly-Sar）的转运呈剂量依赖性降低（Alteheld et al.，

2005)。同时，氧化应激反应激酶 1（Oxidative stress responsive kinase 1，OSR1）能够通过降低细胞膜上 PepT1 的丰度来抑制其转运小肽的功能（Warsi et al.，2014）。可以猜测，上述的氧化应激反应，可能是通过激活 Keap1-Nrf2 信号通路而对 *PepT1* 发生调控作用。我们检测了 PepT1 和 Keap1-Nrf2 信号通路关键基因 *Keap1*、*Nrf2* 在草鱼各组织中分布情况，发现上述基因在草鱼肠道中均有分布且表达活性较高（图 6-2）；并发现在氨氮胁迫引起的氧化应激诱导下，草鱼肠道 Keap1-Nrf2 信号通路关键基因与 PepT1 存在着显著响应关系（图 6-3）。以上结果初步揭示，草鱼 Keap1-Nrf2 信号通路可能在调节 *PepT1* 基因表达的过程中发挥着重要作用，而具体的调控机制还有待进一步研究。

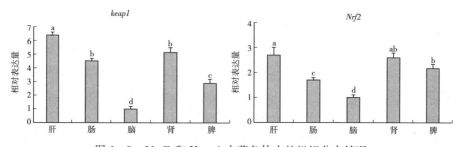

图 6-2　*Nrf2* 和 *Keap1* 在草鱼体内的组织分布情况

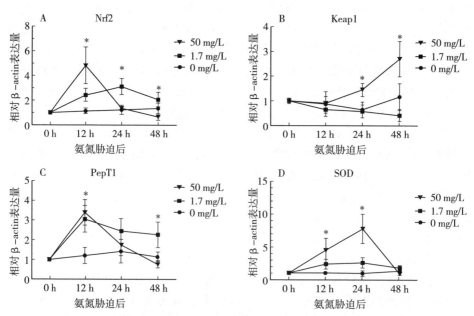

图 6-3　草鱼肠道 Keap1-Nrf2 通路与 *PepT1* 基因之间的响应关系

* 表示不同浓度氨氮浓胁迫间存在显著性差异（$P<0.05$）

6.2 氨氮胁迫对 Nrf2-PepT1 信号途径影响

随着水产养殖集约化的发展，由于养殖密度过高、投喂方式不合理以及配合饲料营养不均衡等问题的存在，养殖水体氨氮超标的情况越来越普遍。在氨氮胁迫下，鱼体内产生大量的含氧自由基等活性氧物质，并诱导机体产生氧化应激反应，造成鱼体氧化-抗氧化平衡失调，脂质过氧化产物增多，消化吸收机能受抑制和生长性能下降等（Benli et al.，2008）。目前，在多种水产动物中已经证实，水体氨氮胁迫能诱导机体内的氧化应激反应，并激活 Keap1-Nrf2 信号通路和抗氧化酶体系清除应激产生的自由基（Hegazi et al.，2010；Biyun et al.，2009；Jin et al.，2017）。并且，学者对于氨氮胁迫诱导氧化应激，造成神经中毒以及破坏机体免疫系统的现象和氨氮胁迫机理已在多种鱼类中进行过探讨（贾旭颖等，2014；Cheng et al.，2019；Zhang et al.，2019）。同时，氨氮胁迫还造成动物肠道结构损伤，肠道消化酶活力不足和饲料利用效率降低等问题。在急性氨氮胁迫下（氨氮胁迫 48 h），尖吻鲈、三疣梭子蟹的胃和肠道中胰蛋白酶以及淀粉酶活力在较低氨氮浓度下出现显著的上升，而高浓度氨氮则会抑制消化酶活力（刘亚娟等，2018；徐武杰等，2011）；在慢性氨氮胁迫（氨氮胁迫 14 d）下，中规格刺参的蛋白酶和脂肪酶的活力要显著低于小规格和大规格刺参（徐松涛等，2017）。Duan 等（2018）也研究发现，氨氮胁迫会改变南美白对虾肠道中不同黏蛋白基因的表达，破坏肠道黏膜组织。然而，氨氮刺激对动物营养吸收影响的机理目前尚不明确。在澳洲肺鱼的研究中，研究人员猜测氨氮胁迫激活的抗氧化反应，可能对肺鱼的消化系统产生重要影响（Liu et al.，2018）。我们的研究结果也进一步佐证上述猜测：利用生物信息学技术初步预测草鱼 *PepT1* 启动子中存在核转录因子 Nrf2 的活性结合位点；进一步通过在体试验，发现草鱼肠道中的氧化应激反应以及肠道中的消化酶（胰蛋白酶、淀粉酶和脂肪酶）和协助肠道吸收的酶类（碱性磷酸酶和 Na^+K^+-ATP 酶）活性出现显著变化（图 6－4）；同时草鱼经氨氮胁迫 48 h 后，高氨氮胁迫草鱼肠道出现肿胀损伤，淋巴细胞浸润于固有层和上皮细胞层（彩图 22）；且免疫荧光染色结果显示 *PepT1* 表达水平在对照组与低氨氮处理组之间没有显著性差异，而均显著高于高氨氮组（彩图 23）。据此，我们猜测氨氮胁迫诱导的氧化应激可以影响 Keap1-Nrf2 通路中关键因子 Nrf2 的表达，进而调控草鱼肠道 PepT1 转运小肽。然而，需要更多的研究进一步阐明氨氮胁迫下草鱼对饲料小肽转运效率的变化规律，揭示氨氮胁迫对草鱼 PepT1 转运小肽过程的调控机理。

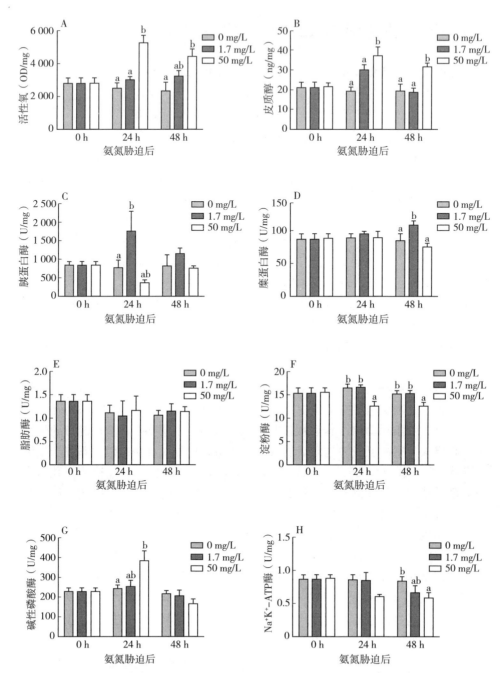

图 6-4 氨氮胁迫后草鱼肠道中氧化应激指标及消化吸收相关酶的变化情况

同一时间点条形柱上不同小写字母代表处理间存在显著性差异（$P<0.05$）

7 草鱼脑肠轴 Ghrelin – PepT1 反馈调控摄食行为

  鱼类等水产养殖动物通过摄食为个体的生存、生长、发育以及繁殖获得营养物质和能量，因此摄食是所有生命活动的基础。鱼类的摄食研究主要包括摄食行为、摄食频率以及摄食节律（Volkoff et al.，2010）三类。其中，摄食行为调控在鱼类，甚至于在所有脊椎动物的生理调节过程当中都发挥着重要作用。草鱼是我国主要的淡水经济养殖品种之一，其具有食欲旺盛、生长快速的特点，因此用草鱼作为研究对象来研究其营养摄食调控的机制是非常合适的。目前对于草鱼摄食行为的研究方向主要有三个方面：一是饲养结构，二是消化吸收，三是养殖环境，而以草鱼摄食行为、摄食调控机理及摄食影响因子为对象并从分子水平上揭示其摄食行为调控机制的研究目前较少（Koven and Schulte，2012）。草鱼脑肠轴是一个双向神经内分泌通路，这个通路可以调节脑中枢神经系统与肠神经系统，位于草鱼脑肠轴上的脑肠肽（Ghrelin）引发摄食行为，而 PepT1 参与食物的吸收过程。尽管草鱼脑肠轴上的 Ghrelin 和 PepT1 均调控摄食，但是由饥饿引发的摄食行为及由营养吸收饱和引发的抑制摄食行为之间的相互调节反馈机制目前尚无充分的研究成果。因此，对于鱼类如何调控摄食行为，何时以摄食为主，何时不需要摄食，如何提高对饲料的利用效率等科学问题还有待深入研究。

7.1 脑肠轴在动物摄食行为调控中的研究

  脑肠轴在动物摄食行为调控中的研究目前主要是集中在中枢和肠神经系统通过脑肠轴整合后对摄食行为进行调控的机制（Rosengren et al.，2018）。动物摄食行为调控的机制复杂而又精细，而且这个调控过程中有很多的生理与生化过程参与，其中反映动物营养状态的影响因子以及外部的环境信号均能够传入动物脑中后再共同参与对动物摄食行为和能量稳态的调节（Polakof et al.，2011）。因此，脑肠轴传递系统能够充分地感应动物机体的各种营养状况，同时所释放出的脑肠肽及其他相关的神经递质能够共同参与到动物的摄食行为调控中，使之能有效地维持动物的各种能量平衡（Navarro-Guillén et al.，2017）。动物摄食行为的体内调控包括化学调控、物理调控以及神经内分泌调控三种调控类型，其中摄食行为调控的化学调控主要是通过动物体液中存在的一些营养物质如肽类、氨基酸等来进行信号传递的，这些存在于体液中的营养物质也被称为下丘脑饱感中枢的化学信号；第二类摄食行为物理调控主要是通过调节动物的胃肠道充盈状态和胃肠动力来进行调控，其作用机制为当动物胃肠道中的牵张感受器受到食物的机械刺激后，迷走神经元活动会增强，进一步会使动物下丘脑中下位区域产生兴奋信号，这时动物就会停止采食；而第三类动物摄食行为的神经内分泌调节主要是由一个神经内分泌网络组成，这个网络是由大脑中枢神经系统和胃肠道系统组成，然后通过脑肠轴将两者联系起来的，这个网络由神经回路、体液回路组成，其中神经回路由迷走神经、交感神经等组成，而体液回路由细胞因子、激素、神经肽等这些物质组成，因此这是一个由中枢神经系统与肠神经系统共同双向整合的网络系统，具有多种生理功能。动物调控摄食和能量稳态的中枢神经系统主要是下丘脑和脑干，在摄食调控过程中动物主要是通过外周神经和胃肠激素发出信号刺激下丘脑和脑干区域后再参与对动物摄食行为调控的（Ji et al.，2015）。动物下丘脑包括腹内侧核区和外侧区两个部分，其中腹内侧核区根据其发挥的功能也称为饱食中枢区域，而其外侧区根据其功能也被称为摄食中枢区域；另外下丘脑弓状核对摄食也有重要的调节作用，在下丘脑弓状核有两个中枢食欲调节的关键区域：其中一个是被称为促食欲神经元的内侧的神经肽 Y/豚鼠相关蛋白区域，另外一个是被称为抑制食欲神经元的外侧的前阿片黑皮质素原和可卡因-苯丙胺调节转录肽区域，两者都对动物的摄食行为起着重要的调控作用（Amole and Unniappan，2009）。动物机体就是通过脑肠轴间的这种神经内分泌网络及信号传导因子如活性肽类来调节胃肠功能（Ji et al.，2015）。已有研究发现这些活性肽类物质如脑肠肽主要存在于动物的脑、外周神经组织以及消化道中，且这些脑肠肽同时具备神经递质和激素两大功能。脑肠轴体系中的胃肠道在调控动物食欲中也发挥了重要作用，而食欲可以影响动物摄入营养物质的量，食欲调节分为两大类：一类是长期调节，另一类是短期调节。其中，长期食欲调节调控动物机体的能量稳态，而胃肠道分泌的脑肠肽传递信号给下丘脑和脑干后，进一步通过交互作用来调节动物的摄食行为，这属于动物的短期食欲调节（Ostaszewska et al.，2010）。已有的研究发现在动物胃肠肽类激素中有 20 多种激素都是属于脑肠肽（Yuan et al.，2015）。Ghrelin 是其中的一种主要分泌于胃肠道的脑肠肽，具有促进生长激素释放和调节食欲等重要的生物学功能（Navarro-Guillén et al.，2017）。

　　总之，动物摄食行为调控主要受到脑肠轴的调控，通过阐明脑肠轴对动物摄食行为调控的具体分子机制，不仅有利于揭示动物摄食行为中枢调节参与的信号整合位点及调控的具体机制，而且也有利于研究动物的营养生理学。另外可以将其与动物自然的摄食行为一起研究，这将为动物的日粮的合理投喂提供重要的科学依据，这既有利于进行动物的健康养殖，也有利于提高动物养殖的经济效益。此外，脑肠肽作为神经内分泌信号活性肽，不仅能提高动物的繁殖能力，还能维持动物正常的生长发育，但位于脑肠轴上的脑肠肽与其他肽之间的相互作用以及对动物摄食行为的具体调控机制还需要进一步研究。

7.2　Ghrelin 在动物摄食行为调控中的研究

脑肠肽，是生长激素促分泌素受体（Growth hormone secretagogue receptor）的内源性配体，又称生长激素释放肽，是一类广泛分布于中枢神经系统和消化道的多肽，而这些物质主要在胃肠道和脑中合成，然后下丘脑的摄食调节中枢受到这些脑肠肽的作用后，再直接或间接调控动物的摄食活动，脑肠肽的主要功能是促进动物的摄食，它最早是从小鼠的胃里面分离纯化得到的，共有 28 个氨基酸（Spanier，2014）。胃肠道的功能是通过胃肠道内分泌的各种激素，尤其是胃肠类激素以及脑肠类激素的分泌来实现的。在哺乳动物中，Ghrelin 能够控制能量平衡和增进食欲，被认为是餐前饥饿及启动摄食的第一信号（Amole and Unniappan，2009）。已有的研究证据表明，Ghrelin 在促进动物摄食、增加动物体重两个方面都发挥了重要的作用。如猪可通过刺激胃内 Ghrelin 的分泌及表达量而增加营养物质如色氨酸的摄食量，但在其摄食后 1 h 内 Ghrelin 的分泌量急剧下降。而通过给断奶仔猪静脉注射外源 Ghrelin 5 d 后，结果发现，与对照组的仔猪相比，既增加了猪的摄食次数，也增加了猪的体重（Liu et al.，2017）。而且通过腹腔内注射大鼠 Ghrelin 5 d 后也发现，大鼠的摄食量得到了增加，分析可能的机制是：Ghrelin 选择性刺激膈下迷走神经，然后通过迷走神经将神经信号传入大脑，从而促进大鼠摄食（Lo Cascio et al.，2018）。Ghrelin 作为摄食启动信号的脑肠类激素，具有促进摄食以及促进消化道细胞增殖的功能。对小鼠的中枢及外周神经系统实施 Ghrelin 注射，均有显著促进摄食和增加个体重量的作用，在大鼠中 Ghrelin 具有上调小肠 PepT1 活性的功能（Liu et al.，2017）。Ghrelin 同样参与鱼类的摄食调节，研究发现，通过投喂幼龄野生虹鳟 Ghrelin，既促进摄食，又增加鱼的体重，其主要是通过促进生长激素的分泌来实现促生长作用（Arakawa et al.，2016）。对金鱼注射 Ghrelin，既显著促进摄食又显著增加金鱼的体重，最后通过 Q-PCR 技术检测金鱼不同摄食阶段的 *Ghrelin* mRNA 表达水平和血清中 Ghrelin 表达水平进一步证明 Ghrelin 具有促进摄食的作用（Ostaszewska et al.，2010）。

7.3　PepT1 在动物摄食行为调控中的研究

营养物质的吸收功能是动物肠道的基本功能。位于肠道上皮细胞刷状缘膜囊的小肽转运载体 PepT1 负责将二肽和三肽从细胞外转运到细胞内，并在肠道小肽的吸收过程中发挥关键性作用。自 1994 年，Fei 等首次在兔小肠成功克隆 PepT1 以来，短短十几年间，有关 PepT1 在人及高等动物中的克隆和鉴定、表达模式和功能分析等方面的研究都取得了快速的进展。近年来，营养学家们围绕动物肠道 *PepT1* 基因的表达调控机制也开展了相关的研究（Nässl et al.，2011），但是主要涉及小肽吸收与利用，而 PepT1 在摄食调控中的研究目前主要在哺乳动物中进行研究，具体的分子机制研究较少（Hansen et al.，2011）。已有的研究表明在哺乳动物小鼠中敲除 *PepT1* 对其摄食和生长具有明显的影响作用，但是其靶向信号通路，以及信号通路是如何对 PepT1 转运小肽的食欲调控作用和分子机制还有待进一步研究（Grey and Chang，2009）。而 PepT1 对草鱼的摄食调控作用目前未见报道，这也是本研究需要解决的科学问题（Liu et al.，2013）。

Ghrelin 作为启动摄食行为的第一信号，PepT1 作为摄食后进行消化吸收的关键组分，具有反馈调控终止摄食的功能，两者均通过脑肠轴在摄食行为中发挥关键作用。但是这种相互作用反馈调控影响鱼类摄食行为的分子机制是什么，这一关键科学问题尚不清楚。

7.4　草鱼 *Ghrelin* 基因的克隆与营养调控

7.4.1　草鱼 *Ghrelin* cDNA 克隆及其表达特征

前期研究我们成功克隆草鱼肠道 *Ghrelin* cDNA 全长序列，总共全长 494 bp，共编码 103 个氨基酸，如图 7-1 所示。草鱼组织中 *Ghrelin* mRNA 分布特征如图 7-2 所示。相对定量结果显示草鱼的肠、脑、心脏、肌肉、肾脏、肝脏、鳔和皮等组织均能检测到 *Ghrelin* mRNA。其中，肠表达丰度最高，脑的 *Ghrelin* mRNA 的表达次之，其他组织的表达水平相对较低，鳃则几乎不表达。这为后期研究 Ghrelin 与 PepT1 调控摄食的相互作用提供研究基础。

```
  1 ttttaagatg cagccattaa gagtgttgtc attaaacaga actaaaccgg ctgatttccc
 61 aggatgcctc tgcactgccg tgccagccac atgttcctgc tcatatgcgc tctttactta
121 tgtctcgagt ccgtgagagg cggcaccagc tttctcagtc ctgctcagaa accacagggt
181 cgaaggcccc cacgggtggg cagaagagat gctgctgatt cagagatccc agtgattaaa
241 gaggatgatc agttcatgac gagtgctccg ttcgaactgt ccgtgtctct gagtgaagca
301 gagtatgaga aatacggtcc tgtgctgcag aaggttcttg tgaatcttct tagtgattct
361 ccatttgaat tctgacaaga gctaccagtc ctacaagaat caattcctta taaatcaaaa
421 attattcaaa atttaaatca ttttctaaca gcaatttgac aaaataaagg atgacaaaca
481 aaaaaaaaaa aaaa
```

图 7‑1　草鱼肠道 *Ghrelin* cDNA 全长序列

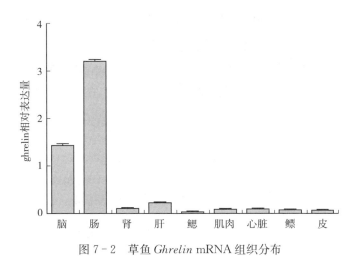

图 7‑2　草鱼 *Ghrelin* mRNA 组织分布

7.4.2　个体水平检测草鱼 Ghrelin 对 *PepT1* 表达的影响

　　为了研究 Ghrelin 对 PepT1 表达的影响，我们通过草鱼活体腹腔注射 Ghrelin（30 g/尾）12 h 与 24 h 后，取肠道组织进行 Q‑PCR 检测。结果表明 Ghrelin 注射 12 h 后能下调肠道 *PepT1* 的表达水平，说明此时 Ghrelin 以促进草鱼摄食为主，小肽的转运吸收处于抑制状态；而注射 24 h 后能上调肠道 *PepT1* 的表达水平，说明此时 Ghrelin 以促进草鱼小肽转运吸收为主；初步揭示了 PepT1 与 Ghrelin 可能参与了草鱼的摄食反应，结果如图 7‑3 所示。

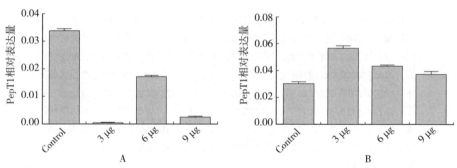

图 7 - 3 Q-PCR 检测草鱼 Ghrelin 对 *PepT1* 表达的影响

A. 12 h B. 24 h

7.4.3 个体水平检测草鱼 Ghrelin 对 *mTOR* 表达的影响

前期研究中，我们通过草鱼活体腹腔注射 Ghrelin（30 g/尾）12 h 后，取肠道组织进行 Q-PCR 检测，结果表明 Ghrelin 在 12 h 能下调肠道 *mTOR* 的表达水平；初步揭示了 Ghrelin 可能通过 mTOR 参与了草鱼的摄食反应，结果如图 7 - 4 所示。

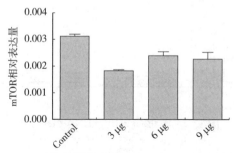

图 7 - 4 Q-PCR 检测草鱼 Ghrelin 对 *mTOR* 表达的影响

7.4.4 个体水平检测不同蛋白源对草鱼 *Ghrelin* 与 *PepT1* 表达的影响

前期研究中，我们通过喂食草鱼不同蛋白源饲料鱼粉、豆粕、菜粕 21 d 后，取肠道组织进行 Q-PCR 检测。结果表明植物源菜粕相对于鱼粉与豆粕可以促进肠道 *Ghrelin* 与 *PepT1* 的表达，而动物源鱼粉相对豆粕与菜粕可以抑制肠道 *Ghrelin* 与 *PepT1* 的表达；此试验结果初步揭示了不同蛋白源可能通过 *Ghrelin* 与 *PepT1* 参与草鱼的摄食反应，结果如图 7 - 5 所示。

这些结果为我们后期研究 Ghrelin 与 PepT1 调控摄食的相互作用提供了研究基础，但是在草鱼中 Ghrelin 以及与其相关的信号通路对草鱼摄食的调控作

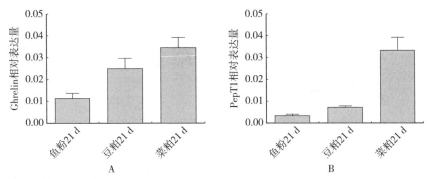

图 7 - 5 　Q-PCR 检测不同蛋白源对草鱼 *Ghrelin* 与 *PepT1* 表达的影响
A. Ghrelin　B. PepT1

用及分子机制目前研究较少，这是本研究需要解决的科学问题。这些已有的研究结果提示 Ghrelin 可能与鱼类肠道 PepT1 的功能有关；也可能在调控 PepT1 转运小肽的功能中发挥重要作用。因此，弄清 *PepT1* 与 *Ghrelin* 基因在草鱼摄食调控中的作用及机制具有重要的科学意义。总结来说，目前在鱼类中，PepT1 与 Ghrelin 对摄食调控的机制研究的欠缺主要有如下几方面：①PepT1 转运小肽在鱼类摄食调控中的分子调控机制及调控网络；②胃肠道内分泌物质对 PepT1 转运小肽途径调控摄食的影响及机制。

　　下一步我们继续采用细胞分子生物学和营养学相关的研究技术与手段进行本项目研究。首先，在个体水平，通过检测摄食前后草鱼中 *PepT1*、*Ghrelin*、*AMPK* 以及 *mTOR* 信号通路相关基因表达情况来探究草鱼脑肠轴 PepT1/Ghrelin 在草鱼摄食反应中的相互作用与调控机制。在此基础上，分别在细胞水平和个体水平，通过基因过表达系统、基因干扰系统等分子生物学手段进一步探讨脑肠轴 PepT1/Ghrelin 在摄食行为中的相互影响；通过干预草鱼 PepT1 和 Ghrelin 的功能，系统研究草鱼脑肠轴 PepT1 与 Ghrelin 对草鱼摄食的相互反馈调控作用；通过分析草鱼腹腔注射 Ghrelin 后，以及草鱼体内蛋白质水平发生改变后，草鱼 *PepT1* 基因表达、摄食相关基因的表达水平、*PepT1* 上游因子（AMPK 等）及下游信号转导分子（mTOR 等）的响应关系，揭示草鱼 PepT1 在 Ghrelin 诱导摄食反应中的上游调控机制和下游信号转导途径。本研究不仅有助于理解 Ghrelin 启动摄食反应的分子机制，有助于理解 PepT1 对于小肽转运和吸收的分子机制，还将有助于理解以 Ghrelin 和 PepT1 为重要节点的脑肠轴是如何相互反馈、高效协同，以帮助个体通过高效的摄食行为来维持自身的生长发育，理解该调控机制将为建立合理的草鱼投饲策略和促进草鱼快速生长提供理论依据，并且为改善饲料蛋白质的利用效率和吸收率提供科学依据，其研究具有重要的理论意义和应用价值。

8 谷氨酰胺二肽对草鱼的营养作用及其分子基础

谷氨酰胺具有增强动物免疫功能、提高机体抗氧化能力并为机体提供必需氮源等生理功能，从而成为动物营养饲料中功能性氨基酸添加的研究热点。在动物饲料中适量添加 Gln 能够减缓蛋白质在动物体内的消耗，加速蛋白质的累积，对动物机体内氮的平衡起着积极的维护作用（戚勇和蒋朱明，1992；姜俊，2005）。由于谷氨酰胺在水中的溶解度低（当水温为 20℃时，1 L 水中仅能溶解 35 g）、稳定性差，受热易分解生成有毒的焦谷氨酸和氨（袁雪波等，2009），谷氨酰胺在饲料加工中的应用受到限制。Fürst 等（1997）首次提出二肽概念后，甘氨酰谷氨酰胺（L-glynyl-L-glutamine，Gly-Gln）和丙氨酰谷氨酰胺（L-alany-L-glutamine，Ala-Gln）成为研究最多的两类谷氨酰胺二肽。目前，Ala-Gln 对水产动物影响的研究较为集中，尚未有关于 Gly-Gln 在草鱼幼鱼日粮中应用的报道。Gly-Gln 稳定性好、水溶性高、易于被小肠黏膜细胞完整吸收利用，可以加速谷氨酰胺在动物组织中的分解，对血浆中谷氨酰胺浓度的提高有促进作用（Fürst et al.，1997）。因此，Gly-Gln 能够克服在实际生产应用中谷氨酰胺水溶性差、受热易分解和稳定性差等缺陷，在动物生产试验中得到了应用（杨彩梅等，2005；朱青等，2009）。

本章探讨了谷氨酰胺二肽饲料对草鱼幼鱼生长性能、肠道消化酶、体成分、血液生理生化指标及肠道形态等方面的影响，探究了谷氨酰胺二肽营养作用相关氨肽酶 N、谷氨酰胺转运载体和谷氨酰胺合成酶等基因的分子特征及其营养调控，为谷氨酰胺二肽在草鱼饲料中的应用提供了科学理论和技术支撑。

8.1 谷氨酰胺二肽对草鱼的营养作用

8.1.1 谷氨酰胺二肽对生长的作用

使用添加了含 5 种浓度梯度的谷氨酰胺二肽饲料饲喂草鱼的幼苗。添加谷氨酰胺二肽对草鱼生长的影响见表 8-1。从表中可以得知，饲料中添加不同浓度的谷氨酰胺二肽对草鱼幼鱼成活率无显著影响（$P > 0.05$）。但草鱼幼鱼的终末体重、增重率和特定生长率受到了饲料中添加的氨酰胺二肽的影响。当饲料中氨酰胺二肽添加量为 0.50% 时，其终末体重、增重率和特定生长率均显著低于其余处理组（$P<0.05$）。与对照组相比，谷氨酰胺二肽饲料添加组的草鱼幼鱼的饵料系数显著降低（$P<0.05$），并且谷氨酰胺二肽的浓度越高，其饵料系数越低（$P<0.05$）（吴桐强等，2019）。

表 8-1　谷氨酰胺二肽对草鱼幼鱼生长性能的影响（平均值±标准差，$n=3$）

（吴桐强等，2019）

组别	初始体重（g）	终末体重（g）	增重率（%）	特定生长率（%/d）	饵料系数	成活率（%）
$I_{0.00}$	7.15±0.00	22.00±0.72[ab]	207.58±10.25[ab]	1.73±0.05[ab]	1.83±0.05[a]	98.00±2.00
$I_{0.25}$	7.16±0.01	23.24±0.81[bc]	224.63±11.09[bc]	1.81±0.05[bc]	1.67±0.05[bc]	98.67±2.31
$I_{0.50}$	7.16±0.00	21.77±0.85[a]	203.94±11.88[a]	1.71±0.06[a]	1.78±0.11[ab]	97.33±2.31
$I_{0.75}$	7.15±0.00	23.86±0.64[c]	233.44±9.03[c]	1.85±0.04[c]	1.58±0.06[cd]	96.67±3.05
$I_{1.00}$	7.16±0.01	24.39±0.72[c]	204.80±10.34[c]	1.88±0.05[c]	1.51±0.04[d]	96.67±4.16

注：同一列中，不同的小写字母表示差异性显著（$P<0.05$）。

大量研究结果表明，谷氨酰胺二肽能加快肠道上皮细胞的增殖分化的速度，及时修复受损的肠道细胞，同时还能促进体内氮的平衡，促进蛋白质的合成，从而可以减轻鱼类在饲养过程中的应激反应，提升鱼类的抵抗能力（戚勇和蒋朱明，1992；姜俊，2005）。在本试验中，谷氨酰胺二肽在饲料中的添加比例为 0.25% 时，草鱼幼鱼的增重率和特定生长率都为最优值。但是谷氨酰胺二肽添加浓度的增大，试验组草鱼幼鱼的饵料系数显著降低，并显著低于对照组（$P<0.05$）。Minami 等（1992）研究表明，甘氨酰谷氨酰胺在体内二肽酶的作用下能迅速酶解为甘氨酰和谷氨酰胺，主要是因为二肽酶广泛存在于肝、肾、脾、肠和骨骼肌等器官，分解后的氨基酸减轻了累积的二肽对机体的损害作用。在仔猪中的研究中，曾翠平（2004）等发现甘氨酰谷氨酰胺减缓机体在应激过程中产生的过氧化损伤，增强抗氧化能力，从而达到促进仔猪的生长的目的。同时，当机体吸收甘氨酰谷氨酰胺后，能迅速被分解为谷氨酰胺，血浆中谷氨酰胺的浓度立即得到提高，机体的免疫抗病功能得到提升。因此，有学者认为，谷氨酰胺与甘氨酰谷氨酰胺有着相似的免疫调控机制（袁雪波等，2009）。但也有一种观点认为，甘氨酰谷氨酰胺是一种活性肽，机体能够完整吸收，且氨酰谷氨酰胺依旧以二肽的形式存在于机体的器官中，直接发挥着作用。

8.1.2　谷氨酰胺二肽对肠道发育的作用

8.1.2.1　谷氨酰胺二肽对草鱼幼鱼前肠形态指标的影响

草鱼幼鱼前肠形态指标受到了谷氨酰胺二肽添加的影响（表 8-2）。草鱼幼鱼的前肠绒毛高度、隐窝深度和黏膜厚度在谷氨酰胺二肽添加试验组和对照组中均没有显著的差异（$P>0.05$）。谷氨酰胺二肽的添加能显著改变草鱼幼鱼前肠杯状细胞数和淋巴细胞数。草鱼前肠杯状细胞数目随着谷氨酰胺二肽添加浓度的增大而显著降低，而淋巴细胞数随着添加浓度的增大而增加（$P<0.05$）。当谷氨酰胺二肽添加浓度为0.75％时，杯状细胞数数量最少（吴桐强等，2019）。

表8-2 谷氨酰胺二肽对草鱼幼鱼前肠形态指标的影响（平均值±标准差，$n=3$）

组别	绒毛高度 （μm）	隐窝深度 （μm）	黏膜厚度 （μm）	杯状细胞数 （个）	淋巴细胞数 （个）
$I_{0.00}$	436.20±51.89	302.03±36.28	456.93±49.43	5.33±1.53[a]	190.00±15.71[a]
$I_{0.25}$	425.20±34.42	339.80±17.32	447.93±35.43	4.33±1.53[a]	242.33±10.78[b]
$I_{0.50}$	437.70±44.60	365.30±24.00	467.56±35.95	4.33±1.15[a]	240.00±3.00[b]
$I_{0.75}$	455.46±56.70	314.23±28.85	493.20±49.83	1.33±0.57[b]	242.67±15.94[b]
$I_{1.00}$	464.13±55.05	331.73±37.45	498.87±53.96	3.67±1.15[a]	261.67±16.50[b]

注：同一列中，不同的小写字母表示差异性显著（$P<0.05$）。

试验组和对照组的草鱼幼鱼前肠组织切片的结果显示：对照组（$I_{0.00}$组）草鱼前肠皱襞短细、排列松散、黏膜较薄。与对照组相比，$I_{0.25}$组和$I_{0.50}$组前肠皱襞短粗，排列较为紧密，黏膜厚度增加；$I_{0.75}$前肠皱襞短粗，排列不规则，有脱落现象，黏膜厚度增加；$I_{1.00}$组皱襞稀疏，排列松散，有脱落现象，黏膜厚度增加（彩图24）。

8.1.2.2 谷氨酰胺二肽对草鱼幼鱼中肠形态指标的影响

谷氨酰胺二肽对草鱼幼鱼中肠形态指标的影响见表8-3。草鱼幼鱼中肠绒毛高度没受到谷氨酰胺二肽添加的影响（$P>0.05$），但谷氨酰胺二肽对隐窝深度、黏膜厚度、杯状细胞数和淋巴细胞数有显著的作用（$P<0.05$）。随着谷氨酰胺二肽添加量的增加，草鱼中肠隐窝深度和淋巴细胞数先下降后上升（$P<0.05$），而中肠黏膜厚度增加。当添加量为0.50％时，隐窝深度和淋巴细胞数均为最小值。适量的添加谷氨酰胺二肽能显著增加草鱼幼鱼中肠杯状细胞数（$P<0.05$）（吴桐强等，2019）。

草鱼幼鱼中肠组织切片的结果显示：对照组（$I_{0.00}$组）中肠皱襞稀疏，排列松散，并有脱落现象。$I_{0.25}$组中肠皱襞增长，排列松散，黏膜厚度增加。$I_{0.50}$组皱襞排列紧密，黏膜厚度增加；$I_{0.75}$皱襞短粗，排列紧密，黏膜厚度增厚；$I_{1.00}$组皱襞短粗，排列紧密，黏膜厚度增厚（彩图25）。

表 8-3 谷氨酰胺二肽对草鱼幼鱼中肠形态指标的影响（平均值±标准差，$n=3$）

组别	绒毛高度（μm）	隐窝深度（μm）	黏膜厚度（μm）	杯状细胞数（个）	淋巴细胞数（个）
$I_{0.00}$	350.60±35.34	257.10±30.30[a]	373.56±36.60[a]	6.00±1.00[a]	345.50±34.36[a]
$I_{0.25}$	362.50±33.55	274.23±25.25[a]	362.10±39.35[a]	5.33±0.57[a]	291.33±26.08[ab]
$I_{0.50}$	367.43±31.95	199.43±38.47[b]	395.00±31.09[ab]	11.00±2.64[b]	203.33±20.98[c]
$I_{0.75}$	407.30±10.67	301.06±24.65[a]	445.20±26.44[b]	7.00±1.00[a]	258.33±39.71[bc]
$I_{1.00}$	368.36±29.57	279.67±17.10[a]	433.90±20.55[b]	11.00±2.64[b]	244.33±27.00[bc]

注：同一列中，不同的小写字母表示差异性显著（$P<0.05$）。

在动物机体内，肠道黏膜及其他增生的细胞（如免疫细胞）的主要能量来源是谷氨酰胺。因此，谷氨酰胺主要的消耗器官是肠道（Young and Ajami，2001）。适当外源性补充谷氨酰胺可以增加肠绒毛高度、降低肠黏膜通透性和增强肠免疫功能（任国谱和谷文英，2003）。

草鱼营养物质吸收的主要部位是前肠和中肠，该部位肠皱褶发达，表面微绒毛密集。本试验结果显示，谷氨酰胺二肽显著减少了草鱼幼鱼前肠杯状细胞数（$P<0.05$），增加了前肠淋巴细胞数（$P<0.05$）。谷氨酰胺二肽显著减少了中肠淋巴细胞数，能显著提高中肠黏膜厚度、增加杯状细胞数，二者间呈正相关。当谷氨酰胺二肽添加量为 0.50% 时，草鱼幼鱼中肠隐窝深度为最低。朱青（2010）对镜鲤的研究显示，饲料中添加 0.75% 的丙氨酰-谷氨酰胺显著提高镜鲤前肠、中肠、后肠皱襞高度（$P<0.05$）。叶均安等（2009）也报道了，饲料中添加 1.0% 丙氨酰-谷氨酰胺，日本对虾肠道绒毛高度得到了显著的提高。本试验结果与这些研究结果相似。谷氨酰胺二肽降低草鱼幼鱼隐窝深度与谷氨酰胺对虹鳟稚鱼肠道形态的结果类似（徐奇友等，2009）。谷氨酰胺二肽能够增加前肠中的淋巴细胞和减少中肠中的淋巴细胞，这可能是为了达到免疫平衡。总体上，谷氨酰胺促进上皮细胞增殖，维持肠道结构和功能；同时，谷氨酰胺间接刺激激素的分泌，如神经紧张素和肠胰高血糖素等，发挥黏膜促生长作用（Thompson，1991）。另外，谷氨酰胺可增加肠上皮细胞内的多胺含量，促进上皮细胞的成熟和分化（McCormack and Johnson，1991）。

8.1.2.3 谷氨酰胺二肽对草鱼幼鱼肠道消化酶活力的影响

饲料中谷氨酰胺二肽的添加对草鱼幼鱼肠道消化酶活力有着显著的影响（$P<0.05$）（表 8-4）。脂肪酶和胰蛋白酶活力随着谷氨酰胺二肽添加量的增加呈先上升后下降的趋势（$P<0.05$），当添加量为 0.25% 时，其活力均达到

最大值。谷氨酰胺二肽显著降低了淀粉酶活力（$P<0.05$），当添加量为 1.00％时，淀粉酶活力有所上升，但显著低于对照组（$P<0.05$）（吴桐强等，2019）。

表8-4 谷氨酰胺二肽对草鱼幼鱼消化酶指标的影响（平均值±标准差，$n=3$）

组别	脂肪酶（U/g）	胰蛋白酶（U/mg）	淀粉酶（U/mg）
$I_{0.00}$	20.89 ± 1.45^a	$1\,428.33\pm78.93^a$	142.62 ± 0.96^a
$I_{0.25}$	24.05 ± 3.59^b	$2\,095.57\pm70.31^b$	94.03 ± 3.62^b
$I_{0.50}$	23.38 ± 4.62^b	$1\,896.82\pm223.73^b$	86.52 ± 4.78^b
$I_{0.75}$	20.72 ± 2.42^a	$1\,585.79\pm105.24^a$	88.22 ± 7.48^b
$I_{1.00}$	20.42 ± 0.40^a	$1\,348.76\pm113.33^a$	124.39 ± 8.01^c

注：同一列中，不同的小写字母表示差异性显著（$P<0.05$）。

水生动物消化道内营养物质的消化作用主要是酶消化（吴垠，2002）；同时，水生动物消化过程主要在肠道中完成的，因此水生动物消化能力可以用肠道消化酶的活力来体现（林浩然，1998）。结果显示，适量添加谷氨酰胺二肽，草鱼幼鱼肠道脂肪酶和胰蛋白酶活力显著提高（$P<0.05$），过量添加反而会抑制脂肪酶和胰蛋白酶活力。谷氨酰胺二肽能显著降低淀粉酶活力（$P<0.05$），该结果与Yan等（2006）、杨彩梅等（2005）、田丽霞等（1993）的研究结果相一致。肠道的消化活力与肝胰腺的发育有关，因而消化器官的发育程度影响着消化活力。因此，添加谷氨酰胺二肽后，草鱼肠道消化酶活性的提高可能是由于其促进了消化器官的发育。

8.1.3 谷氨酰胺二肽对蛋白质代谢的作用

饲料中添加谷氨酰胺二肽对草鱼幼鱼血清中蛋白、脂肪代谢指标的影响见表8-5。谷氨酰胺二肽0.75％添加量的试验组中，血清中血糖（GLU）含量最高（$P<0.05$）；谷氨酰胺二肽显著提高了血清中尿素氮（BUN）的含量，降低了甘油三酯（TG）含量（$P<0.05$）。随着谷氨酰胺二肽添加量的增加，总蛋白（TP）含量和谷草转氨酶活力（GOT）先上升后下降（$P<0.05$），而总胆固醇（CHO）和谷丙转氨酶活力（GPT）先下降后上升（$P<0.05$）。在0.5％添加试验组中，总蛋白含量最高，总胆固醇含量最低，谷丙转氨酶活力最低。谷氨酰胺二肽过量添加（1.00％）显著提高谷丙转氨酶活力（GPT）（$P<0.05$）（吴桐强等，2019）。

表 8 - 5　谷氨酰胺二肽含量对草鱼幼鱼血清中蛋白、脂肪代谢指标的影响

（平均值±标准差，$n=3$）

项目	0	0.25%	0.50%	0.75%	1.00%
BUN（moL/L）	1.06±0.28[a]	1.76±0.10[b]	1.63±0.06[b]	1.66±0.17[b]	1.62±0.16[b]
CHO（mmoL/L）	1.23±0.41[b]	1.01±0.05[ab]	0.55±0.04[a]	1.19±0.56[b]	1.09±0.22[ab]
TG（mmoL/L）	1.25±0.21[b]	0.99±0.21[a]	0.96±0.14[a]	0.88±0.11[a]	1.00±0.27[a]
GLU（mmoL/L）	6.54±1.24[a]	6.15±0.81[a]	6.25±1.03[a]	8.64±0.41[b]	7.62±2.80[ab]
TP（g/L）	7.26±1.14[ab]	7.18±1.16[ab]	7.96±0.62[b]	6.86±0.55[a]	7.69±0.95[ab]
GOT（IU/L）	8.98±1.21[a]	9.32±1.50[ab]	10.06±1.71[ab]	10.77±1.63[b]	10.21±1.16[b]
GPT（IU/L）	1.93±0.36[b]	1.93±0.07[b]	1.00±0.17[a]	2.13±0.40[b]	3.06±0.69[c]

注：同一列中，不同的小写字母表示差异性显著（$P<0.05$）。

　　血清中血糖、总蛋白、尿素氮的含量能反映机体内的糖类和蛋白质的代谢水平。血清尿素氮含量的下降表明氨基酸代谢正常（Malmlof，1988）。试验结果显示，谷氨酰胺二肽的添加能显著提高血清中血糖和尿素氮含量。甘氨酰谷氨酰胺被动物靶器官上的氨基肽酶黏膜水解，生成了甘氨酸和谷氨酰胺（Vazquez et al.，1993），导致血浆中谷氨酰胺含量的增加，继而发挥着其生物学作用。外源性的添加谷氨酰胺二肽能有效缓解机体受到损伤时产生的应激反应，同时还发挥着调节氮平衡的作用。本养殖试验的放养密度合理，养殖管理得当，草鱼幼鱼对外界环境产生的应激反应少。在这样的养殖环境下，草鱼幼鱼能够通过自身合成所需的谷氨酸，不需要饲料中添加的多余氨基酸，导致外源性添加的谷氨酰胺二肽反而抑制其氮平衡。在叶均安等（2009）的研究显示，谷氨酰胺二肽能提升机体合成总胆固醇的能力，而李晋南等（2013）却发现谷氨酰胺不能影响胆固醇和甘油三酯的合成（$P>0.05$）。笔者的研究结果发现谷氨酰胺二肽的添加量与血清中总胆固醇含量呈负相关，谷氨酰胺二肽能显著降低总胆固醇的含量（$P<0.05$）。当添加量为 0.25% 时，血清中甘油三酯显著增高（$P<0.05$），但随着添加量的增加，甘油三酯含量显著下降（$P<0.05$）。

　　血清中 GOT 和 GPT 活性变化反映了蛋白质代谢过程中肝细胞的损伤情况。试验结果表明，饲料中添加谷氨酰胺二肽能增强 GOT 和 GPT 的活力，且添加浓度越高，GOT 和 GPT 的活力升高越快。赵红霞等（2008）的研究结果显示，0.30% 的外源性谷胱甘肽添加能一定程度上损害对草鱼肝脏，并且显著增强血清中的谷丙转氨酶活性（$P<0.05$）。由于在营养充足，管理得当的条件下，鱼类能够利用所摄取的基本营养物质，自身合成所需的谷氨酸。当这种平衡被外来的食物添加所打破时，会对肝脏组织造成损伤，引起血清中

GOT 和 GPT 活性的变化。

8.2 谷氨酰胺二肽代谢的分子基础

谷氨酰胺二肽的吸收是通过 H^+ 浓度梯度小肽转运载体来介导的。因此，当细胞膜内外没有 H^+ 浓度梯度时，胞外的谷氨酰胺二肽将被二肽酶水解。这些二肽酶在动物中主要包括氨肽酶 N（Aminopeptidase N，APN）和羧肽酶。谷氨酰胺二肽水解后将形成谷氨酰胺。这一过程在骨骼肌、脾、血浆、肾、肝、肠等组织器官中均可发生（Minami et al.，1992）。谷氨酰胺可通过多种转运载体（ASCT2、SLC1A5、SLC7A5、SLC6A14 等）转运至细胞内（Elorza et al.，2012；Bhutia et al.，2015），并在细胞蛋白质代谢和能量代谢过程中扮演者重要角色。在这些众多的载体中 Na^+ 依赖性的 ASCT2 起到主要作用。另外，细胞也可通过谷氨酰胺合成酶（Glutamine synthetase，GS）合成谷氨酰胺（Bott et al.，2015）。

8.2.1 氨肽酶基因分子特征及营养调控

氨肽酶 N 属于肽酶 M1 家族（peptidase family M1）。APN 的蛋白结构包含一个跨膜的螺旋结构域，该结构域位于 N 端，有 8～10 个残基伸入到细胞内，其 N 端的螺旋跨膜结构域则固定于细胞膜内。作为肽链端解酶（exopeptidase），可使氨基酸水解，且该酶对水解蛋白和寡肽 N 端中性氨基酸有更好的偏好性。APN 在各种组织中广泛表达，其中在肠道刷状缘膜上表达较高，这与其参与肠道蛋白消化吸收的功能是吻合的。此外，APN 还参与细胞生长、信号传导、蛋白代谢、肿瘤侵袭、免疫调节、血管新生及病毒感染等生理过程。

APN 在鱼类中的报道较少，NCBI 数据库中有斑马鱼和美洲鲽的 *APN* 基因 cDNA 序列可查询，其他鱼类物种中大部分为基因组测序的预测结果。其蛋白的分离纯化研究已经在阿拉斯加鳕（*Theragra chalcogramma*）、金枪鱼（*Thunnus albacares*）和草鱼（*Ctenopharyngodon idellus*）等鱼类中开展。

8.2.1.1 氨肽酶基因分子特征

（1）草鱼 *APN* cDNA 全长序列

通过基因克隆、测序及分析，获得草鱼 *APN* cDNA 全长序列（GenBank 登记号 JN088167），其全长为 3 258 bp。A、C、G、T 四种碱基的含量分别为 31.09%、21.42%、21.55% 和 25.94%。其编码区为 2 679 bp，共编码 892 个氨基酸，还包括 27 bp 的 5' 非编码区和 552 bp 的 3' 非编码区。

（2）*APN* 核酸及氨基酸同源性分析

通过 Blast 分析并获得斑马鱼（*Danio rerio* NM _ 001089325）、热带爪蟾（*Xenopus tropicalis* XM _ 002932257）、非洲爪蟾（*Xenopus laevis* NM _ 001095122）、小鼠（*Mus musculus* NM _ 008486）、褐家鼠（*Rattus norvegicus* NM _ 031012）、兔（*Oryctolagus cuniculus* NM _ 001082326）、狗（*Canis lupus familiaris* NM _ 001146034）、马（*Equns caballus* XM _ 001917489）、猴（*Macaca mulatta* XM _ 001093727）、黑猩猩（*Pongo abelii* XM _ 002825814）和人（*Homo sapiens* NM _ 001150）11 个物种的 *APN* 序列。采用 DNAMAN 软件中的 Kimura 模型分析了草鱼和这 11 个物种的基因同源性。结果表明，斑马鱼与草鱼 *APN* 的 cDNA 同源性为 81.5%，与其他动物的同源性为 58.8%～61.2%；从氨基酸序列看，草鱼 *APN* 与斑马鱼 *APN* 的同源性为 75.4%，与其他动物的同源性为 54.3%～60.2%。在不同物种中，*APN* 跨膜区的同源性较低，且呈现较大的变化（表 8 - 6）。

表 8 - 6　*APN* 基因和氨基酸同源性

种名	基因全长同源性（%）	氨基酸同源性（%）	跨膜区氨基酸同源性（%）
草鱼 *Ctenopharyngodon idellus*	100.0	100.0	100.0
斑马鱼 *Danio rerio*	81.5	75.4	73.7
巨蜥 *Xenopus tropicalis*	58.8	54.3	57.9
爪蟾 *Xenopus laevis*	59.8	58.6	57.9
小鼠 *Mus musculus*	59.2	58.5	57.9
褐家鼠 *Rattus norvegicus*	59.4	58.0	68.4
兔 *Oryctolagus cuniculus*	61.2	58.3	57.9
狗 *Canis lupus familiaris*	60.1	57.5	47.4
马 *Equus caballus*	60.6	56.6	52.6
猴 *Macaca mulatta*	60.4	56.0	47.4
黑猩猩 *Pongo abelii*	60.3	60.2	57.9
人 *Homo sapiens*	59.4	58.4	57.9

（3）*APN* 基因系统进化分析

通过 MEGA4.0 软件对以上不同物种 *APN* 基因进行系统进化树的构建（图 8 - 1），结果显示草鱼和斑马鱼相似度较高，聚类为一支；非洲爪蟾和热带爪蟾聚类为一支；在哺乳类动物中，除褐家鼠和小鼠单独分支，其他都形成一个大的支。因此，系统发育树和进化分类结果是基本一致的。

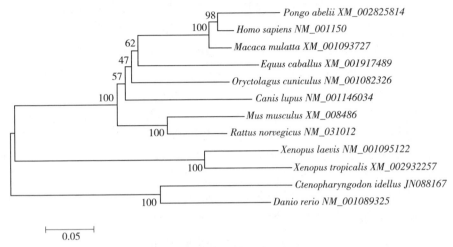

图 8-1　APN 基因系统进化树

（4）APN 蛋白生物信息学分析

① 氨基酸组成及其理化性质　草鱼 APN 氨基酸序列分析结果显示，蛋白分子质量为 100.61 ku，计算出的等电点为 5.18。草鱼 APN 氨基酸组成中，带正电荷的氨基酸残基（Arg＋Lys）共有 74 个，而带负电荷氨基酸残基（Asp＋Glu）共有 101 个。在草鱼 APN 蛋白质的组成中，含 Leu（占比9.1%）和 Thr（占比 9.0%）最高，而 Cys（占 0.7%）含量最低（图 8-2）。

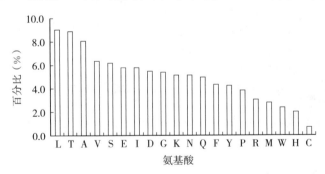

图 8-2　草鱼 APN 氨基酸组成

②糖基化、磷酸化和酰基化位点、锌结合信号区及 GAMEN 基元　通过 PredictProtein 在线软件分析草鱼 APN 的糖基化位点，结果显示共有 6 个 N 糖基化位点：Asn79、Asn121、Asn244、Asn306、Asn752、Asn835。此外，Lys595 是 1 个可能的蛋白激酶磷酸化位点。草鱼 APN 共含有 6 个可能的蛋白

激酶 C 磷酸化位点（Ser117、Thr348、Thr387、Ser443、Thr558、Thr598、Thr808），13 个可能的酪蛋白激酶 Ⅱ 磷酸化位点（Thr159、Ser184、Thr255、Ser273、Thr348、Ser402、Ser443、Thr489、Thr515、Thr522、Thr559、Ser683、Thr808），1 个可能的酪氨酸激酶磷酸化位点（Arg313），7 个可能的 N 端豆蔻酰化位点（Gly249、Gly339、Gly383、Gly408、Gly749、Gly857、Gly878）。在 372～381 位包含有一个锌结合信号区（VIAHELAHQW）。这一信号区和氨肽酶典型的保守结构 HEXXHX18E 一致。与此相似的是，草鱼 APN 也存在着 GAMEN 基元的保守结构。

③APN 蛋白的信号肽和跨膜结构　通过 TMHMM 2.0 分析草鱼 APN 的信号肽和跨膜区，发现草鱼 APN 含 1 个螺旋跨膜结构（N 端 12～34 位点）。草鱼 APN 的 N 端前 11 个氨基酸和 C 端的 35～892 个氨基酸残基属于胞外序列（彩图 26）。分析表明 APN 蛋白没有明显的信号肽序列。

④APN 蛋白的分子形状　通过 PredictProtein 软件分析了 APN 蛋白的分子形状，表明草鱼 APN 蛋白呈现为紧缩的球形结构。

⑤APN 蛋白的二、三级结构　采用 PredictProtein 在线软件分析，获得了草鱼 APN 的二级结构（表 8-7）。其氢键数 565、螺旋数 39、Strands 数 36、转角数 85（彩图 27）。

表 8-7　预测的二级结构组成

二级结构类型	α螺旋	β-折叠	环肽链
蛋白百分比（%）	38.57	38.57	44.73

通过分析草鱼 APN 蛋白的结构发现，其机构较为保守，这与尚鲁庆等报道 APN 的结果是一致的。APN 的活性中心在不同物种中较为保守，其中的 GAMEN 和 HEXXHXl8E 锌指基元作为 APN 的关键作用位点高度保守（尚鲁庆，2009）。在 APN 蛋白行使功能的过程中 GAMEN 基元属于催化活性位点的关键组成部分（常晓丽等，2011）。HEXXHXl8E 锌指基元在 APN 中是保守的酶活性中心（施思和廖晓龙，2005）。这些结果证实了草鱼 APN 的功能保守性。同时，氨基酸序列结构分析证明，草鱼 APN 的跨膜区与其他哺乳类较为相似，有 11 个氨基酸残基的 N 端伸入到细胞内，其后的 23 个氨基酸残基组成了跨膜区，且活性中心均位于细胞外。因而，草鱼 APN 的功能和其他动物相似，在细胞外发挥催化功能，是一种外肽酶（Rawlings et al.，2006）。草鱼 APN 的蛋白序列和其他脊椎动物一样，不包含 N 端的信号肽（常晓丽等，2011）。同时，其三级结构也和人类 ANP 的晶体结构相似（Ito et al.，2006；涂国刚，2009）。

8.2.1.2 氨肽酶基因分子表达特征

(1) 草鱼不同发育时期 *APN* 基因表达的变化

对胚胎的 *APN* 表达进行分析，结果显示，不同胚胎发育时期的表达变化幅度大（图8-3）。在囊胚期，*APN* 基因的 mRNA 表达水平较低，但是进入原肠期后，表达上升。在胚后发育时期的研究表明出膜后直至出膜第7天，表达量都较高，且出膜后14～35 d 基因表达有部分变化，但总体上要低于第7天的表达水平。

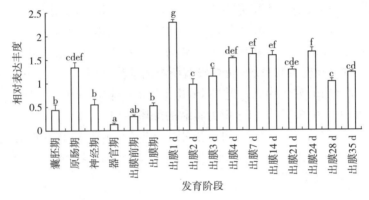

图8-3　发育阶段 *APN* mRNA 的相对表达丰度

在胚胎阶段，除原肠期，草鱼 *APN* mRNA 整体表达量较低，这可能是在胚胎发育过程中主要利用卵黄为生长发生的能量所致（Noy et al.，1996；Noy and Sklan，2001）。原肠期在胚胎发生过程中属于代谢速度较快的时期，同时多个基因在这一时期表达上升，这可能与草鱼 *APN* mRNA 在该时期表达升高有关。高表达的 *APN* mRNA 可以合成 APN 蛋白，从而增强对卵黄蛋白的吸收，以供应胚胎，最终满足发育的能量需求（张虹，2011；王瑞霞，1982）。然而，在原肠期之后，*APN* 基因又逐渐下降，这与以前的研究结果相似（刘荣臻和韩晓冬，2014）。在胚胎发生早期，水溶性氨基酸在囊胚早期含量高，而在原肠早期下降。APN 在多种组织中均有表达，其作用功能有组织差异（Ansorge et al.，1991）。在哺乳动物中的研究可以发现 APN 参与到多种生物学过程中（钱习军，2006）。但是在胚胎发育期，该基因的生物学功能还有待进一步研究。

(2) 草鱼不同组织的 *APN* 基因表达差异

对 *APN* 基因的组织表达分析表明，该基因是广泛表达的基因。在检测的前肠、中肠、后肠、肝脏、肾脏、脾脏、心脏和肌肉中均有表达。其中，心脏以及脾脏的表达量最低，而肠道、肝胰脏、肾脏的表达较高。前肠的表达最高（图8-4）。

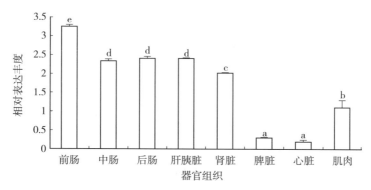

图 8-4 APN mRNA 的各组织相对表达丰度

图中数据表示为平均值±标准差（$n=3$），不同字母表示差异显著（$P<0.05$）

在已经报道的 APN 组织表达文献中，不同的物种有不同的表达模式，但是 *APN* 基因主要在肠道、肾脏等位置表达。草鱼 APN 基因的表达模式与已经报道的文献较为一致。例如，在成年小鼠、猪等研究中，肠道具有最高的表达量。这些结果都提示了 APN 在肠道组织吸收蛋白的关键作用。

(3) 草鱼肠道 APN 基因表达的昼夜节律

对草鱼前中后肠进行了 24 h 的表达规律研究，发现它们均在 12:00 有最高的 *APN* 基因表达量。在 6:00～18:00 这一时间段内，表达比 18:00～6:00 这一时段更高。此外，研究结果说明 6:00～18:00 这一时间段内表达的波动较大，尤其是中肠和后肠有较大波动（图 8-5 至图 8-7）。

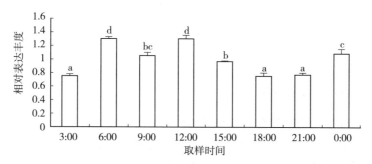

图 8-5 APN mRNA 前肠的相对表达丰度

图中数据表示为平均值±标准差（$n=3$），不同字母表示差异显著（$P<0.05$）

根据 24 h 的 *APN* 表达结果研究发现的这种规律可能源于草鱼消化吸收过程中的时序性，APN 表达与进食后的消化吸收功能抑制。另外，光照对鱼类的基因表达有明显的调控作用。因此，昼夜的基因表达变化模式可能与光照强度有关。

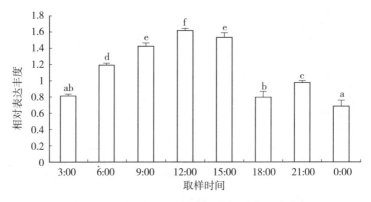

图 8-6 *APN* mRNA 中肠的相对表达丰度

图中数据表示为平均值±标准差（*n*=3），不同字母表示差异显著（*P*<0.05）

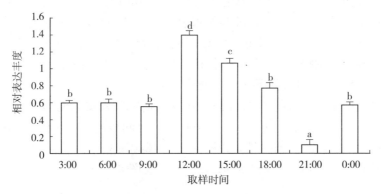

图 8-7 *APN* mRNA 后肠的相对表达丰度

图中数据表示为平均值±标准差（*n*=3），不同字母表示差异显著（*P*<0.05）

8.2.1.3　草鱼氨肽酶基因营养调控

（1）不同蛋白源对草鱼肠道组织 *APN* mRNA 表达的影响

对草鱼分别饲喂豆粕和鱼粉，比较饲喂不同阶段的草鱼前肠 *APN* mRNA 相对表达量，结果如图 8-8 所示。除试验开始第 7 天外，鱼粉组的 *APN* mRNA 表达量均明显高于豆粕组的 *APN* mRNA 表达量。在试验的前期（7～35 d）*APN* mRNA 表达量较为平稳，但是在 35 d 之后 *APN* mRNA 表达迅速升高。

（2）不同蛋白水平对草鱼肠道组织 *APN* mRNA 表达的影响

对不同组草鱼饲喂 5 个浓度梯度的蛋白，结果如图 8-9 所示。整体上，22.3％CP 和 27.3％CP 相比，前肠 *APN* mRNA 的表达量较低。而 42.1％CP

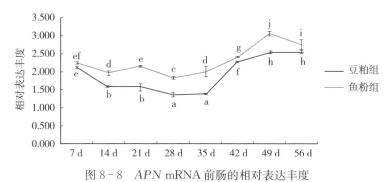

图 8-8　*APN* mRNA 前肠的相对表达丰度

图中数据表示为平均值±标准差（*n*=3），不同字母表示差异显著（*P*<0.05）

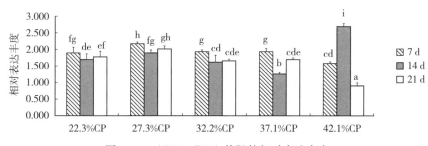

图 8-9　*APN* mRNA 前肠的相对表达丰度

图中数据表示为平均值±标准差（*n*=3），不同字母表示差异显著（*P*<0.05）

组在 14 d 有较高的表达，但在 7 d 和 21 d 表达量最低。

　　APN mRNA 的表达主要集中于肠道，尤其是前肠中表达量高。通过讨论不同蛋白源对前肠 *APN* mRNA 的影响，明确了豆粕组的 *APN* mRNA 较鱼粉组更低，这可能与豆粕组可降低蛋白酶活性从而降低了饲料蛋白充分利用有关。高含量的豆粕导致 APN 水解底物下降，影响了 *APN* 基因在草鱼前肠中的表达。这些结果与之前的报道相一致，即草鱼对全豆粕饲料的利用率低于全鱼粉饲料。另外，豆粕可造成肠道黏膜损伤，可能对 *APN* 基因的表达有影响。

　　从不同蛋白水平对 *APN* 基因表达影响的结果来看，27.3％CP 组有较高的表达，这说明蛋白水平对 *APN* 基因的表达有调控作用，且这种表达调控的规律与其他动物相似。例如，在翘嘴红鲌、瓦氏黄颡鱼、鲤、鳜、刺鲃、宝石鲈等鱼类中，肠道分泌的蛋白酶随着饲料的蛋白水平的升高而升高，且过高的蛋白水平抑制酶活性。因此，基于本实验室的研究结果，27.3％CP 可能是通过增加小分子肽底物，达到诱导草鱼 *APN* 基因表达的结果。一旦高于该蛋白水平，则进入抑制阶段，反而阻抑了 *APN* 基因表达，这可能是因为随着蛋白水平上升，酶活性被抑制，也可能因为摄入过多蛋白导致的消化废物反馈抑制了 *APN* 所在信号通路，导致了其表达降低。

8.2.2 谷氨酸转运载体基因分子特征及营养调控

作为 SLC1 家族的一员，谷氨酰胺转运载体（AlaSerCys transporter 2，ASCT2）又名 SLC1A5。SLC1 家族中的转运载体 SLC1A1、SLC1A2、SLC1A3、SLC1A6、SLC1A7 与谷氨酸具有高亲和力，而 SLC1A4、SLC1A5 是中性氨基酸的转运载体（Pochini et al.，2014）。作为钠离子依赖型的转运载体，ASCT2 转运谷氨酰胺和钠离子的比值是 1∶1（Bröer et al.，1999），其主要功能是转运谷氨酰胺。人类 ASCT2 蛋白含 541 个氨基酸，分子质量为 57 ku，可能存在 10 个跨膜区域（Poirson-Bichat et al.，2000）。相比于 Na^+ 非依赖性氨基酸转运系统，ASCT2 利用细胞膜两侧 Na^+ 电势梯度，能够逆浓度梯度转运谷氨酸，对谷氨酸的吸收起着重要的作用（Lu and Epner，2000）。

8.2.2.1 谷氨酸转运载体基因分子特征

克隆 *ASCT2* 基因，获得了 2 168 bp 的中间部分，152 bp 的 5' 端和 390 bp 的 3' 端的特异性目的条带。利用生物软件拼接，获得草鱼 *ASCT2* cDNA 全序列 2 710 bp（GenBank 登录号为 KU 559898）。ASCT2 蛋白含有 541 个氨基酸，分子质量为 57.7 ku，等电点为 5.1。ASCT2 蛋白具有 SDF（Sodium：dicarboxylate symporter family）结构域（在蛋白序列上的位置分别为 53～484），可能与其钠离子转运功能相关（图 8-10）。此外，用 TMHMM 2.0 在线软件分析氨基酸残基的跨膜结构，草鱼 ASCT2 蛋白可能存在 7 个跨膜区域（彩图 28）。

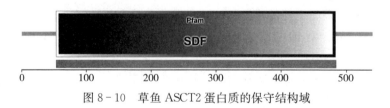

图 8-10 草鱼 ASCT2 蛋白质的保守结构域

对草鱼的 *ASCT2* 进行 BLAST 分析，获得了 20 个物种的 *ASCT2* 基因序列（GenBank 登录号见表 8-8）。使用 Mega 4.1 构建邻接（Neighbour-Joining，NJ）进化树，1 000 次 Bootstrap 重复检验进化树的置信度（图 8-11）。

表 8-8 ASCT2 用于构建系统进化树的物种序列登录号

分类	物种名称	GenBank 序列号
哺乳类	人 *Homo sapiens*	KJ897563.1
	鼠狐猴 *Microcebus murinus*	XM_012761502.1
	小鼠 *Mus musculus*	XM_006539695.1
	褐家鼠 *Rattus norvegicus*	XM_008821784.1
	白小鼹形鼠 *Nannospalax galili*	XM_006277818.1
	刺猬 *Erinaceus europaeus*	XM_005455767.2
爬行动物	美国短吻鳄 *Alligator mississippiensis*	XM_007532183.1
鱼类	罗非鱼 *Oreochromis niloticus*	XM_004544061.2
	斑马宫丽鱼 *Maylandia zebra*	XM_008280441.1
	眶锯雀鲷 *Stegastes partitus*	XM_010784363.1
	南极鳕 *Notothenia coriiceps*	XM_010729605.1
	大黄鱼 *Larimichthys crocea*	XM_011608396.1
	红鳍东方鲀 *Takifugu rubripes*	XM_004075403.2
	青鳉 *Oryzias latipes*	XM_008309163.1
	半滑舌鳎 *Cynoglossus semilaevis*	XM_008425725.1
	网纹鳉 *Poecilia reticulate*	XM_012877463.1
	鹦鹉底鳉 *Fundulus heteroclitus*	XM_007240697.1
	斑点叉尾鮰 *Ictalurus punctatus*	JT405397.1
	墨西哥丽脂鲤 *Astyanax mexicanus*	XM_007240697.1
	斑马鱼 *Danio rerio*	NM_001190755.1

系统进化树主要为两个分支，分别为硬骨鱼类和四肢动物类。*ASCT2* 基因在鱼类中具有高度的同源性，其中斑马鱼的 *ASCT2* 与草鱼 *ASCT2* 同源性最高，相似性高达 93% （图 8-12）。

人 ASCT2 蛋白 cDNA 为 2 885 bp，其中开放读码框（包含终止密码子）为 1 626 bp，编码 541 个氨基酸，分子质量为 57 ku，存在 10 个跨膜结构域。本试验克隆得到的草鱼 *ASCT2* 基因编码的氨基酸数和与人类 *ASCT2* 一致，分子质量也极其相近，但跨膜结构域少于人类。产生这种差异可能是由于 *ASCT2* 基因在进化过程中功能的多样性以及不同物种的差异性。此外，草鱼 ASCT2 的 SDF 结构域，与 ASCT2 依赖钠离子转运的功能一致。

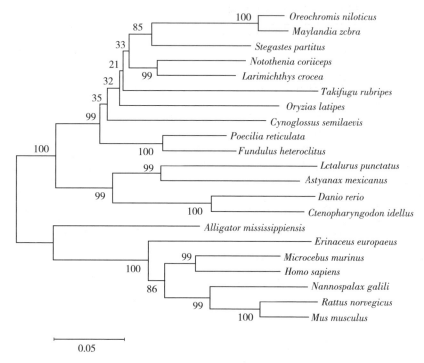

图 8-11　基于 21 种脊椎动物 ASCT2 氨基酸序列的系统进化树

8.2.2.2　谷氨酸转运载体基因表达特征

ASCT2 在哺乳动物中的各个组织中都有分布，但不同组织的表达水平受谷氨酰胺的摄入量影响。此外，在不同哺乳动物以及节肢动物不同发育阶段，*ASCT2* 的表达水平有差异。关于 *ASCT2* 在鱼类中的研究在鱼类中较少，探讨 *ASCT2* 基因在草鱼中时空表达规律，为 *ASCT2* 基因在草鱼中的生理功能提供理论依据。

（1）不同组织 *ASCT2* 相对表达量

采用 RT-qPCR 法，分析了 *ASCT2* 在草鱼心脏、肝脏、脾脏、肾脏、肌肉、垂体、鳃、脑、肠道等组织中的表达水平。ASCT2 mRNA 在草鱼肝脏中表达量最高，肠道和鳃中表达次之，与其他组织间存在着显著差异（$P <$ 0.05）；其余组织表达量较低（图 8-13）。

ASCT2 基因在人类肾、肠道、脑、肺、骨骼肌、胎盘和胰腺等组织中均有表达，说明 *ASCT2* 是一个广泛表达的基因（Bode，2001）。此外，肠道黏膜上皮细胞是 *ASCT2* 在小肠中主要表达细胞。相比于其他组织，肿瘤组织摄入大量的谷氨酰胺。因此，肝癌、结肠癌细胞中 *ASCT2* 基因的表达水平显著

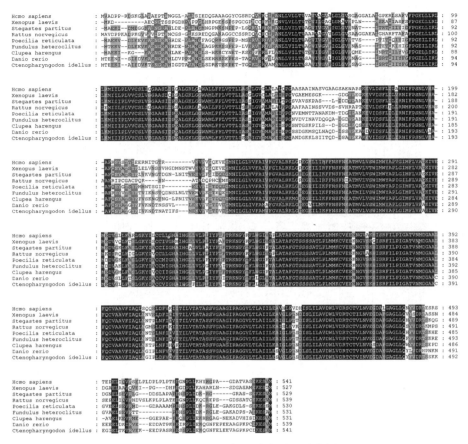

图 8 - 12 ASCT2 氨基酸序列比对分析

高于正常组织相（Pawlik et al.，2000）。*ASCT2* mRNA 在兔的小肠内绒毛细胞中的表达量较肠内其他组织表达量高（$P<0.05$）（Bode，2001）。在本试验中，草鱼 *ASCT2* 在肝脏、肌肉、鳃和中肠的表达量显著性高于其他组织（$P<0.05$）。胃肠道是谷氨酰胺利用的主要器官；小肠表皮细胞绒毛是摄取谷氨酰胺的主要细胞。谷氨酰胺进入肠道主要是通过 ASCT2 进入肠道上皮细胞。因此，草鱼中肠高表达 ASCT2 是与肠道上皮细胞中吸收谷氨酰胺相适应的。此外，*ASCT2* 在鳃和肌肉中高表达可能与这 2 个器官的高运动量有关。

（2）不同发育时期 *ASCT2* 相对表达量

在草鱼胚胎发育的各个阶段，*ASCT2* 表达量从神经期到器官形成期逐渐增加，在器官形成期表达量达到峰值。随后 *ASCT2* 表达量逐渐降低，在出膜后趋于稳定（图 8 - 14）。

ASCT2 在肠道转运谷氨酰胺的过程中起着至关重要的作用。Kudo 等

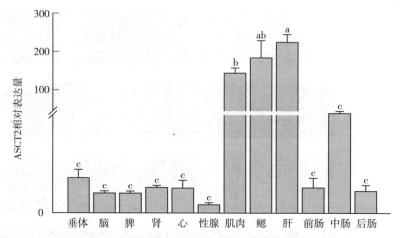

图 8-13　草鱼不同组织 *ASCT2* mRNA 相对表达丰度（平均值±标准差，$n=5$）

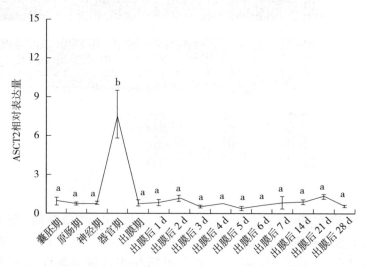

图 8-14　草鱼胚胎发育时期的 *ASCT2* mRNA 相对表达丰度（平均值±标准差，$n=5$）

（2002）发现，人类胎盘绒毛癌中 *ASCT2* 的表达显著高于正常胎盘，这说明胎儿发育过程 *ASCT2* 有表达。此外，研究报道了 *ASCT2* 在胎盘中的表达量与分娩周数密切相关，胎儿不同发育时期 *ASCT2* 表达量存在差异，且前期 *ASCT2* 的表达量较高（胡蓉等，2007）。这说明胎儿的发育需要谷氨酰胺，且前期的需求更大。这些结果证明，在人胚胎发育过程中，*ASCT2* 的表达水平是动态变化，且前期表达量比后期高。此外，造血干细胞以及 T 细胞的分化受到谷氨酰胺的调控（Oburoglu et al.，2014；Ren et al.，2017），谷氨酰胺在造血干细胞和 T 细胞激活和发育过程中发挥着重要的作用，显示了 *ASCT2*

能调控细胞发育与分化。胚胎发育中的耗氧量是机体能量消耗的衡量标准。Casey 等发现在不同温度下，澳洲肺鱼耗氧量在孵化前期达到峰值，在孵化后期逐渐下降，直至趋于稳定（Mueller et al.，2011）。孵化前期，鱼类和两栖动物的卵消耗氧气，分解卵黄以提供能量给胚胎使用（Lec et al.，1998），因此肺鱼胚胎孵化前期，耗氧量的增加是与发育过程中能量需求相关。本试验中，在孵化的器官期 ASCT2 表达量达到最高值，随后表达量趋于稳定，可能与器官期细胞分化、细胞能量需求量大相关。ASCT2 表达量的增加能促进谷氨酰胺的转运，促进细胞的分化。

8.2.2.3 谷氨酸转运载体基因营养调控

谷氨酰胺是小肠主要能源物质，稳定草鱼的正常生理功能。草鱼肠道的正常发育和功能发挥受到谷氨酰胺合成和转运的影响。作为消化和吸收的主要场所，草鱼小肠 ASCT2 的表达与饲料中蛋白源和蛋白水平的相互关系尚未明确。分析草鱼饲料中蛋白源和蛋白水平对 ASCT2 表达的影响，有助于揭示 ASCT2 与肠道营养物质吸收的相互关系，为草鱼饲料配方的优化和健康养殖提供理论参考。

（1）不同蛋白源对于草鱼肠道 ASCT2 mRNA 表达的影响

采用鱼粉、豆粕作为饲料蛋白对草鱼进行 28 d 的养殖试验，分别检查第 7、14、21 和 28 天肠道中 ASCT2 的表达量。由图 8-15 可以看出，豆粕对草鱼肠道 ASCT2 的表达具有较强的促进作用。在整个饲养周期，ASCT2 的表达量高于鱼粉组。显著性差异分析显示，在第 7、14、28 天，豆粕组和鱼粉组 ASCT2 的表达量之间无显著性差异（$P > 0.05$）。在第 21 天，豆粕组的表达量显著高于鱼粉组（$P < 0.05$）。

豆粕组作为蛋白源，草鱼肠道 ASCT2 表达量高于鱼粉组，说明豆粕组草鱼肠道中含有较多数量的谷氨酰胺转运载体，有利于细胞内外谷氨酰胺和

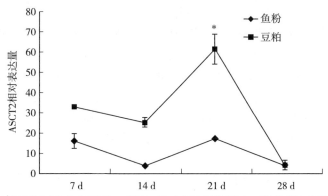

图 8-15 不同蛋白源对 ASCT2 mRNA 相对表达量的影响（平均值±标准差，$n = 5$）

Na$^+$的双向转运，也可能与草鱼自我调整的分子适应有关。

（2）不同蛋白水平对于草鱼肠道 *ASCT2* mRNA 表达的影响

配制不同蛋白水平（分别为含 22%、32% 和 42% 的粗蛋白）饲料，在养殖的第 7、14、21 和 28 天检测草鱼肠道 *ASCT2* mRNA 的相对表达量。在第 7、21 和 28 天时，22% 蛋白水平组草鱼肠道 *ASCT2* 基因的表达量均高于对照组和其他蛋白水平组。而在第 14 天，32% 蛋白水平组的草鱼肠道中 *ASCT2* 的表达水平最高。说明日粮中添加 22% 的粗蛋白可以更好地促进草鱼肠道 *ASCT2* 的表达（图 8 - 16）。

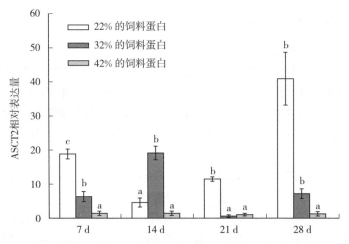

图 8 - 16　不同蛋白水平对 *ASCT2* mRNA 相对表达量的影响（平均值±标准，$n=5$）

在本试验中，在第 14 天时草鱼肠道中 *ASCT2* mRNA 表达量在 32% 蛋白水平组中表达最高，在第 7、21 和 28 天中，22% 的粗蛋白水平组的 *ASCT2* 表达最高。日粮中较低水平的粗蛋白可以促进草鱼肠道 *ASCT2* 的表达，高蛋白含量可能会抑制 *ASCT2* 的表达。不同蛋白水平的 *ASCT2* 表达差异说明饲料中蛋白水平对基因表达的影响不同。

（3）不同剂量谷氨酰胺二肽对草鱼肠道 *ASCT2* mRNA 表达的影响

草鱼肠道 *ASCT2* mRNA 表达量随着谷氨酰胺二肽添加量的增加呈现出先升高后下降的趋势。当谷氨酰胺二肽添加量为 2.5 g/kg 时，*ASCT2* 的表达量最高，显著高于对照组和其他试验组（$P<0.05$）。谷氨酰胺二肽添加量为 5 g/kg、7.5 g/kg 和 10.0 g/kg 时，*ASCT2* 表达量与对照组没有显著性的差异。这一结果说明适量添加外源谷氨酰胺二肽促进草鱼肠道 *ASCT2* mRNA 表达（图 8 - 17）。

本试验说明饲料中添加谷氨酰胺二肽影响着草鱼肠道内谷氨酰胺的转运。添加量为 2.5 g/kg 时，*ASCT2* 的表达量显著高于对照组和其他谷氨酰胺二肽

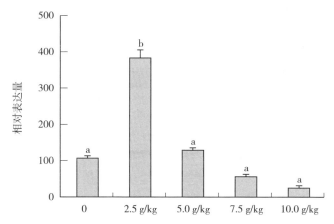

图 8-17 不同谷氨酰胺二肽添加量对 *ASCT2* mRNA 相对表达量的影响
（平均值±标准差，$n=5$）

添加组，说明适量的谷氨酰胺二肽可以促进 *ASCT2* 的表达，提高肠道细胞内谷氨酰胺转运的效率来提高鱼体的肠道的生长性能。

8.2.3 谷氨酰胺合成酶基因分子特征及营养调控

谷氨酰胺合成酶（Glutamine synthetase，GS）最早是在细菌和植物中被发现（Tempest et al.，1970；Lea and Miflin，1974）。谷氨酰胺合成酶在动物体中的所有组织中均存在，主要的功能是催化谷氨酸合成谷氨酰胺。谷氨酰胺合成酶主要有 2 大类，谷氨酰胺合成酶Ⅰ型和谷氨酰胺合成酶Ⅱ型。其中谷氨酰胺合成酶Ⅱ型只存在于真核生物中（Shatters and Kahn，1989），而原核生物含有 2 种类型的谷氨酰胺合成酶。此外，在溶纤维丁酸弧菌等少量细菌中发现了一类新型的谷氨酰胺合成酶：谷氨酰胺合成酶Ⅲ型（Hill et al.，1989；Goodman and Woods，1993）。该酶参与机体氮代谢循环，为细胞活动提供能量；促进细胞生长；提高机体的抵抗能力（Caizzi et al.，1990；Christa et al.，1994）。

目前，鱼类谷氨酰胺合成酶的研究内容主要集中于该基因的克隆及其在高浓度铵离子下的表达水平。Anusha 等克隆得到了斑马鱼的谷氨酰胺合成酶的基因序列，分析了高浓度铵离子条件下谷氨酰胺合成酶的表达特征（Dhanasiri et al.，2012）。此外，Nirmalendu 等发现在高浓度铵离子的条件下，能显著提高吸气式鲇谷氨酰胺合成酶以及氨甲酰磷酸合成酶Ⅲ的活力（Saha et al.，2007）。同时，Bucking 等（2013）的研究表明食物消化吸收率能够影响虹鳟胃肠道中谷氨酰胺的活性。目前，关于谷氨酰胺合成酶与水产动物肠道营养相关的研究鲜有报道。因此，研究草鱼的 GS 分子结构和与肠道营养相关的研究，有助于了解草鱼 GS 在肠道营养物质吸收过程中的作用。

8.2.3.1 谷氨酰胺合成酶基因分子特征

利用特异性引物获得了 GS 基因的 1 457 bp 的中间片段，114 bp 的 5' 端和 227 bp 的 3' 端的目的条带。利用 DNAstar、DNAMAN 等生物软件对获得的 GS 特异性片段进行拼接，获得了 1 798 bp 的草鱼 GS DNA 全序列（GenBank 登录号为 KY006939）。运用 PredictProtein 和 DNAstar 在线软件显示：草鱼 GS 有 371 个氨基酸，分子质量为 41.6 ku，等电点为 5.69。该基因含有谷氨酸-铵离子连接酶活性的 Gln-synt_N 结构域（在蛋白序列上的位置分别为 20~104）和典型的谷氨酰胺合成酶的激活结构域 Gln-synt_C（在蛋白序列上的位置分别为 110~359），结果见图 8-18。Gln-synt_N 结构域可能与该酶参与谷氨酰胺合成过程和氨化合物代谢过程有关。

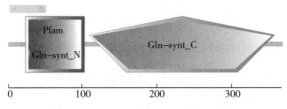

图 8-18 草鱼 GS 蛋白质的保守结构域

获得草鱼的 GS 和其他 14 个物种的 GS 基因序列（GenBank 登录号见表 8-9）。使用 Mega 4.1 软件，对草鱼和其他物种的 GS 基因序列构建邻接进化树，进化树的置信度设置为 1 000 次 Bootstrap 重复检验（图 8-19）。结果表明，草鱼与鲤科鱼类的鲤聚为一支，两者 GS 的相似性达到 98.4%，具有最高的同源性（图 8-20）。此外，鱼类 GS 序列同源性在高达 95%~98%，说明 GS 基因具有高度的保守性。鱼类与哺乳动物分别形成独立的一支，这与传统分类学是一致的。

表 8-9 GS 用于构建系统进化树的物种序列登录号

分类	物种名称	GenBank 序列号
哺乳类	人 *Homo sapiens*	NP_001028216.1
	家犬 *Canis lupus familiaris*	AAN41001.1
	小鼠 *Mus musculus*	NP_032157.2
	灰仓鼠 *Cricetulus griseus*	NP_001233699.1
	东非狒狒 *Papio anubis*	XP_003893481.1
	牛 *Bos taurus*	NP_001035564.1

（续）

分类	物种名称	GenBank 序列号
鸟类	白领姬鹟 *Ficedula albicollis*	XP _ 005049877.1
爬行动物	缅甸蟒 *Python bivittatus*	XP _ 007441097.1
鱼类	北美鳉 *Cyprinodon variegatus*	XP _ 015228079.1
	孔雀鱼 *Poecilia reticulate*	XP _ 008432331.1
	剑鱼 *Xiphophorus maculatus*	XP _ 014328299.1
	澳鳉 *Austrofundulus limnaeus*	XP _ 013886482.1
	斑马鱼 *Danio rerio*	NP _ 878286.3
	鲤 *Cyprinus carpio*	AGN52748.1

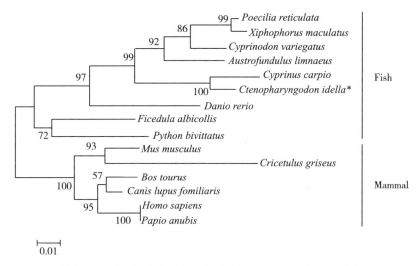

图 8-19 基于 15 种脊椎动物 GS 氨基酸序列的系统进化树

对比草鱼和其他物种的 *GS* 基因，发现它们的氨基酸序列具有较高的同源性，表明在进化过程中该基因高度保守。此外，草鱼 GS 蛋白中含有保守的结构域与其生物功能密切相关，如谷氨酰胺合成酶催化结构域和谷氨酸—铵离子连接酶活性结构域。草鱼和多个物种的谷氨酰胺合成酶蛋白比对结果显示，草鱼 GS 属于谷氨酰胺合成酶家族。人类 *GS* cDNA 序列全长约 1.1 kb，但由于可变剪接的存在，*GS* cDNA 有 3 个以上的不同转录变异体（Genbank 登录号分别为 NM001033044.1、NM002065.4 和 NM001033056.1）。犬类大脑中也发现了蛋白分子质量分别为 54 ku 和 45 ku 的两种 *GS* 基因变异体。但没有发现草鱼肠道 *GS* 基因不同转录剪接体的表达产物，这可能与物种差异相关。

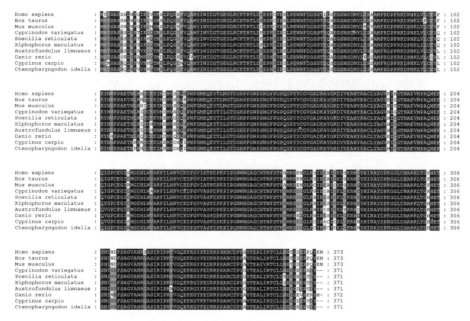

图 8 - 20　GS氨基酸序列比对分析

8.2.3.2　谷氨酰胺合成酶基因表达特征

在哺乳动物中，位于大脑中的中枢神经系统是 GS 主要的表达位置，其中神经胶质细胞中 GS 的表达量显著高于其他位置。此外，GS 的表达水平在不同哺乳动物中存在差异，并且节肢动物中在不同发育阶段表达水平也存在差异。比较草鱼 GS 基因在不同组织及胚胎发育不同阶段的表达差异，探讨 GS 基因的时空表达规律，为 GS 基因的生理功能提供理论依据。

（1）不同组织 GS 相对表达量

采用 RT-qPCR 法，检测草鱼肠道、心脏、鳃、脾脏、脑、肌肉、肝胰脏和垂体等不同组织中 GS 的表达差异。结果表明，草鱼肠道中 GS mRNA 表达量最高，与其他组织有显著的差异性（$P < 0.05$）；其他组织之间没有明显的差异（$P > 0.05$）（图 8 - 21）。

作为在机体组织中广泛分布的胞外酶，GS 在哺乳动物中，主要集中在神经系统、肝脏以及骨骼肌中表达。GS 在罗非鱼的大脑、胃和肠道中的均为高水平表达（Mommsen et al.，2003）。此外，蚊子吸取血液后，中肠可检测到谷氨酰胺合成酶（Gebhardt and Mecke，1982）。Boyan 等的研究发现牡蛎的消化腺和鳃均有较高含量的谷氨酰胺合成酶（Boyan et al.，2011）。本研究证实，GS 基因主要在草鱼肠道组织中表达，其他试验组织中 GS 基因的表达水

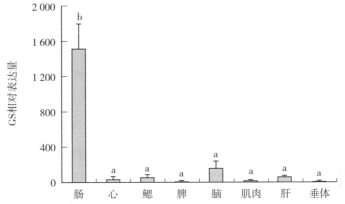

图 8-21 草鱼不同组织 GS mRNA 相对表达丰度（平均值±标准差，$n=5$）

平较低。该试验结果与 GS 在金头鲷肠道组织中高表达的现象是一致的（Coutinho et al.，2015）。同时，有研究结果显示，谷氨酰胺是主要能源物质，被肠道上皮细胞吸收利用。在无脊椎和低等脊椎动物中，肠道或消化器官需要消耗较多量的谷氨酰胺，因而 GS 在消化相关的组织中高表达。

（2）不同发育时期 GS 相对表达量

草鱼不同胚胎发育时期，GS 的表达水平在受精卵阶段后逐渐上升，在原肠期达到峰值，随后在器官形成阶段，GS 表达量迅速降低，在孵化期时达到最低。草鱼鱼苗出膜孵化的前 4 d，GS 一直为低水平表达。在孵化期第 5 天和第 6 天时，GS 的表达水平又显著性的增加，在孵化后第 7～28 天时，表达量逐渐降低（图 8-22）。

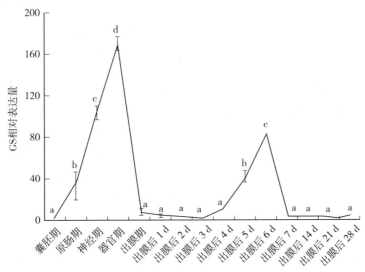

图 8-22 草鱼胚胎发育时期的 GS mRNA 相对表达丰度（平均值±标准差，$n=5$）

铵离子在谷氨酰胺合成酶的催化作用下，生物机体能够利用铵离子合成所需的谷氨酰胺。研究结果显示：海胆胚胎发育过程中 GS 一直有表达，但不同发育阶段不同组织中线粒体中 GS 的表达水平存在差异，谷氨酰胺合成酶在卵裂期和囊胚期的表达升高，在棱镜阶段表达量降低（Fucci et al.，1995）。在家蚕中肠中，五龄幼虫期 GS 的表达量增加，随后显著降低，蜕皮期 GS 的表达量又突然增加（Hirayama and Nakamura，2002）。这些结果表明，GS 的相对表达量与生物种类和发育时期相关。鱼类早期胚胎发育的营养与能量主要依赖于卵黄蛋白和氨基酸的分解，从而导致了早期胚胎中铵离子浓度较高（Wright and Fyhn，2001）。此外，铵离子由于早期发育阶段，胚胎缺乏呼吸对流以及外界环境中没有大量水稀释中和，铵离子消除特别慢（Rombough and Moroz，1990；Rombough and Moroz，1997）。此外，Essex-Fraser 等研究发现，孵化后虹鳟能够利用谷氨酰胺生成尿素，导致谷氨酰胺合成酶的表达量升高（Essex-Fraser et al.，2005）。在本试验中，草鱼原肠期谷氨酰胺合成酶的高表达可能与胚胎早期高浓度铵离子降解有关，谷氨酰胺合成酶降低早期高浓度铵离子。此外，鳃的进一步发育相关可能导致孵化后第 6 天 GS 的表达量显著性升高。因此，草鱼 GS 的高表达帮助草鱼幼仔体内维持适应浓度的铵离子，消除对正常发育造成的不良影响。

8.2.3.3　谷氨酰胺合成酶基因营养调控

谷氨酰胺是小肠主要能源物质，草鱼的肠道的发育和功能的行使依赖于谷氨酰胺的合成和转运。草鱼主要的食物消化和营养物质吸收的器官是肠道，然而鲜有报道饲料中蛋白水平和外源营养物质的添加是如何调控小肠谷氨酰胺合成酶 GS 表达的。探讨草鱼饲料中添加不同蛋白源和不同的蛋白水平对 GS 表达的影响，有助于揭示 GS 与肠道营养物质吸收之间的相互关系，为优化草鱼的饲料配方、促进草鱼的健康养殖提供理论参考。

（1）不同蛋白源对草鱼肠道 GS 表达的影响

利用鱼粉、豆粕分别作为草鱼饲料的蛋白源，对草鱼进行为期 28 d 的养殖饲养试验，并在试验喂养的第 7、14、21 和 28 天获取肠道组织检测 GS 的表达量。随着饲喂时间的延长，豆粕组和鱼粉组中草鱼的 GS mRNA 表达量均先升高后下降，在 21 d 时达到峰值。鱼粉组草鱼的 GS mRNA 在各个时期的表达量高于豆粕组（图 8-23）。结果说明，鱼粉对草鱼 GS 的表达具有更强的促进作用。

（2）不同蛋白水平对于草鱼肠道 GS 表达的影响

配制含有不同比例的粗蛋白（22%、32% 和 42%）的饲料饲喂草鱼，在第 7、14、21 和 28 天分别检测草鱼肠道 GS 的相对表达量。结果表明，在饲

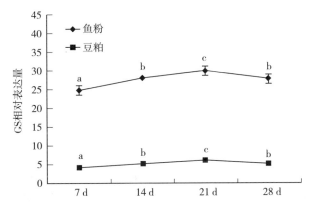

图 8-23 不同蛋白源对 *GS* mRNA 相对表达量的影响（平均值±标准差，*n*=5）

喂 3 种不同蛋白水平饲料后，*GS* mRNA 的表达量呈现出 42%蛋白水平组的表达水平最低，32%蛋白水平组表达水平次之，22%蛋白水平组的表达水平最高。在饲喂后第 7 天时，42%蛋白水平的试验组的 *GS* mRNA 水平在最低。说明低蛋白水平更能促进草鱼肠道 *GS* 的表达（图 8-24）。

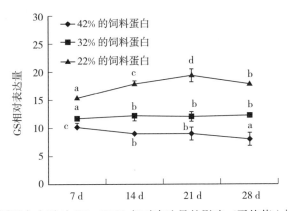

图 8-24 不同蛋白水平对 *GS* mRNA 相对表达量的影响（平均值±标准差，*n*=5）

(3) 不同剂量谷氨酰胺二肽对草鱼肠道 *GS* mRNA 表达的影响

随着谷氨酰胺二肽在饲料中添加量的增加，草鱼肠道 *GS* mRNA 的表达水平先升高后下降。当谷氨酰胺二肽的添加量达到 2.5 g/kg 时，*GS* 的表达量最高，显著性高于其他处理组（*P*<0.05）。当添加量为 7.5 g/kg 和 10.0 g/kg 时，与对照组相比，*GS* 表达量没有明显的差异。这些结果说明，*GS* mRNA 表达水平受到外源谷氨酰胺二肽的调控。适量的添加可以升高草鱼肠道 *GS* mRNA 表达量，而过量添加对 *GS* 的表达没有明显的影响（图 8-25）。

研究结果表明，相对于豆粕作为饲料主要的蛋白源，鱼粉能够显著促进

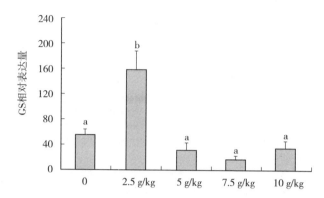

图 8 - 25　不同浓度谷氨酰胺二肽对 GS mRNA 相对表达量的影响
（平均值±标准差，$n=5$）

GS 的表达。不同蛋白水平的饲料喂养试验组中，草鱼 GS 呈现出蛋白水平越高，表达量越低的趋势，22％蛋白水平组的 GS 表达水平最高，42％蛋白水平组的表达水平最低。饲料中适量添加谷氨酰胺二肽可显著上调草鱼肠道 GS 的表达水平，其中最适添加量为 2.5 g/kg。饲喂适当剂量的谷氨酰胺二肽能够提高草鱼 GS 表达量，这可能与谷氨酰胺能促进蛋白质的合成，提高蛋白沉积率相关，可能是外源性添加谷氨酰胺促进鱼体生长的原因之一。

9　小肽饲料

9.1　小肽饲料源

小肽饲料是指在特定的条件下，以豆粕、芝麻粕、菜粕等植物源蛋白为原料，通过有益微生物比如乳酸菌、芽孢杆菌、酵母菌代谢、发酵，原料中的大分子物质和营养物质被分解或转化，产生更易于动物吸收的小分子物质和次级代谢产物如有机酸、可溶性小肽等的饲料。

9.1.1　小肽饲料的生产工艺

常见的饼粕原料豆粕、芝麻粕、菜粕等富含植物蛋白，但抗营养物质含量高，直接以它们作为饲料会导致动物对蛋白质和氨基酸的吸收利用率降低。研究表明，通过微生物发酵可以有效降低甚至除去原料中的抗营养物质，同时产生丰富的功能活性物质，提高饼粕类原料的饲用价值。

现在市场上用于发酵的有益微生物主要有乳酸菌、芽孢杆菌、酵母菌、霉菌等。这几种菌在发酵过程中的接种比例是不同的，一般认为细菌接种量为1%～5%（V/V），酵母菌接种量为5%～10%（V/V），霉菌接种量为7%～15%（V/V）（马静，2016）。在实际生产中，可以采用单一菌株或多种菌种发酵的手段开发不同效能的小肽饲料。

小肽饲料的生产受原料的状态如含水量、底物组成、pH等，以及发酵条件如时间、温度、菌种组成和接种量等的影响。工艺条件的选择很大程度上决定了小肽饲料的质量。发酵中菌种的接种量通常为10%，发酵温度一般在25～30℃，最适 pH 为 7.0，发酵时间控制在 2～5 d，含水量在30%左右。

目前小肽饲料的生产大多采用固态发酵的方法，在发酵过程中发酵底物与种子液按比例均匀混合，在适当的条件下进行固体发酵，再经过干燥等工艺制成小肽饲料。

9.1.2　小肽饲料的功能

9.1.2.1　消除或钝化饼粕类的抗营养因子

饼粕类原料中含有的胰蛋白酶抑制剂、大豆凝集素、硫代葡萄糖苷、单宁、植酸、草酸等抗营养因子会通过不同方式直接或间接影响营养物质的消化、吸收和利用，甚至影响动物健康和生产性能。微生物发酵法不仅能高效消除或钝化抗营养因子，而且还可以提高饲料的消化率（杨连玉和杨文艳，2018）。付弘赟等（2009）研究表明，利用枯草芽孢杆菌发酵豆粕，胰蛋白酶抑制剂和植酸的去除率分别达到 60％和 69.8％。孙宏等（2009）发现，发酵后的菜粕硫苷降解率达到 70.28％，单宁降解率达 31％左右。彭惠惠（2012）报道了在枯草芽孢杆菌、乳酸菌、酵母菌共同作用下，芝麻粕中植酸降解率达到 86.21％。

9.1.2.2 有利于维持肠道菌落平衡

动物肠道菌落是微生物多种群的有机整体，既有益生菌乳酸杆菌和双歧杆菌等，又有中性菌大肠杆菌、肠球菌等，还有有害菌，它们定植于肠道黏膜表面，与肠道黏膜细胞共同构成生物屏障，保护宿主抵御外来病害微生物的侵袭。研究发现，肠道菌群的平衡有利于促进肠道对营养物质的消化吸收，提高动物免疫力，保证动物体的健康。补充益生菌，竞争性抑制有害菌的定植、生长、繁殖是调节菌落平衡有效的方法。

小肽饲料进入肠道后，其中含有的乳酸菌、芽孢杆菌、酵母菌等有益微生物可以相互作用，共同维护肠道生态健康。其中，乳酸菌在发酵过程中产生的有机酸对肠道内的病原菌和腐败菌具有抑制效果。由于芽孢杆菌需消耗氧气，因此可以维持肠道内的厌氧环境，有效促进乳酸菌、双歧杆菌等厌氧菌的生长；同时生成的淀粉酶、脂肪酶等可以保证动物对营养物质的消化和吸收。酵母菌在肠道内处于优势菌种，能够迅速生长繁殖，消耗氧气，有利于其他厌氧菌的生长，从而抑制有害菌的生长。

9.1.2.3 提高饲料中营养成分的消化、吸收和利用

通过发酵方法生产的小肽饲料中会含有有机酸、酶、氨基酸、小肽等物质，这些能够促进营养物质的消化和吸收。饲料中的乳酸、乙酸等有机酸能够降低肠道 pH，从而促进有益微生物的生长繁殖、抑制有害菌和病原菌的生长。微生物分泌的酶可以将大分子蛋白质分解为小分子的氨基酸和小肽，提高营养物质的消化吸收，同时减少动物消化系统的负担。王金斌等（2009）利用枯草芽孢杆菌和热带假丝酵母共同发酵豆粕，产物中出现了中性蛋白酶，并且粗蛋白含量提高 55.18％，真蛋白含量提高 46.08％。小肽饲料中的氨基酸不仅对动物机体具有重要的营养生理功能，而且会影响机体特别是鱼类肌肉呈味品质，如谷氨酸、丙氨酸等在体内的代谢转化直接影响鱼类肌肉鲜味、甜味等呈味物质的形成。赵叶等（2014）研究表明饲料谷氨酸能够改善草鱼肌纤维结构和肌肉质构，提高肌肉中肌苷酸的含量；李清等（2004）发现饲料小肽也能

提高鲤肌肉鲜味氨基酸和核苷酸的含量。

9.1.3　小肽饲料的现状及发展方向

9.1.3.1　提升原料营养价值，改善适口性

通过微生物的发酵作用，饼粕类原料中的抗营养因子有效地降低或者去除，同时大分子蛋白质分解为多肽、小肽、氨基酸等营养成分，有效改善饲料风味，提高营养价值，同时提高饲料的适口性和诱食性。冯杰等（2007）研究了发酵豆粕对断奶仔猪生长、血清指标及肠道形态的影响。结果表明，相对豆粕，发酵豆粕可促进仔猪生长，有效降低血清尿素氮水平，促进对营养物质的消化和吸收，提高了饲料利用率。柯祥军等（2007）研究结果表明，发酵豆粕可以提高肉鸡的日采食量、日增重，降低料重比和腹泻率，血清中总蛋白、白蛋白含量略有提高。

9.1.3.2　替代常规蛋白源，降成本保效果

饲料中常规蛋白源主要有鱼粉、蛋白粉、肉骨粉、豆粕等。与动物源蛋白鱼粉、蛋白粉、肉骨粉等相比，饼粕类等植物源蛋白来源丰富、绿色且价格低廉。通过发酵，小肽饲料中可利用蛋白能够满足动物机体对蛋白能源的需求，减少了对高价鱼粉的使用，从而节约了成本。罗智等（2004）研究了发酵豆粕部分替代白鱼粉对石斑鱼生长的影响，结果表明发酵豆粕是一种比豆粕更优良的蛋白源，在饲料中添加 14％ 发酵豆粕替代白鱼粉，对石斑鱼的生长和鱼体组成不会造成显著影响。段海成等（2019）报道了饲料中用 23％ 发酵豆粕替代 15％ 的鱼粉不影响幼鲤生长、肠道蛋白酶活性和血清抗氧化能力。

其他粕类蛋白如芝麻粕、菜粕、棉粕等与豆粕相比，粗蛋白含量和氨基酸组成略有差别，但价格更加便宜，在某些场合也可被替代。吕永彪等（2015）研究发现发酵芝麻粕可以替代日粮中的豆粕，对肉鸭生长性能无显著影响，且能有效改善鸭肉风味。余勃等（2009）报道了使用替代比例在 10％ 以内的发酵菜粕替代豆粕，对肉仔鸡的采食量、饲料转化率等指标均无显著影响。张秀敏等（2014）研究发酵棉粕对鲫生长性能的影响，发现发酵棉粕最佳添加量为11％（替代 10％ 豆粕和 1％ 鱼粉）。

9.1.3.3　开发功能性饲料，更具针对性

针对不同需求目标，比如促生长、改善肠道健康、提高肌肉品质等，开发具有功能性和针对性的小肽饲料。如针对雏鸡和仔猪的功能性饲料，以丁酸梭菌为功能性菌，与乳酸菌等多种有益菌联合发酵，发酵产物丁酸梭菌和乳酸菌

含量高，小肽含量丰富，且丁酸梭菌对肠道黏膜的发育具有显著的促进作用，丁酸是肠上皮细胞增殖的重要营养物质，从而为雏鸡和仔猪保持肠道健康奠定基础。如针对提高鱼类肌肉鲜味、甜味等呈味品质，肌肉中肌苷酸作为肉质呈味的主要贡献者，可以开发出营养价值高，富含肌苷酸的前体物质天冬氨酸、谷氨酰胺、甘氨酸等氨基酸的小肽饲料。

9.2　菌氨肽生物发酵饲料研制及应用

本团队以植物源蛋白为原料，通过自主筛选的乳酸菌、枯草芽孢杆菌、酵母菌等益生菌的发酵作用，制备了一系列的菌氨肽饲料。它属于小肽饲料，并在鱼类养殖方面得到很好的应用。菌氨肽饲料另一大特点在于发酵过程直接在自制的发酵袋中进行，方便保藏运输，可直接用于饲喂或添加替代；而且饲料在整个过程始终处于湿润状态，保证了益生菌的活性，有益于饲喂动物的肠道健康和菌落平衡。有研究表明，不烘干饲料饲喂的效果优于烘干饲料。

9.2.1　微生物培养、分离与鉴定

9.2.1.1　酵母菌的筛选及鉴定

酵母是一种单细胞真菌，属于兼性厌氧菌，能将糖发酵成酒精和二氧化碳。酵母菌是人类文明史中被应用得最早的微生物，可用于酿造生产，也可成为致病菌。如今，我们的生活已经离不开酵母菌，日常生活中的啤酒、面包等美味可口的食品都是酵母菌经发酵而来，具有改善食品的风味、提高营养价值、保护肝脏等作用。因此，酵母益生菌的分离和纯化对提高人类健康水平有着十分重要的意义。

（1）筛选方法及步骤

挑选生长情况良好、无病害的成年捕鸟蛛为试验材料，在超净工作台对选取的捕鸟蛛进行解剖，从捕鸟蛛的肠道内取出食物残渣样品，装入取样袋中，并立即放入4℃冰箱中低温保存备用。取上述4℃低温保存的捕鸟蛛肠道食物残渣样品1 g，并加入PBS洗脱液100 mL，对蜘蛛肠道微生物进行洗脱，并接入含100 mL富集培养基的250 mL三角瓶中，37℃，180 r/min富集培养48 h。

用平板稀释的方法将捕鸟蛛肠道样品在麦芽汁固体平板上以30℃恒温培养48 h，从培养48 h后的平板上挑取单菌落用平板划线的方法进一步纯化3～4次（彩图29）。纯化完成后，再用接种环从纯化培养基上挑取少量菌体并接种在麦芽汁固体斜面上，放入生化培养箱，在30℃的条件下恒温培养72 h，再将其放入4℃冰箱保存备用。

（2）酵母菌的鉴定

菌落形态特征：将平板稀释法培养 72 h 后，选取单个菌落作为观察对象，观察该菌落的颜色、形状、光滑度、湿润度、透明度以及边缘整齐度等特征。用麦芽汁液体培养基观察其发酵情况（培养液的浑浊度、能否形成浮膜、环或岛以及沉淀物的疏松度等情况）。

观察细胞形态：挑取少量培养 72 h 后的菌体置于光学显微镜下观察，转用高倍显微镜对菌体细胞的大小、形状和生殖方式进行观察，酵母的生殖方式为无性生殖，主要有芽殖、芽裂和裂殖，其中大部分为芽殖，少数是芽裂，还有极少数的为裂殖（表 9-1）。

表 9-1　捕鸟蛛肠道酵母形态鉴定

颜色	形态	菌丝	浮膜	子囊孢子	掷孢子	繁殖方式
白	卵圆形	有	有	无	无	芽殖

菌丝的形成：在平底培养皿倒一层薄至透明的马铃薯固体培养基，凝固后将培养皿倒置数小时，直至培养基表面稍干燥，划线 3～4 条并接种，再盖上灭菌处理的盖片，于 30℃条件下恒温培养 72 h 后用低倍镜对划线的两旁进行观察，看是否有菌丝形成以及菌丝的类型。

观察孢子的形成：孢子的观察包括子囊孢子和掷孢子的观察。对于子囊孢子的观察首先用麦芽汁固体斜面转接 3 代，在对数生长期将已转接 3 代的菌体转到高氏琼脂培养基斜面，在 30℃的条件下培养 48～72 h 后涂片观察，若没有产生子囊孢子，则继续培养 4 周左右，且每周观察 2～3 次，观察是否有子囊孢子形成。而对于掷孢子的观察，则通过测定其镜像的形成，来判断是否有掷孢子的形成，先将酵母菌接种在麦芽汁固体培养基制成的平板上，30℃倒置培养 72～96 h 后，观察培养皿盖上有没有形成与菌落形状大小相同的镜像，如果形成了镜像，则继续观察掷孢子的大小和形状。

类淀粉化合物测定：向产类淀粉化合物的液体培养基中接入新培养的酵母一环，30℃培养 5～7 d，以碘液为指示剂，向培养基中加入 2 滴碘液，若培养基颜色变蓝，则证明有类淀粉物质生成。

葡萄糖发酵测定：将 12% 的豆芽汁进行分装，分装完毕后放入高压蒸汽灭菌锅中灭菌 20 min，用灭菌处理后的蒸馏水将葡萄糖配成 10% 浓度的溶液，再将溶液煮沸 20 min，稍冷却后，吸取一定量的糖液继续分装，直至糖的质量浓度达到 2%。将新鲜培养物接种于发酵瓶，30℃培养 3～5 d，每天观察 1 次结果，不发酵或弱发酵的延长观察 3～5 d。

KNO_3 同化试验：向酵母的培养基中一半加入 KNO_3，而另一半则不加，然后进行分装、灭菌并制成斜面，分别接种 2 支，以未加 KNO_3 的为对照，在 30℃下培养 5～7 d 后观察结果。每天观察各组酵母的生长情况，假如对照组中没有细菌生长，而加了 KNO_3 溶液的有细菌生长，则表明该菌种能同化 KNO_3；反之，如果加了 KNO_3 的生长情况与对照组一样，则表明这种酵母不能同化 KNO_3。

乙醇同化检测：向同化乙醇的培养基中加入 3% 盐酸浓度的乙醇 10 mL，再接入少许酵母培养物，30℃培养 3～5 d，观察酵母的生长情况，是否形成浮膜、环或岛，并用紫外分光光度计测定其 OD 值，OD 值越高，则证明菌体生长情况越好，以未加碳源的空白组为对照比较其各组的生长情况。

酵母细胞呈卵圆形，多端芽殖，有菌丝，葡萄糖发酵试验与 KNO_3 同化试验均为阳性，类淀粉化合物生成试验与乙醇同化试验呈阴性，属于酿酒酵母属（表 9-2）。

表 9-2　捕鸟蛛肠道酵母生理生化鉴定

类淀粉化合物生成	葡萄糖发酵试验	KNO_3 同化试验	乙醇同化试验
—	＋	＋	—

9.2.1.2　枯草芽孢杆菌的筛选及鉴定

芽孢杆菌，包括芽孢杆菌属、类芽孢杆菌属、海洋芽孢杆菌属、梭菌属和脱硫肠状菌属等，是一类能够形成芽孢（内生孢子）的杆菌或球菌。同时具有产生抗力性芽孢，在极端条件下生存的特性，发酵得到的淀粉酶、蛋白酶具有高活性、高纯度的特点，通过富集培养从捕鸟蛛肠道中分离出芽孢杆菌。

（1）筛选方法及步骤

首先用 75% 的酒精对蜘蛛进行全身消毒，然后用长镊子夹住头胸部，用小剪刀将蜘蛛腹部剪开，找到蜘蛛肠道用镊子将肠道拉扯至体外取下一段肠道放置干净的培养皿中。用剪刀将蜘蛛肠道剪碎，加入少量无菌水得到蜘蛛肠道微生物。取备用的蜘蛛肠道微生物，接入含 100 mL 富集培养液的 250 mL 三角瓶中，37℃恒温培养 48 h。取富集培养基中的培养液进行梯度稀释（10^{-1}、10^{-2}、10^{-3}、10^{-4}、10^{-5}、10^{-6}、10^{-7}、10^{-8}、10^{-9}、10^{-10}）涂布于羽毛粉培养基上，37℃培养 48 h，待长出菌落后挑取生长较好的单个菌落平板划线于 LB 培养基中，分离出纯化后的单菌落。然后按照上述方法对菌种进行反复纯化培养，直至所有的菌落的形态、颜色一致则为单一菌株。记录下所有菌落的形态、边缘、表面、色泽、光泽度、透明度等。

将初筛得到的菌种各接一环接种于种子培养基中，并对应标记数字，放入

37℃恒温培养箱中，180r/min，培养 24 h。各取 2 mL 种子培养液分别装入含 50 mL 培养基的三角瓶中，每个菌种三个平行，180r/min，37℃恒温培养 2 d。观察羽毛降解情况。根据各菌株对羽毛的降解情况和角蛋白酶活力的高低进行复筛。分别取 1 mL 菌液于 10 mL 管中，加入 2 mL 20% Tris-HCl 缓冲液，然后加入 10 mg 羽毛粉，40℃恒温水浴锅中反应 1 h（每隔 15 min 震荡一次），加入 2 mL 10% TCA 终止反应。5 000r/min 离心 30 min，取上清液过滤在 280nm 处测 OD。其一个酶活力单位 U 的定义为在特定反应条件下 OD_{280} 吸光值升高 0.01 为 1unit（U）。

（2）芽孢杆菌的鉴定

根据所分离出来的菌落特征，选用芽孢染色、革兰氏染色、荚膜染色等方法对培养了 1 d 后的菌种进行染色试验，通过光学显微镜观察细菌是革兰氏阳性菌还是革兰氏阴性菌以及是否有荚膜等形态特征，用于判断菌种是否是芽孢杆菌。细菌的生理生化特性种类具有多样性，通过对筛选出来的芽孢杆菌进行细致的生理生化特性鉴定有利于对菌种的充分利用，同时可用于鉴别筛出来的菌种是否是新菌种。鉴定试验有以下一些：淀粉水解试验、明胶水解试验、吲哚与硫化氢试验、甲基红试验、糖降解试验、油脂水解试验。

在以羽毛粉为唯一氮源的培养基条件下一共得到 36 株能在培养基上生长的菌株，将得到的菌株在 LB 培养基上反复划线培养得到分离后纯化的单菌落。

蜘蛛肠道内生菌种类多数量大，直接用羽毛粉为唯一氮源的培养基对内生菌进行培养，对内生菌种类进行了初步筛选大大地降低了试验的复杂程度。由彩图 30 观察羽毛粉的分解情况可以看出捕鸟蛛肠道内存在大量的产角蛋白酶菌株，因此在捕鸟蛛肠道内有较大的可能存在高产角蛋白酶的优良菌株。

通过对发酵培养基中羽毛粉降解情况的观察，选择 36 株菌株中的 10 株羽毛分解较充分的菌种进行了酶活力测定，每个菌株重测三次，经过多次比较选择出了 5 株产酶活力稳定而且活力较高的菌株。将所筛选出来 5 株菌株按照产生的角蛋白酶活力大小依次编号 1～5，并依次对菌种进行革兰氏染色、芽孢染色、荚膜染色，筛选出芽孢杆菌（彩图 31）。

从表 9-3 可以看出 1 号和 5 号菌具有相同的细胞形态，同为产孢无荚膜的革兰氏阳性菌，初步判断 1 号和 5 号菌为枯草芽孢杆菌。

表 9-3　5株产角蛋白酶菌种细胞形态及染色鉴定结果

序号	形状	革兰氏染色	芽孢染色	荚膜染色
1	杆菌	阳性	有芽孢	无荚膜
2	杆菌	阴性	有芽孢	有

（续）

序号	形状	革兰氏染色	芽孢染色	荚膜染色
3	球菌	阴性	无	待定
4	球菌	阴性	无	有
5	杆菌	阳性	有芽孢	无荚膜

1～5号菌对糖类具有一定降解作用但1～4号不产生淀粉酶。1、4、5号菌株可以使明胶液化，说明1号、4号、5号菌种都能够产生明胶酶水解明胶。5号菌种不产生硫，具有良好的发酵应用前景（表9-4）。

表9-4　5株蜘蛛肠道内生菌的生化特征

序号	葡萄糖	蔗糖	乳糖	淀粉	油脂	明胶	醋酸铅
1	产酸	不	不	不	水解	水解	产硫
2	产酸、产气	产酸、产气	产酸、产气	不	水解	待定	产硫
3	产酸、产气	产酸、产气	产酸、产气	不	水解	不	产硫
4	产酸、产气	产酸、产气	产酸、产气	不	无	水解	产硫
5	产酸	不	不	水解	水解	水解	不

9.2.1.3　乳酸菌的筛选及鉴定

乳酸菌（lactic acid bacteria，LAB）是指能利用可发酵碳水化合物产生大量乳酸的一类细菌的通称。乳酸菌均归属乳酸菌科（Lactobac teriaceae），这些细菌在形态上差异颇大，既有长杆状或短杆状的，又有圆形的，所有种类都是革兰氏阳性菌，不形成芽孢，大多数不会运动，都属于专性发酵菌。它具有促进肠道对单糖、蛋白质及钙、镁等营养物质的吸收并产生B族维生素等营养物质能力，抑制有害菌种繁殖，并具有免疫调节作用和抗肿瘤、预防癌症作用，在食品应用方面具有改善食品风味，提升食品营养价值及对食品腐败菌种起颉颃效果。

（1）筛选方法及步骤

在超净工作台上解剖捕鸟蛛并得到其一段肠体，粉碎后得糜液。取捕鸟蛛肠体糜液3 mL接入装有200 mL MRS培养液的1 000 mL三角瓶中，37℃恒温培养箱中培养48 h。将富集培养液摇匀，取10 mL加入含90 mL无菌生理盐水的三角瓶，在旋涡振荡器上充分混合均匀，即为稀释度为10^{-1}的样品液，继续将样品稀释至10^{-5}。分别吸取10^{-3}、10^{-4}、10^{-5}样品稀释液0.2 mL涂布在改良的MRS琼脂培养基上，置于37℃培养24 h。挑取有透明圈的菌落，在

MRS 琼脂平板上划线，于 37℃培养 24 h。重复上述操作，直至得到纯菌落。

对初筛得到的菌种进行活化，然后取双蒸水制取菌体悬浮液梯度稀释至 10^{-4}。分别取稀释浓度为 10^{-2}、10^{-3}、10^{-4} 的稀释液接种于 BCP 培养基（溴甲酚紫培养基）上，培养 24 h 后用螺旋测微器测量菌落直径和黄色圈直径，并挑取直径比较大的菌落接种于 MRS 培养基上活化 2～3 代，同时进行革兰氏染色、过氧化氢酶测定（将试验菌接种于 PGY 培养基斜面上，37℃培养 20～24 h，取一环接种的培养物，涂于干净的载玻片上，然后在其上滴加 3％～15％的过氧化氢，有气泡则为阳性反应，无气泡为阴性反应）与形态学鉴定。

（2）乳酸菌的鉴定

乳酸菌蛋白酶活性：在添加了 15％脱脂乳或 0.5％干酪素的 MRS 固体培养基中，分别滴入 0.1 mL 的试验菌 10^{-4} 倍稀释液涂布均匀后，37℃恒温培养。当牛乳中酪蛋白分解时，菌落周围会出现透明圈，用游标卡尺测量透明圈及菌落直径，并得出直径比。

脂肪分解能力：MRS 固体培养基中添加 15％的猪脂肪和甲基红指示剂，稀释平板法接入供试菌后，于 37℃培养 48 h，观察各种菌种有无红色斑点出现。

乳酸菌耐盐性测定：在含 10 mL MRS 液体培养基的三角瓶中加入浓度分别为 4％、6％、8％、10％、14％、16％和 18％氯化钠溶液 10 mL，再接种 0.5 mL 试验菌液，37℃培养 24 h，并进行平行试验，培养液用旋涡振荡器混匀后，以空白 MRS 培养基调零，用 L2/L2S-L3/L3S 可见分光光度计在 600nm 处，进行 OD 值测定。

初筛得到的菌种进行溴甲酚紫培养基培养，在 10^{-3} 处有较明显黄色圈，其黄色圈与菌落直径比见表 9-5。

表 9-5　乳酸菌黄色圈与其菌落直径比

乳酸菌代号	A1	A2	A3
直径比（黄色圈/菌落）	1.7	1.2	2.4

在 MRS 培养基上，乳酸菌的产酸量与透明圈的大小呈正相关，故可以按表 9-5 推测，A3 的产酸性能最强，A1 次之，A2 最弱。因此只取 A1、A3 进行革兰氏染色与其他性能测定，如彩图 32 可知，其都为革兰氏阳性菌，菌体皆呈圆端直杆状。又 A1、A3 在含碳酸钙的 MAS 培养基上有透明圈（彩图 33），在溴甲酚紫培养基上有黄色圈，在过氧化氢酶测定中均产生气泡，且菌落较小、光滑、圆形，呈现白色黏稠状，有较浓酸性气味，可以确定 A1、A3 均为乳酸杆菌。

根据乳酸菌在含干酪素的 MRS 培养基中的透明圈与其菌落直径比来确定

其是否有分解蛋白质的能力和分解能力的强弱。由表 9-6 可知 A1 的蛋白酶活性较低，A3 相对较高。

表 9-6　乳酸菌干酪素 MRS 培养基中透明圈与其菌落直径比

乳酸菌代号	A1	A3
直径比	1.13	1.35

用脂肪培养基判断菌株脂肪分解能力。由表 9-7 可知，A1 具有脂肪分解能力，A3 没有分解脂肪的能力。

表 9-7　乳酸菌分解脂肪能力表

乳酸菌代号	A1	A3
脂肪培养基有无红色斑点	有	无

以吸光度代表菌体生长指标，从而研究乳酸菌对不同浓度氯化钠的耐受性。从表 9-8 可以看到随着氯化钠浓度的增加，A1、A3 的培养液的 OD 值呈降低趋势，表明氯化钠对两种乳酸菌度有抑制效果。对于 A1，在氯化钠浓度 4%～10%（以蒸馏水为空白对照），菌体数量呈缓慢下降，在 10%～14%，菌体数量呈现快速下降趋势，在 14%～18%，菌体数量又开始缓慢下降；对于 A3，在氯化钠浓度 4%～10%（以蒸馏水为空白对照），菌体数量显著下降，在 10%～18%，菌体数量呈现缓慢下降趋势并趋近于平稳。

表 9-8　不同氯化钠浓度对 A1、A3 生长量的影响（结果以 OD 值表示）

NaCl 浓度	4%	6%	8%	10%	14%	16%	18%
A1	1.261 7	1.012 4	0.961 6	0.952 8	0.914 3	0.900 8	0.891 1
A3	0.992 3	0.983 3	0.951 5	0.927 1	0.922 5	0.913 4	0.917 2

经过对蜘蛛肠道菌种进行碳酸钙溶解圈法初筛，溴甲酚紫培养基筛选，革兰氏染色与接触酶试验及形态学分析，得到 A1、A3 两株乳酸杆菌，且 A3 的产酸能力相对 A1 较强。经过蛋白酶活测定，A3 相对 A1 蛋白酶活性较强，经过含有脂肪的 MRS 培养基培养以及对菌落与透明圈的直径比较，可以得到乳酸杆菌 A3 不具有脂肪分解能力，A1 具有脂肪分解能力，A1 和 A3 在 4%～6% NaCl 浓度下能够正常生长。

9.2.2　大米菌氨肽饲料

湖南省作为稻米生产大省，2013 年大米产量为 1 198.45 万 t，同比增长 1.37%。这些大米除了供应市场满足人们日常所需，还有一部分用于工业发酵以及作为淀粉质原料。在这生产过程中产生的米渣，蛋白质含量可达 40%～65%。再者，大米精加工过程中也会产生米糠，其蛋白含量可达 12%～18%。因此，充分利用大米加工生产过程中的副产物米渣和米糠这一丰富蛋白资源，通过微生物发酵的方法生产小肽蛋白饲料很有市场前景。但是与鱼粉相比，大米蛋白作为植物源蛋白，缺乏牛磺酸这一重要营养物质。牛磺酸具有提高动物生长性能、繁殖性能及改善其免疫力、促进采食等生物学功能。对于动物来说，牛磺酸是条件性必需氨基酸，自身只能合成其生理所需的 30%～40%，其余必须从食物中补充。本团队利用枯草芽孢杆菌、酵母菌和黑曲霉等多种益生菌的共同作用，通过添加前体物质半胱氨酸和蛋氨酸，将大米蛋白转化为富含牛磺酸的小肽。研发的富含牛磺酸大米菌肽饲料不仅提高了大米产品附加值，而且能够提高畜禽生产性能，有效改进畜禽产品品质。

9.2.2.1　富含牛磺酸大米菌氨肽饲料的制备

将原料大米、麸皮、豆粕、半胱氨酸、蛋氨酸等按比例称取后，混合均匀，在 110℃下高温蒸汽灭菌 25 min，冷却后为固体发酵物；然后分别加入一定量的枯草芽孢杆菌、酵母菌和黑曲霉种子菌悬液，再加入一定量的水，保证发酵物总水量为 40%，搅拌均匀；然后分装入发酵袋中，在 30℃条件下培养 72 h，即得富含牛磺酸的大米菌氨肽饲料。

9.2.2.2　牛磺酸含量的检测

取制备的富含牛磺酸的大米菌氨肽饲料 30 g 溶于 50 mL 水，离心取上清，加等量体积三氯乙酸除蛋白，等量乙醚脱脂，冻干，取 5 mg 冻干粉溶于 100 μL 水中，加入 300 μL 衍生剂，衍生 30 min，再冻干，采用高效液相色谱法检测牛磺酸。牛磺酸标准品的液相色谱如图 9－1（A）所示，大米菌氨肽饲料中牛磺酸的液相色谱如图 9－1（B）所示。

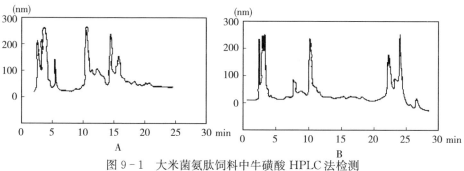

图 9－1　大米菌氨肽饲料中牛磺酸 HPLC 法检测

A. 牛磺酸标准品液相色谱　B. 大米菌氨肽饲料中牛磺酸液相色谱

9.2.2.3 富含牛磺酸大米菌氨肽饲料制备工艺研究

（1）发酵时间的确定

为确定发酵产牛磺酸的最佳发酵时间，从发酵开始，每隔 6 h 取一次样，测定牛磺酸含量，通过牛磺酸含量判断最佳发酵时间，随着发酵时间延长，牛磺酸含量逐渐升高，在 72 h 时达到最大，之后逐渐降低，由此可知最佳发酵时间为 72 h（图 9 - 2）。

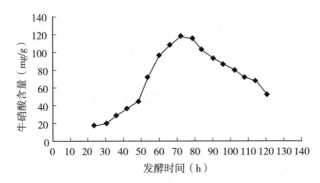

图 9 - 2　多菌种发酵过程中不同发酵时间牛磺酸含量的变化

（2）前体物质加入量的确定

半胱氨酸和蛋氨酸作为牛磺酸合成途径的前体物质，加入量的多少对于提高大米菌肽饲料中牛磺酸的含量高低至关重要。加入量过少，不能有效提高牛磺酸的含量；加入量过多，由于半胱氨酸和蛋氨酸的价格高，会增加饲料的成本，不利于广泛应用。通过不同浓度前体物质的添加，在半胱氨酸和蛋氨酸都添加 2.5 g 时，牛磺酸含量达到最高，由此判断最适的半胱氨酸和蛋氨酸加入量为 2.5 g（图 9 - 3）。

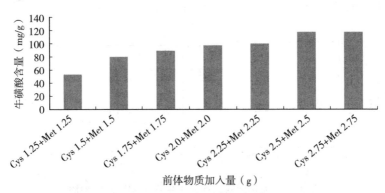

图 9 - 3　不同前体物质加入量对牛磺酸含量的影响

（3）菌种比例的影响

由图 9-4 可以看出，在枯草芽孢杆菌∶酵母∶黑曲霉为 1∶2∶1 时为最佳混合比，此时牛磺酸含量达到 117.8 mg/g。

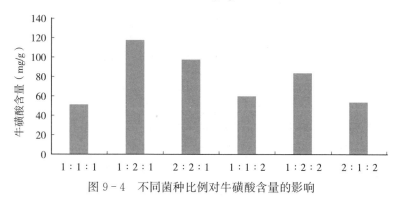

图 9-4　不同菌种比例对牛磺酸含量的影响

进口鱼粉牛磺酸含量 1％左右，国产鱼粉牛磺酸含量 0.5％左右，本研究中富含牛磺酸的大米菌氨肽饲料中牛磺酸含量为 11.78％（即 100 g 干物质中牛磺酸的含量是 11.78 g）。通过本研究可以看出采用此方法制备的富含牛磺酸的大米菌氨肽饲料中牛磺酸含量比进口鱼粉中的牛磺酸含量高。

9.2.3　芝麻粕菌氨肽饲料

饲料制造业竞争激烈，饲料价格居高不下，常规蛋白原料如豆粕、鱼粉紧缺导致价格不断上涨，饲料成本急剧增加，养殖收益不断降低，如何降低饲料成本成为市场广泛关注的问题。最常用的降低成本的方法是采用较经济的芝麻粕、棉粕等来代替部分传统性品质较高的豆粕及鱼粉。

我国是世界芝麻产量最多的国家，芝麻粕是芝麻榨油后的副产物，成本比豆粕还要低 20％～30％。其粗蛋白高达 45％左右，蛋氨酸含量高出豆粕40％，而蛋氨酸正是牛磺酸合成途径的前体物质。多菌种固态发酵芝麻粕生产的菌氨肽饲料，能够解决动物的营养性腹泻；调理和激活细胞和机体的整体活性，促进动物的胃肠道功能，提高防疾病抗病能力；还能补充大量活性益生菌，增强有益微生物的生长繁殖，抑制大肠杆菌、沙门氏菌等有害菌的生长，改善肠道的微生态平衡，减少疾病的发生；提高动物机体的免疫功能，减少抗生素的用量；其中的营养物质能被肠道黏膜直接吸收，吸收速率快，有营养和提高免疫力双重功能。同时，通过微生物发酵作用，可以有效降低粕类中抗营养因子。

将原料芝麻粕、麸皮、豆粕以及糖蜜、磷酸氢二钾、氯化钙等营养因子等按比例称取后，混合均匀，在 110℃下高温蒸汽灭菌 25 min，冷却后为固体发酵物；然后分别加入一定量的乳酸菌、枯草芽孢杆菌、酵母菌种子菌悬液，再加入一定量的水，保证发酵物总含水量为 40%，搅拌均匀；然后分装入发酵袋中，在 30℃条件下培养 72 h，即得富含牛磺酸的芝麻粕菌氨肽饲料。

9.2.4　菌氨肽饲料对鱼类的营养作用

9.2.4.1　大米菌氨肽饲料替代鱼粉在草鱼养殖中的应用

选用初始体重约为 10 g 的草鱼，随机分成 4 个处理，每个处理 3 个重复，每个重复 20 尾鱼，养殖地点在长沙学院内水产养殖产学研基地进行，室内循环控温玻璃水族缸规格为 120cm×80cm×80cm，进行为期 60 d 的试验。每天饲喂 3 次，分别为 8:00、12:00、16:00。在对照组配方中鱼粉用量为 51% 的基础上，分别用 24%、34% 和 44% 的大米菌氨肽饲料代替配方中 16%、23% 和 31% 的鱼粉用量，研究大米菌氨肽饲料代替鱼粉对草鱼生长性能的影响（测定指标包括成活率、增重率、饲料系数和特定生长率）。从表 9-9 可以看出，相对于对照组，试验组 1、2、3 养殖效果好，增重率、饲料系数、特定生长率等都提高显著，其中用 34% 大米菌氨肽饲料代替 23% 的进口鱼粉效果最佳。

表 9-9　大米菌氨肽饲料替代鱼粉对草鱼生产性能的影响

指标	对照组	试验 1 组	试验 2 组	试验 3 组
初均重（g）	10.03 ± 0.25^a	10.10 ± 0.31^a	9.98 ± 0.21^a	9.88 ± 0.19^a
末均重（g）	25.16 ± 0.35^c	28.65 ± 0.38^a	32.01 ± 0.43^b	27.34 ± 0.36^a
存活率（%）	100 ± 0.0^a	100 ± 0.0^a	100 ± 0.0^a	100 ± 0.0^a
增重率（%）	150.85 ± 3.01^c	183.66 ± 3.76^a	220.74 ± 4.65^b	176.72 ± 3.41^a
饲料系数	2.20 ± 0.05^c	1.79 ± 0.03^a	1.51 ± 0.01^b	1.89 ± 0.02^a
特定生长率（%/d）	1.53 ± 0.02^c	1.74 ± 0.03^a	1.94 ± 0.07^b	1.70 ± 0.05^a

注：同行数字上标完全不同表示差异显著（$P<0.05$）；有相同字母表示差异不显著（$P>0.05$）。

9.2.4.2　芝麻粕菌氨肽饲料替代菜粕在草鱼养殖中的应用

本团队研究了芝麻粕菌氨肽饲料替代菜粕对草鱼生长性能、肠道形态和微生物及小肽转运相关基因表达的影响。

试验以 5%、10% 和 15% 芝麻粕菌氨肽饲料分别替代对照组饲料中 11.8%、23.5% 和 35.1% 的菜粕蛋白，共设计了四组等氮（28.5%）等脂（5%）的饲料。试验在唐人神集团股份有限公司古大桥试验基地（湖南省株洲市）室内循环水养殖系统中进行。循环水以 6 L/min 的速度进入每缸（体积

400 L/缸）。在非投喂期间使用充气头连续充气增氧。采用节能灯作为光源，每天光照 12 h（8:00～20:00）。每天记录水温和水体 pH，每周监测循环水中氨氮、亚硝酸盐和溶解氧含量。试验期间水温为 18～26℃，pH 为 6.5～7.5，氨氮<0.1 mg/L，亚硝酸盐<0.01 mg/L，溶解氧>6.5 mg/L。在正式养殖试验开始之前，用对照组饲料驯养草鱼 2 周。驯养期间，每天饱食投喂 2 次（9:00 和 15:00）。养殖试验开始前 1 周，用 4 种试验饲料混合后饱食投喂草鱼，使其适应试验饲料。试验前 1 d 不进行投喂，选取规格均匀、体格健壮的草鱼［初重（99.98±0.69）g］，随机放入 12 个养殖缸中，每缸 20 尾。试验共 4 个处理，每处理 3 重复。生长试验持续 45 d。试验期间，每天定时饱食投喂 2 次（9:00 和 15:00）。

（1）芝麻粕菌氨肽饲料替代菜粕蛋白对草鱼生长性能的影响

如表 9-10 所示，各组间草鱼增重率、特定生长率和蛋白质效率均无显著性差异，试验 1 组和 2 组略高于对照组，试验 3 组略低于对照组；各组间饲料系数也无显著性差异，试验 1 组和 2 组略低于对照组，试验 3 组略高于对照组；在存活率方面，四组均为 100%。

表 9-10　芝麻粕菌氨肽饲料替代菜粕蛋白对草鱼生长性能的影响

项目	对照组	试验 1 组	试验 2 组	试验 3 组
初始体重（g）	99.97±0.64	99.83±0.68	100.12±0.85	100.03±0.59
终末体重（g）	148.80±3.29	152.49±2.49	151.71±3.49	147.93±2.42
增重率（%）	48.90±1.12	52.75±1.23	51.53±2.25	47.89±1.66
特定生长率（%/d）	0.98±0.01	1.04±0.01	1.02±0.04	0.97±0.02
成活率（%）	100±0.00	100±0.00	100±0.00	100±0.00
饲料系数	1.77±0.06	1.65±0.03	1.69±0.03	1.80±0.07
蛋白质效率（%）	1.98±0.19	2.10±0.07	2.05±0.22	1.93±0.11

注：表中数据表示为平均值±标准误。

（2）芝麻粕菌氨肽饲料替代菜粕蛋白对草鱼肠道形态的影响

用不同比例的芝麻粕菌氨肽饲料替代菜粕的四组草鱼前肠黏膜形态在光学显微镜下的观察比较情况见彩图 34。表 9-11 展示了芝麻粕菌氨肽饲料替代菜粕对草鱼肠道形态的影响。试验组的草鱼肠绒毛高度均显著高于对照组。随着饲料中替代比例的增加，草鱼肠绒毛高度也随之增加，在试验 2 组（替代比例为 23.5%）时达到最大值，随后显著下降；试验组鱼肠隐窝深度小于对照组，但无显著差异；试验组鱼肠绒毛高度与隐窝深度的比值（V/C）也均显著高于对照组，其变化趋势与绒毛高度变化趋势相似。

表 9 - 11　芝麻粕菌氨肽饲料替代菜粕蛋白对草鱼前肠形态的影响

项目	对照组	试验1组	试验2组	试验3组
绒毛高度（μm）	635.65±38.72[a]	844.03±60.59[bc]	980.12±68.15[c]	758.97±40.54[b]
隐窝深度（μm）	65.75±5.42	60.93±8.42	55.49±5.49	59.71±3.79[a]
绒毛高度/隐窝深度（V/C）	9.55±1.58[a]	13.90±2.66[bc]	17.45±2.23[c]	12.69±1.81[b]

注：表中数据表示为平均值±标准误，同列数值不同上标英文字母表示差异显著（$P < 0.05$）。

（3）芝麻粕菌氨肽饲料替代菜粕蛋白对草鱼肠道微生物的影响

表 9 - 12 展示了芝麻粕菌氨肽饲料替代菜粕蛋白后，大肠杆菌（*Escherichia coli*）、乳酸杆菌（*Lactobacillus*）、芽孢杆菌（*Bacillus*）和气单胞菌（*Aeromonas*）在草鱼肠道总菌群中所占比例的变化情况。与对照组相比，试验组大肠杆菌占比显著下降，试验组间无显著差异；试验组乳酸杆菌和芽孢杆菌占比均显著高于对照组，乳酸杆菌占比随替代比例的增加而升高，芽孢杆菌占比在试验组间无显著差异；试验2组和3组的气单胞菌占比显著低于对照组。

表 9 - 12　芝麻粕菌氨肽饲料替代菜粕蛋白对草鱼肠道微生物占比的影响（%）

项目	对照组	试验1组	试验2组	试验3组
大肠杆菌 *Escherichia coli*	18.54±1.61[b]	12.67±2.43[a]	11.45±1.29[a]	12.14±3.02[a]
乳酸杆菌 *Lactobacillus*	1.08±0.68[a]	5.32±1.74[b]	7.59±2.28[bc]	8.24±1.85[c]
芽孢杆菌 *Bacillus*	2.36±0.87[a]	8.33±2.42[b]	9.15±2.94[b]	8.56±1.88[b]
气单胞菌 *Aeromonas*	12.47±1.43[b]	10.51±0.82[ab]	8.63±1.24[a]	7.12±1.06[a]

注：表中数据表示为平均值±标准误，同列数值不同上标英文字母表示差异显著（$P < 0.05$）。

（4）芝麻粕菌氨肽饲料替代菜粕蛋白对草鱼肠道小肽转运相关基因表达的影响

图 9 - 5 表示饲料中不同水平芝麻粕菌氨肽饲料对草鱼肠道小肽转运相关基因 *CDX2*、*Sp1* 和 *PepT1* mRNA 相对表达量的影响。这 3 种基因 mRNA 的相对表达量均在试验 1 组时达到最高，显著高于对照组。如图所示，试验 1 组的 *CDX2* mRNA 表达水平显著高于对照组，其他试验组也高于对照组，但无显著差异。*Sp1* mRNA 表达量在试验 1 组时显著高于其他三组，其余三组间无显著差异。试验 1 组 *PepT1* mRNA 表达量显著高于对照组和其他试验组，试验 2 组 *PepT1* mRNA 表达量显著高于对照组和试验 3 组。

使用芝麻粕菌氨肽饲料替代草鱼饲料中 11.8%～23.5% 的菜粕蛋白时，鱼体的生长和饲料利用率均有上升趋势；饲料中添加适量发酵芝麻粕可改善草鱼的肠道形态结构，优化肠道菌群，并上调鱼肠道中小肽转运相关基因

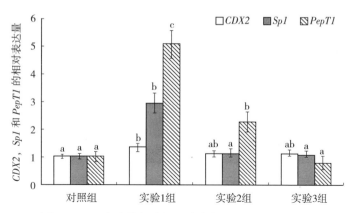

图 9-5 芝麻粕菌氨肽饲料替代菜粕蛋白对草鱼肠道
CDX2、*Sp1* 和 *PepT1* mRNA 表达的影响

CDX2、*Sp1* 和 *PepT1* 的表达水平。因此，芝麻粕菌氨肽饲料可以部分替代菜粕用于草鱼饲料中。

9.2.4.3 芝麻粕菌氨肽饲料替代豆粕在草鱼养殖中的应用

本团队研究了芝麻粕菌氨肽饲料替代豆粕对草鱼的生长发育及肠道健康的影响。购买大小规格一致、初始体重为（190.45±0.69）g、健康的草鱼，先把草鱼放在室内养殖箱，进行 24 h 的饥饿处理。对养殖试验鱼的容积为 0.4 m³ 网箱进行消毒处理，实时监测水温使其保持在 18～28℃，pH 为 6.5～7.5，溶氧 5.0 mg/L 以上。当养殖环境到达放养标准时，将草鱼放入室外网箱中养殖。将草鱼随机分为四组，每组有三个重复，每个重复喂养 20 尾鱼苗，每组分别投喂添加 0、4%、8%、12% 芝麻粕菌氨肽饲料，在株洲市王十万水库进行水库网箱养殖。进行科学的饲料喂养，每天 8:00 和 17:00 各投喂一次，每天的投喂量为草鱼体重的 4% 左右，并且根据摄食情况保证每次投食 30 min 后没有多余的饵料。观察记录草鱼每天的生活状态、草鱼的吃食情况、死亡情况、水的溶氧、水温、水的 pH 等，保证草鱼生长在合适的生长环境，对草鱼持续进行为期 45 d 的试验。

（1）芝麻粕菌氨肽饲料替代豆粕对草鱼生长性能的影响

从表 9-13 发现，添加不同比例的发酵芝麻粕对各组间草鱼增重率、特定生长率均无显著性差异，随着发酵芝麻粕添加量的增加草鱼的生长性能中的末平均重量、增重率、特定生长率均有所降低，但差异不明显；对照组和各处理组草鱼的成活率均为 100%；而当发酵芝麻粕的添加量为 4% 时，草鱼的增重率和特定生长率最接近唐人神公司骆驼 913 标准的饲料配方饲养草鱼的存活率、增重率、特定生长率。处理Ⅰ（发酵芝麻粕的比例为 4％）比处理Ⅱ（发酵芝麻粕的比例为 8％）的增重率和特定生长率分别高 10.3％和 7.7％，但无显著差异；添加发酵芝麻粕的比例为 4％时比添加发酵芝麻粕的比例为 12％的处理组的增重率和特定生长率分别高 17.0％和 12.0％。从大规模养殖草鱼行业的经济效益来说，豆粕的价格为 4 000 元/t，而芝麻粕的价格约为 2 500 元/t，在养殖效果差不多时，优先考虑价格低的饲料原料配方，能在很大程度上提高经济效益。

表 9-13　发酵芝麻粕替代豆粕对草鱼生长性能的影响

项目	对照组	处理Ⅰ	处理Ⅱ	处理Ⅲ
初平均重量（g）	190.48±0.00[a]	190.48±0.00[a]	190.48±0.00[a]	190.48±0.00[a]
末平均重量（g）	223.60±4.09[a]	220.81±3.66[a]	218.00±3.70[a]	216.40±2.06[a]
增重率（％）	17.40±2.15[a]	15.93±1.92[a]	14.44±1.94[a]	13.62±1.08[a]
特定生长率（％/d）	0.31±0.04[a]	0.28±0.03[a]	0.26±0.03[a]	0.25±0.02[a]
成活率（％）	100±0.00[a]	100±0.00[a]	100±0.00[a]	100±0.00[a]

注：表中数据表示为平均值±标准误，同列数值不同上标英文字母表示差异显著（$P<0.05$）。

（2）芝麻粕菌氨肽饲料替代豆粕对草鱼肠道健康的影响

通过彩图 35 至彩图 38 和表 9-14 可知，当草鱼饲料中添加芝麻粕菌氨肽饲料的比例逐渐增加时，绒毛高度出现先增后减的趋势。各试验组的草鱼绒毛高度均显著高于对照组。随着芝麻粕菌氨肽饲料替代豆粕量的增加，草鱼前肠绒毛高度也随着增加，在处理Ⅱ（芝麻粕菌氨肽饲料比例为 8％）达到最大值，随后显著下降；处理组的隐窝深度均比对照组小，但是不具备显著性差异；各处理组草鱼前肠绒毛高度与隐窝深度的比值也明显高于对照组；草鱼前肠绒毛高度与隐窝深度的比值也随着草鱼饲料中添加芝麻粕菌氨肽饲料替代豆粕比例的增加而增加；当添加量为 8％时绒毛高度与隐窝深度的比值达到最大值，随后显著下降。

表 9-14　草鱼肠道前段黏膜形态

项目	对照组	处理Ⅰ	处理Ⅱ	处理Ⅲ
绒毛高度（μm）	635.65±38.72[a]	844.03±60.59[bc]	979.15±68.15[c]	758.97±40.54[b]
隐窝深度（μm）	65.75±5.42[a]	62.93±8.42[a]	55.49±5.49[a]	57.71±3.79[a]
绒毛高度/隐窝深度（V/C）	9.55±1.58[a]	13.90±2.66[bc]	17.45±2.23[c]	12.69±1.81[b]

注：表中数据表示为平均值±标准误，同列数值不同上标英文字母表示差异显著（$P<0.05$）。

肠道是动物体内消化和吸收营养物质的重要场所，绒毛高度、隐窝深度以及绒毛高度与隐窝深度的比值是反映小肠消化吸收能力的重要指标。肠道黏膜上的肠绒毛越多、绒毛高度越高则肠道对营养物质的吸收表面积就越大，肠道消化吸收营养物质的效果越好；隐窝深度的高低反映了肠道上皮细胞的生成速率，肠道隐窝的细胞地向绒毛处分化替代补充脱落或损伤的绒毛细胞，隐窝处细胞生成率下降将使隐窝深度变浅，表明绒毛细胞成熟率上升，小肠营养吸收功能增强；肠绒毛高度与隐窝深度的比值可以比较直观地反映小肠的消化吸收能力，绒毛高度与隐窝深度的比值越高则代表小肠消化吸收能力越强。本研究结果表明，草鱼前肠绒毛高度随着添加芝麻粕菌氨肽饲料替代豆粕的量增加呈先升高后下降趋势，当用添加量为8％芝麻粕菌氨肽饲料替代豆粕时，草鱼肠绒毛高度显著高于对照组，肠绒毛高度与隐窝深度的比值也达最大值。

(3) 芝麻粕菌氨肽饲料替代豆粕对草鱼肠道小肽转运相关基因表达的影响

添加不同比例的芝麻粕菌氨肽饲料替代豆粕对草鱼肠道小肽转运的相关基因 *Sp1*、*PepT1* 和 *CDX2* 相对表达量的影响见图9-6至图9-8（1为对照组、2为处理Ⅰ、3为处理Ⅱ、4为处理Ⅲ）。随着添加芝麻粕菌氨肽饲料比例的增加，*Sp1*、*CDX2*、*PepT1* 基因的相对表达量的变化呈现先升后降的趋势。由图可知当添加芝麻粕菌氨肽饲料的量为8％时，*CDX2* 的相对表达量具有最高值。*Sp1* 和 *PepT1* 基因的相对表达量在发酵芝麻粕添加量为4％时明显高于其他组。添加一定量的芝麻粕菌氨肽饲料替代豆粕对草鱼肠道中 *CDX2*、*PepT1* 和 *Sp1* 基因的相对表达在一定程度上具有促进作用。

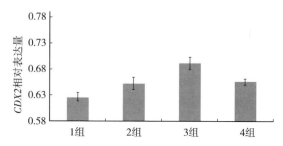

图9-6 芝麻粕菌氨肽饲料对草鱼前肠中 *CDX2* 基因表达的影响

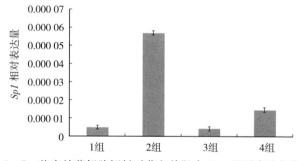

图9-7 芝麻粕菌氨肽饲料对草鱼前肠中 *Sp1* 基因表达的影响

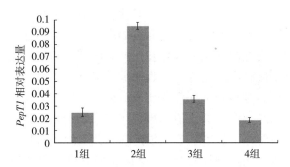

图 9-8　芝麻粕菌氨肽饲料对草鱼前肠中 *PepT1* 基因表达的影响

　　研究结果表明，芝麻粕菌氨肽饲料可以应用到草鱼饲料配方之中，芝麻粕菌氨肽饲料的添加量在 4%～8% 是较好的，能对草鱼的生长性能、肠道形态以及肠道相关基因的表达有着比传统饲料配方更佳的作用效果。

参 考 文 献

常晓丽，吴青君，王少丽，等，2011.昆虫氨肽酶 N 的研究进展［J］.农药学学报，13
　（3）：213－220.

陈立侨，李二超，等，2010.水产动物分子营养学的研究进展［J］.饲料工业，31（A01）：
　21－26.

陈鹏飞，何张萍，伍莉，2011.饲料中不同比例的鱼粉比对丁鲹幼鱼生长和消化酶的影响
　［J］.中国饲料，21：9.

陈松，吴松，王华，等，2017.P38 信号转导通路与疾病谱的研究进展［J］.湖北中医药大
　学学报，19（1）：110－113.

冯健，刘栋辉，刘永坚，等，2004.草鱼肠道中小肽与血液循环中肽的关系［J］.水产学
　报，28（5）：505－509.

冯健，刘永坚，田丽霞，等，2004.草鱼日粮中虾蛋白肽对幼龄草鱼生长性能的影响［J］.
　中山大学学报（自然科学版），43（2）：100－103.

冯健，刘栋辉，2005.草鱼日粮中小肽对幼龄草鱼生长性能的影响［J］.水生生物学报，
　29（1）：20－25.

冯杰，刘欣，卢亚萍，等，2007.微生物发酵豆粕对断奶仔猪生长、血清指标及肠道形态
　的影响［J］.动物营养学报（1）：40－43.

付弘赟，李吕木，蔡海莹，等，2009.菌种和发酵条件对发酵豆粕中抗营养因子的影响
　［J］.畜牧与兽医，41（6）：32－35.

龚启祥，杨文鸽，贾秀英，1990.草鱼消化道发育的组织学观察［J］.浙江水产学院学报，
　9（2）：85－89.

龚小卫，2000.MAPK 信号转导通路对炎症反应的调控［J］.生理学报，52（4）：
　267－271.

谷伟，王淑梅，徐奇友，2006.小肽营养及其在水产养殖中的应用进展［J］.饲料工业，
　27（5）：10－12.

贺光祖，谭碧娥，肖昊，等，2015.肠道小肽吸收利用机制及其营养功能［J］.动物营养
　学报，27（4）：1047－1054.

胡蓉，李笑天，左伋，等，2007.Syncytin 及其受体 ASCT2 在子痫前期胎盘的表达以及缺
　氧对其表达的影响［J］.复旦学报（医学版），34（1）：24－28.

贾旭颖，国先涛，王芳，等，2014.非离子氨胁迫对淡水和海水养殖凡纳滨对虾呼吸代谢
　酶活力影响的比较［J］.水产学报，11：1837－1846.

姜俊，2005.谷氨酰胺对鲤肠上皮细胞生长和代谢的影响［D］.成都：四川农业大学.

姜柯君，王际英，张利民，等，2013.饲料中添加小肽对星斑川鲽幼鱼生长性能、体组成

及血清生化指标的影响 [J]. 动物营养学报, 25 (1): 222 - 230.

蒋步国, 冯健, Raembek W, 等, 2010. 酪蛋白小肽和氨基酸对草鱼 (*Ctenopharyngodon idella*) 血液循环和组织蛋白质合成的影响 [J]. 海洋与湖沼, 41 (1): 75 - 79.

柯祥军, 瞿明仁, 易中华, 等, 2007. 不同水平发酵豆粕对肉鸡生产性能及血清生化指标的影响 [J]. 饲料工业 (18): 46 - 50.

冷向军, 王文龙, 李小勤, 2007. 发酵豆粕部分替代鱼粉对凡纳滨对虾的影响 [J]. 粮食与饲料工业 (3): 40 - 41.

李晋南, 徐奇友, 位莹莹, 等, 2013. 谷氨酰胺及其前体物对松浦镜鲤生长性能、体成分和血清生化指标的影响 [J]. 东北农业大学学报, 44 (12): 119 - 125.

李日美, 申光荣, 黄放, 等, 2018. 小肽对凡纳滨对虾幼虾生长、体成分、非特异性免疫力及抗病力的影响 [J]. 动物营养学报, 30 (8): 3082 - 3090.

李永凯, 毛胜勇, 朱伟云, 2009. 益生菌发酵饲料研究及应用现状 [J]. 畜牧与兽医, 41 (3): 90 - 93.

黎航航, 陈立祥, 苏建明, 2011. 鱼类小肽转运载体 PepT1 研究进展 [J]. 饲料博览 (4): 9 - 12.

林浩然, 1998. 鱼类生理学 [M]. 广州: 广东高等教育出版社.

刘静霞, 石耀华, 桂建芳, 2005. 银鲫原肠胚差异表达基因的筛选 [J]. 水生生物学报, 29 (4): 359 - 365.

刘沛, 叶金云, 邵仙萍, 等, 2014. 饲料中小肽豆粕替代鱼粉对青鱼幼鱼生长及其体组成的影响 [J]. 浙江海洋学院学报 (自然科学版), 33 (1): 72 - 78.

刘荣臻, 韩晓冬, 2014. 草鱼卵及胚胎发育时期水溶性氨基酸的变化 [J]. 水产学报, 11 (3): 255 - 257.

刘亚娟, 胡静, 周胜杰, 等, 2018. 急性氨氮胁迫对尖吻鲈稚鱼消化酶及抗氧化酶活性的影响 [J]. 南方农业学报, 49 (10): 2087 - 2095.

路晶晶, 郭冉, 夏辉, 等, 2018. 家禽副产物酶解肽对凡纳滨对虾生长性能、消化指标和非特异性免疫指标的影响 [J]. 动物营养学报, 30 (2): 797 - 806.

罗智, 刘永坚, 麦康森, 等, 2004. 石斑鱼配合饲料中发酵豆粕和豆粕部分替代白鱼粉的研究 (英文) [J]. 水产学报 (2): 175 - 181.

吕永彪, 李吕木, 钱坤, 等, 2015. 发酵芝麻粕对肉鸭生长、血液生化指标和肉风味的影响 [J]. 西北农林科技大学学报 (自然科学版), 43 (01): 37 - 44.

马静, 2016. 微生物发酵豆粕产活性大豆肽饲料的研究进展 [J]. 饲料工业, 37 (8): 27 - 31.

李清, 2004. 小肽对鲤鱼生产性能、肉质及血液理化指标的影响 [D]. 长沙: 湖南农业大学.

马佩云, 孙超, 张忠品, 等, 2010. JAK2/STAT3 信号通路对小鼠骨骼肌发育和能量代谢相关基因 mRNA 表达的影响 [J]. 农业生物技术学报, 18 (5): 951 - 955.

倪达书, 1963. 草鱼消化道组织学的研究 [J]. 水生生物学集刊, 3 (3): 1 - 24.

彭惠惠, 2012. 芝麻粕发酵条件优化及其小肽抗氧化活性研究 [D]. 合肥: 安徽农业大学.

戚勇，蒋朱明，1992. 谷氨酰胺及谷氨酰胺双肽强化的胃肠外营养液对肠黏膜形态的影响 [J]. 中华外科杂志（6）：370-383.

钱习军，2006. 氨肽酶 N/CD13 抑制剂乌苯美司增强全反式维甲酸诱导急性早幼粒白血病 细胞分化作用及其机制的研究 [D]. 杭州：浙江大学.

任国谱，谷文英，2003. 谷氨酰胺活性肽营养液对大鼠小肠营养作用的研究 [J]. 氨基酸 和生物资源，25（4）：40-42.

尚鲁庆，2009. 1，2-二氨基-3-苯丙烷类氨肽酶 N 抑制剂的设计、合成及其活性研究 [D]. 济南：山东大学.

邵庆均，苏小凤，许梓荣，2004. 饲料蛋白水平对宝石鲈增重和胃肠道消化酶活性影响 [J]. 浙江大学学报（农业与生命科学版），30（5）：553-556.

施思，廖晓龙，2005. CD13/APN 生物学功能的研究进展. 国外医学 [J]. 输血及血液学分 册，6：28-31.

石慧，王丹彤，乌日嘎，等，2012. TNF-α 介导的 NF-κB 信号通路在类风湿性关节炎血 管形成中的作用 [J]. 医学综述，15：2397-2400.

孙宏，2009. 微生物发酵法对菜粕脱毒及蛋白品质改良的研究 [D]. 武汉：华中农业大学.

田丽霞，林鼎，1993. 草鱼摄食两种蛋白质饲料后消化酶活性变动比较 [J]. 水生生物学 报，17（1）：58-65.

涂国刚，2009. 1，3，4-噻二唑类氨肽酶 N 抑制剂的设计、合成及活性研究 [D]. 济南： 山东大学.

涂永锋，蔡春芳，2004. 草鱼肠道对几种蛋白饲料氨基酸消化和吸收效率的离体研究 [J]. 江西饲料，3（1）：6.

王碧莲，徐加锐，钱雪桥，2001. 小肽制品对欧鳗生长特征的影响 [J]. 淡水渔业（2）： 42-43.

王常安，徐奇友，许红，等，2010. 小肽替代鱼粉对西伯利亚鲟生长和血液生化指标影响 [J]. 中国粮油学报（8）：55-58.

王金斌，马海乐，段玉清，等，2009. 混菌固态发酵豆粕生产优质高蛋白饲料研究 [J]. 中国粮油学报，24（02）：120-124.

王瑞霞，1982. 青鱼的原始器官原基的形成和消化系统呼吸系统的发生 [J]. 水产学报，6 （1）：77-83.

王晓艳，2016. 维生素 E 和 L-肌肽对大菱鲆幼鱼生长、抗氧化及非特异性免疫性能的影响 [D]. 上海：上海海洋大学.

王永伟，宋丹，李爱科，等，2019. 发酵饲料资源开发及应用技术研究进展 [J]. 中国饲 料（11）：75-80.

吴建军，2016. 用营养的方法解决鱼病的问题 [J]. 当代水产（1）：80-81.

吴桐强，钟蕾，刘庄鹏，等，2019. 谷氨酰胺二肽对草鱼幼鱼生长、血清生化、免疫指标 及肠道组织结构的影响 [J]. 动物营养学报，31（8）：259-266.

吴小凤，2011. 草鱼 FAS、LEPR、JAK2、STAT3 基因的克隆和组织表达分析及饲料脂肪 水平对 FAS 基因表达的影响 [D]. 上海：上海海洋大学.

吴小凤，李小勤，冷向军，等，2012. 草鱼 JAK2 基因片段序列的克隆及其组织表达分析 [J]. 上海海洋大学学报，21（1）：21-27.

吴垠，2002. 中国对虾（*Penaeus chinensis*）三种消化酶活性的研究 [D]. 沈阳：辽宁师范大学.

肖维，刘义，龚成，等，2008. JAK2/STAT3 信号传导通路在瘦素促进子宫内膜癌细胞增殖中的作用 [J]. 华中科技大学学报（医学版），37（3）：354-357.

徐奇友，王常安，许红，等，2009. 丙氨酰-谷氨酰胺对哲罗鱼仔鱼生长和抗氧化能力的影响 [J]. 动物营养学报，21（6）：1012-1017.

徐松涛，赵斌，李成林，等，2017. 氨氮胁迫对不同规格刺参（*Apostichopus japonicus*）存活及非特异性免疫酶活性的影响 [J]. 渔业科学进展，38（3）：172-179.

徐武杰，潘鲁青，岳峰，等，2011. 氨氮胁迫对三疣梭子蟹消化酶活力的影响 [J]. 中国海洋大学学报（自然科学版），41（6）：35-40.

杨彩梅，徐卫丹，陈安国，等，2005. 甘氨酰-L-谷氨酰胺对断奶仔猪生长性能及肠道吸收功能的影响 [J]. 中国畜牧杂志，41（8）：6-8.

杨连玉，杨文艳，2018. 微生物发酵饲料的现状及展望 [J]. 经济动物学报，22（2）：63-66，71+60.

叶均安，王冰心，孙红霞，等，2009. 谷氨酰胺二肽对日本对虾血清生化指标、肝胰腺细胞凋亡及肠黏膜形态的影响 [J]. 海洋与湖沼，40（3）：347-352.

殷海成，黄进，李昕朔，等，2019. 豆粕和发酵豆粕替代鱼粉对黄河鲤生长和血清抗氧化性能及消化酶活性的影响 [J]. 饲料工业，40（12）：46-52.

于辉，2003. 酪蛋白小肽对幼龄草鱼营养生理的影响 [D]. 长沙：湖南农业大学.

于辉，冯健，刘栋辉，等，2004. 酪蛋白小肽对幼龄草鱼生长和饲料利用的影响 [J]. 水生生物学报，28（5）：526-530.

余勃，游金明，陆豫，等，2009. 固态发酵菜粕替代日粮中豆粕对肉仔鸡生长性能的影响 [J]. 动物营养学报，21（2）：239-244.

余东游，孙健栋，麻剑雄，等，2014. 三丁酸甘油酯的生物学功能及其在畜牧生产中的应用 [J]. 中国畜牧杂志，50（17）：91-95.

袁雪波，马黎，严达伟，等，2009. 谷氨酰胺二肽的代谢及其在断奶仔猪中的应用 [J]. 中国畜牧兽医，36（11）：23-26.

曾翠平，2004. 甘氨酰谷氨酰胺对早期断奶仔猪的促生长作用及其机制 [D]. 广州：华南农业大学.

翟少伟，史庆超，陈学豪，2016. 饲料中添加抗菌肽 Surfactin 对吉富罗非鱼肠道健康的影响 [J]. 水生生物学报，40（4）：823-829.

詹勋，王修启，束刚，等，2009. 肉鸡肠道 cdx2 mRNA 表达的肠段差异性与发育性变化 [J]. 华南农业大学学报，30（2）：73-77.

张国良，赵会宏，周志伟，等，2007. 还原型谷胱甘肽对罗非鱼生长和抗氧化性能的影响 [J]. 华南农业大学学报（3）：90-93.

张虹，2011. 雌核发育草鱼群体的建立及其主要生物学特性研究 [D]. 长沙：湖南师范大学.

张琳，姜勇，2000. p38 蛋白激酶不同亚型在 RAW264.7 细胞中的定位 [J]. 第一军医大学学报，20（3）：193-196.

张士海，孟克杰，崔艳，等，2019. 益生菌在畜禽养殖生产中的应用 [J]. 农民致富之友（12）：49-51.

张桐，徐奇友，许红，等，2011. 不同温度下不同蛋白水平对镜鲤（*Cyprinus carpio* L.）非特异性免疫的影响 [J]. 东北农业大学学报，41（12）：80-85.

张秀敏，2014. 棉粕的发酵工艺及其在鲫鱼饲料中的应用研究 [D]. 南京：南京农业大学.

张云华，单安山，冯自科，2003. 小肽转运载体（PepT1）及其活性的调控 [J]. 东北农业大学学报，34（2）：205-209.

赵东海，2004. 饲料蛋白水平对鳜鱼试验种群胃肠道消化酶活性的影响 [J]. 河北渔业，2：10-11.

赵红霞，曹俊明，朱选，等，2008. 日粮添加谷胱甘肽对草鱼生长性能、血清生化指标和体组成的影响 [J]. 动物营养学报：20（5）：540-546.

赵声明，常乃柏，顾惜春，等，2004. 转导 JAK2 基因可促进原始多能造血细胞在体外的长期扩增 [J]. 中华医学杂志，84（11）：949-953.

赵叶，周小秋，胡肄，等，2014. 饲料中添加谷氨酸对生长中期草鱼肌肉品质的影响 [J]. 动物营养学报，26（11）：3452-3460.

朱青，徐奇友，王长安，等，2009. 丙氨酰-谷氨酰胺对德国镜鲤幼鱼（Cyprinus carpio L.）血清生化指标及体组成的影响 [J]. 水产学杂志，22（4）：12-15.

朱青，2010. 谷氨酰胺二肽对镜鲤生长，肠道发育及非特异性免疫的影响 [D]. 哈尔滨：东北农业大学.

Aggad, D, Stein C, et al., 2010. In vivo analysis of Ifn-γ1 and Ifn-γ2 signaling in zebrafish [J]. The Journal of Immunology, 185（11）：6774-6782.

Ahram M, Litou Z I, Fang R, et al., 2006. Estimation of membrane proteins in the human proteome [J]. Silico Biology, 6（5）：379-386.

Akella R, Moon T M, Goldsmith E J, et al., 2008. Unique MAP Kinase binding sites [J]. Biochimica et Biophysica Acta（BBA）-Proteins and Proteomics, 1784（1）：48-55.

Alteheld B, Evans M, Gu L, et al., 2005. Alanylglutamine dipeptide and growth hormone maintain PepT1-mediated transport in oxidatively stressed Caco-2 cells [J]. Journal of Nutritional Biochemistry, 135（1）：19-26.

Amberg J, Myr C, Kamisaka Y, et al., 2008. Expression of the oligopeptide transporter, PepT1, in larval Atlantic cod（*Gadus morhua*）[J]. Comparative Biochemistry and Physiology Part B：Biochemistry and Molecular Biology, 150（2）：177-182.

Amole N, Unniappan S, 2009. Fasting induces preproghrelin mRNA expression in the brain and gut of zebrafish, *Danio rerio* [J]. General and comparative endocrinology, 161（1）：133-137.

Ansorge S, Schön E, Kunz D, et al., 1991. Membrane-bound peptidases of lymphocytes：

functional implications [J]. Biomedica biochimica acta, 50 (4 - 6): 799 - 807.

Arakawa H, Ohmachi T, Ichiba K, et al., 2016. Interaction of Peptide Transporter 1 With d-Glucose and l-Glutamic Acid: Possible Involvement of Taste Receptors [J]. Journal of Pharmaceutical Sciences, 105: 339 - 342.

Asaoka Y, Nishina H, 2010. Diverse physiological functions of MKK4 and MKK7 during early embryogenesis [J]. The Journal of Biochemistry, 148 (4): 393 - 401.

Balakrishnan A, Stearns A T, Rounds J, et al., 2008. Diurnal rhythmicity in glucose uptake is mediated by temporal periodicity in the expression of the sodium-glucose cotransporter (SGLT1)[J]. Surgery, 143 (6): 813 - 818.

Baranova I N, Kurlander R, Bocharov A V, et al., 2008. Role of human CD36 in bacterial recognition, phagocytosis, and pathogen-induced JNK-mediated signaling [J]. The Journal of Immunology, 181 (10): 7147 - 7156.

Bardwell A J, Frankson E, Bardwell L, et al., 2009. Selectivity of docking sites in MAPK kinases [J]. Journal of Biological Chemistry, 284 (19): 13165 - 13173.

Basting D, Lehner I, Lorch M, et al., 2006. Investigating transport proteins by solid state NMR [J]. Naunyn Schmiedebergs Archives of Pharmacology, 372 (6): 451 - 464.

Beck F, Chawengsaksophak K, Luckett J, et al., 2003. A study of regional gut endoderm potency by analysis of Cdx2 null mutant chimaeric mice [J]. Developmental Biology, 255 (2): 399 - 406.

Beck F, Erler T, Russell A, et al., 1995. Expression of Cdx-2 in the mouse embryo and placenta: Possible role in patterning of the extra-embryonic membranes [J]. Developmental Dynamics An Official Publication of the American Association of Anatomists, 204 (3): 219 - 227.

Benli A Ç K, Köksal G, Özkul A, 2008. Sublethal ammonia exposure of Nile tilapia (Oreochromis niloticus L.): Effects on gill, liver and kidney histology [J]. Chemosphere, 72 (9): 1355 - 1358.

Beyer T A, Xu W, Teupser D, et al., 2008. Impaired liver regeneration in Nrf2 knockout mice: role of ROS - mediated insulin/IGF - 1 resistance [J]. The EMBO journal, 27 (1): 212 - 223.

Bhutia Y D, Babu E, Ramachandran S, et al., 2015. Amino acid transporters in cancer and their relevance to "glutamine addiction": novel targets for the design of a new class of anticancer drugs [J]. Cancer Research, 75 (9): 1782 - 1788.

Black A R, Black J D, Azizkhan-Clifford J, 2001. Sp1 and krüppel-like factor family of transcription factors in cell growth regulation and cancer [J]. Journal of Cellular Physiology, 188 (2): 143 - 160.

Bode B P, 2001. Recent molecular advances in mammalian glutamine transport [J]. Journal of Nutrition, 131 (9): 2475.

Bouwman P, Els H P, Eckhoff G, et al., 2000. Transcription factor Sp3 is essential for post-natal survival and late tooth development [J]. Embo Journal, 19 (4): 655 – 661.

Bott A, Peng I C, Fan Y, et al., 2015. Oncogenic myc induces expression of glutamine synthetase through promoter demethylation [J]. Cell Metabolism, 22 (6): 1068 – 1077.

Boyan G, Loser M, Williams L, et al., 2011. Astrocyte-like glia associated with the embryonic development of the central complex in the grasshopper *Schistocerca gregaria* [J]. Development Genes and Evolution, 221 (3): 141.

Brewster J L, de Valoir T, 1993. An osmosensing signal transduction pathway in yeast [J]. Science, 259 (5102): 1760 – 1763.

Bröer A, Brookes N, Ganapathy V, et al., 1999. The astroglial ASCT2 amino acid transporter as a mediator of glutamine efflux [J]. Journal of Neurochemistry, 73 (5): 2184.

Bucking C, Wood C M, Grosell M, 2013. Uptake, handling and excretion of na+ and cl- from the diet in vivo in freshwater-and seawater-acclimated killifish, fundulus heteroclitus, an agastric teleost [J]. Journal of Experimental Biology, 216: 3925 – 3936.

Burston D, Addison J M, Matthews D, 1972. Uptake of dipeptides containing basic and acidic amino acids by rat small intestine in vitro [J]. Clinical Science, 43 (6): 823 – 837.

Buyse M, Berlioz F, Guilmeau S, et al., 2001. PepT1 - mediated epithelial transport of dipeptides and cephalexin is enhanced by luminal leptin in the small intestine [J]. The Journal of clinical investigation, 108 (10): 1483 – 1494.

Caizzi R, Bozzetti M P, Caggese C, et al., 1990. Homologous nuclear genes encode cytoplasmic and mitochondrial glutamine synthetase in Drosophila melanogaster [J]. Journal of Molecular Biology, 212 (1): 17 – 26.

Carboni L, Tacconi S, Cailetti R, et al., 1997. Localization of the messenger RNA for the c-Jun NH2 - terminal kinase kinase in the adult and developing rat brain: an in situ hybridization study [J]. Neuroscience, 80 (1): 147 – 160.

Chang C I, Xu B E, et al., 2002. Crystal structures of MAP kinase p38 complexed to the docking sites on its nuclear substrate MEF2A and activator MKK3b [J]. Molecular cell, 9 (6): 1241 – 1249.

Charrier L, Merlin D, 2006. The oligopeptide transporter hPepT1: gateway to the innate immune response [J]. Laboratory investigation, 86: 538 – 546.

Chen H, Pan Y, Wong E A, et al., 2005. Dietary protein level and stage of development affect expression of an intestinal peptide transporter (cPepT1) in chickens [J]. Journal of Nutritional Biochemistry, 135 (2): 193 – 198.

Chen H Q, Shen T Y, Zhou Y K, et al., 2010. Lactobacillus plantarum Consumption Increases PepT1 - Mediated Amino Acid Absorption by Enhancing Protein Kinase C Activity in Spontaneously Colitic Mice [J]. Journal of Nutrition, 140 (12): 2201 – 2206.

Chen W, Xu Q, Chang M X, et al., 2010. Molecular characterization and expression analysis of nuclear oligomerization domain proteins NOD1 and NOD2 in grass carp

Ctenopharyngodon idella [J]. Fish & shellfish immunology, 28 (1): 18 - 29.

Chen Y H, Lu Y F, Ko T Y, et al., 2009. Zebrafish cdx1b Regulates Differentiation of Various Intestinal Cell Lineages [J]. Developmental Dynamics, 238 (5): 1021 - 1032.

Christa L, Simon M T, Flinois J P, et al., 1994. Overexpression of glutamine synthetase in human primary liver cancer [J]. Gastroenterology, 106 (5): 1312 - 1320.

Chu, W M, Ostertag D, Li Z W, et al., 1999. JNK2 and IKKβ are required for activating the innate response to viral infection [J]. Immunity, 11 (6): 721 - 731.

Cloutier A, Ear T, Blais-Charron E, et al., 2007. Differential involvement of NF-kappaB and MAP kinase pathways in the generation of inflammatory cytokines by human neutrophils [J]. Journal Leukoc Biology, 81 (2): 567 - 577.

Conceição L E C, Grasdalen H, Rønnestad I, 2003. Amino acid requirements of fish larvae and post-larvae: new tools and recent findings [J]. Aquaculture, 227 (1 - 4): 221 - 232.

Cook T, Gebelein B, Urrutia R, 1999. Sp1 and its likes: biochemical and functional predictions for a growing family of zinc finger transcription factors [J]. Annals of the New York Academy of Sciences, 880 (1): 94 - 102.

Córdova-Murueta J H, García-Carreño F L, 2002. Nutritive value of squid and hydrolyzed protein supplement in shrimp feed [J]. Aquaculture, 210 (1 - 4): 371 - 384.

Coskun M, Boyd M, Olsen J, et al., 2010. Control of intestinal promoter activity of the cellular migratory regulator gene ELMO3 by CDX2 and Sp1 [J]. Journal of Cellular Biochemistry, 109 (6): 1118 - 1128.

Coutinho F, Castro C, Rufino-Palomares E, et al., 2015. Dietary glutamine supplementation effects on amino acid metabolism, intestinal nutrient absorption capacity and antioxidant response of gilthead sea bream (Sparus aurata) juveniles [J]. Comparative Biochemistry & Physiology Part A Molecular & Integrative Physiology, 191: 9 - 17.

Cruz-Garcia L, Minghetti M, Navarro I, et al., 2009. Molecular cloning, tissue expression and regulation of liver X Receptor (LXR) transcription factors of Atlantic salmon (Salmo salar) and rainbow trout (Oncorhynchus mykiss) [J]. Comparative Biochemistry and Physiology Part B: Biochemistry and Molecular Biology, 153 (1): 81 - 88.

Cuenda A, Rousseau S, 2007. p38 MAP-kinases pathway regulation, function and role in human diseases [J]. Biochimica et Biophysica Acta (BBA) - Molecular Cell Research, 1773 (8): 1358 - 1375.

Dabrowski K, Lee K J, Rinchard J, 2003. The smallest vertebrate, teleost fish, can utilize synthetic dipeptide-based diets [J]. Journal of Nutritional Biochemistry, 133 (12): 4225 - 4229.

Dalal I, Arpaia E, Dadi H, et al., 1998. Cloning and characterization of the human homolog of mouse Jak2 [J]. Blood, The Journal of the American Society of Hematology, 91 (3): 844 - 851.

Dalmasso G, Nguyen H, Charrier-Hisamuddin L, et al., 2008. Butyrate transcriptionally induces peptide transporter PepT1 expression and activity via Cdx2 and CREB transcription factors [J]. Inflammatory Bowel Diseases, 14 (1): 33.

Daniel H, Boll M, Wenzel U, 1994. Physiological importance and characteristics of peptide transport in intestinal epithelial cells [J]. Publication-European Association for Animal Production, 80: 1-1.

Daniel H, Kottra G, 2004. The proton oligopeptide cotransporter family SLC15 in physiology and pharmacology [J]. Pflügers Archiv, 447 (5): 610-618.

Daniel H, 2004. Molecular and integrative physiology of intestinal peptide transport [J]. Annu Rev Physiol, 66 (1): 361-384.

Davis R J, 2000. Signal transduction by the JNK group of MAP kinases [J]. Inflammatory Processes: Springer: 13-21.

Déléris P, Rousseau J, Coulombe P, et al., 2008. Activation loop phosphorylation of the atypical MAP kinases ERK3 and ERK4 is required for binding, activation and cytoplasmic relocalization of MK5 [J]. Journal of Cellular Physiology, 217 (3): 778-788.

Dhanasiri A K S, Fernandes J M O, Kiron V, 2012. Glutamine synthetase activity and the expression of three glul paralogues in zebrafish during transport [J]. Comparative Biochemistry & Physiology Part B Biochemistry & Molecular Biology, 163 (3-4): 274-284.

Domon-Dell C, Wang Q, Kim S, et al., 2002. Stimulation of the intestinal Cdx2 homeobox gene by butyrate in colon cancer cells [J]. Gut, 50 (4): 525.

Doolittle, Nancy D, 2014. pharmacology of the blood brain barrier: targeting cns disorders delivery of chemotherapeutics across the blood-brain barrier [J]. advances in pharmacology, 71: 203-243.

Duan Y, Liu Q, Wang Y, et al., 2018. Impairment of the intestine barrier function in *Litopenaeus vannamei* exposed to ammonia and nitrite stress [J]. Fish & shellfish immunology, 78: 279-288.

Duhé R J, Rui H, Greenwood J D, et al., 1995. Cloning of the gene encoding rat JAK2, a protein tyrosine kinase [J]. Gene, 158 (2): 281-285.

Elorza A, Inés Soro-Arnáiz, Florinda Meléndez-Rodríguez, et al., 2012. Hif2α acts as an mtorc1 activator through the amino acid carrier slc7a5 [J]. Molecular cell, 48 (5): 681-691.

Escaffit F, Frédéric Paré, Rémy Gauthier, et al., 2006. Cdx2 modulates proliferation in normal human intestinal epithelial crypt cells [J]. Biochemical & Biophysical Research Communications, 342 (1): 66-72.

Essex-Fraser P A, Steele S L, Bernier N J, et al., 2005. Expression of Four Glutamine Synthetase Genes in the Early Stages of Development of Rainbow Trout (Oncorhynchus mykiss) in Relationship to Nitrogen Excretion [J]. Journal of Biological Chemistry, 280 (21): 20268-20273.

Farooq A，Zhou M M，2004. Structure and regulation of MAPK phosphatases [J]. Cell Signal，16 (7)：769 - 779.

Fatima J，Iqbal C W，Houghton S G，et al.，2009. Hexose transporter expression and function in mouse small intestine：role of diurnal rhythm [J]. Journal of Gastrointestinal Surgery，13 (4)：634 - 641.

Fei Y J，Kanai Y，Nussberger S，et al.，1994. Expression cloning of a mammalian proton-coupled oligopeptide transporter [J]. Nature，368 (6471)：563 - 566.

Flores M V C，Hall C J，Davidson A J，et al.，2008. Intestinal Differentiation in Zebrafish Requires Cdx1b，a Functional Equivalent of Mammalian Cdx2 [J]. Gastroenterology，135 (5)：1665 - 1675.

Ford D，Howard A，Hirst B H，2003. Expression of the peptide transporter hPepT1 in human colon：a potential route for colonic protein nitrogen and drug absorption [J]. Histochemistry and cell biology，119 (1)：37 - 43.

Frenzel K，Wallace T A，Mcdoom I，et al.，2006. A functional Jak2 tyrosine kinase domain is essential for mouse development [J]. Experimental cell research，312 (15)：2735 - 2744.

Freund J N，DomonDell C，Kedinger M，et al.，1998. The Cdx-1 and Cdx-2 homeobox genes in the intestine [J]. Biochemistry & Cell Biology-biochimie Et Biologie Cellulaire，76 (6)：957 - 969.

Fucci L，Piscopo A，Aniello F，et al.，1995. Cloning and characterization of a developmentally regulated sea urchin cDNA encoding glutamine synthetase [J]. Gene，152 (2)：205 - 208.

Fürst P，Pogan K，Stehle P，et al.，1997. Glutamine dipeptides in clinical nutrition [J]. Nutrition，13 (7 - 8)：731 - 737.

Gage S H，Fish P A，1924. Fat digestion，absorption，and assimilation in man and animals as determined by the dark-field microscope，and a fat-soluble dye [J]. American Journal of Anatomy，34 (1)：1 - 85.

Gebhardt R，Mecke D，1982. Heterogeneous distribution of glutamine synthetase among rat liver parenchymal cells in situ and in primary culture [J]. Embo Journal，2 (2)：567 - 570.

Geillinger K E，Kipp A P，Schink K，et al.，2014. Nrf2 regulates the expression of the peptide transporter PEPT1 in the human colon carcinoma cell line Caco-2 [J]. Biochimica et Biophysica Acta (BBA) - General Subjects，1840 (6)：1747 - 1754.

Gilbert E，Li H，Emmerson D，et al.，2007. Developmental regulation of nutrient transporter and enzyme mRNA abundance in the small intestine of broilers [J]. Poultry Science，86 (8)：1739 - 1753.

Gilbert E，Wong E，Webb Jr K，2008. Board-invited review：peptide absorption and utilization：implications for animal nutrition and health [J]. Journal of Animal Science，

86 (9): 2135 - 2155.

Gilbert E R, 2008. Dietary and developmental regulation of nutrient transporter gene expression in the small intestine of two lines of broilers [D]. Virginia Tech.

Gonçalves A F, Castro L F C, Pereira-Wilson C, et al., 2007. Is there a compromise between nutrient uptake and gas exchange in the gut of Misgurnus anguillicaudatus, an intestinal air-breathing fish? [J]. Comparative Biochemistry and Physiology Part D: Genomics and Proteomics, 2 (4): 345 - 355.

Goodman H J, Woods D R, 1993. Cloning and nucleotide sequence of the Butyrivibrio fibrisolvens gene encoding a type III glutamine synthetase [J]. Journal of General and applied Microbiology, 139 (7): 1487 - 1493.

Grey C L, Chang J P, 2009. Ghrelin-induced growth hormone release from goldfish pituitary cells involves voltage-sensitive calcium channels [J]. General and comparative endocrinology, 160 (2): 148 - 157.

Guettou F E, Quistgaard M, Raba M, et al., 2014. Selectivity mechanism of a bacterial homolog of the human drug-peptide transporters PepT1 and PepT2 [J]. Nature Structural & Molecular Biology, 21 (8): 728 - 731.

Guo C J, Zhang Y F, Yang L S, et al., 2009. The JAK and STAT family members of the mandarin fish Siniperca chuatsi: molecular cloning, tissues distribution and immunobiological activity [J]. Fish & shellfish immunology, 27 (2): 349 - 359.

Guo M, Wei J, Zhou Y, et al., 2016. c-Jun N-terminal kinases 3 (JNK3) from orange-spotted grouper, Epinephelus coioides, inhibiting the replication of Singapore grouper iridovirus (SGIV) and SGIV-induced apoptosis [J]. Developmental & Comparative Immunology, 65: 169 - 181.

Guo M, Wei J, Zhou Y, et al., 2016. MKK7 confers different activities to viral infection of Singapore grouper iridovirus (SGIV) and nervous necrosis virus (NNV) in grouper [J]. Fish & shellfish immunology, 57: 419 - 427.

Guo R J, Suh E R, Lynch J P, 2004. The role of Cdx proteins in intestinal development and cancer [J]. Cancer Biology & Therapy, 3 (7): 593 - 601.

Hannemann N, Jordan J, et al., 2017. The AP-1 transcription factor c-Jun promotes arthritis by regulating cyclooxygenase-2 and arginase-1 expression in macrophages [J]. The Journal of Immunology, 198 (9): 3605 - 3614.

Hansen I A, Nässl A M, Rubio-Aliaga I, et al., 2011. The Intestinal Peptide Transporter PEPT1 Is Involved in Food Intake Regulation in Mice Fed a High-Protein Diet [J]. PLoS ONE, 6: 26407.

Han Z S, Enslen H, et al., 1998. A conserved p38 mitogen-activated protein kinase pathway regulates Drosophila immunity gene expression [J]. Molecular and Cellular Biology, 18 (6): 3527 - 3539.

Hashimoto H, Fukuda M, et al., 2000. Identification of a nuclear export signal in MKK6, an activator of the carp p38 mitogen‑activated protein kinases [J]. European Journal of Biochemistry, 267 (14): 4362 – 4371.

Hegazi M M, Attia Z I, Ashour O A, 2010. Oxidative stress and antioxidant enzymes in liver and white muscle of Nile tilapia juveniles in chronic ammonia exposure [J]. Aquatic toxicology, 99 (2): 118 – 125.

Hill R T, Parker J R, et al., 1989. Molecular analysis of a novel glutamine synthetase of the anaerobe Bacteroides fragilis [J]. Journal of General Microbiology, 135 (12): 3271.

Hirayama C, Nakamura M, 2002. Regulation of glutamine metabolism during the development of Bombyx mori larvae [J]. Biochimica Et Biophysica Acta, 1571 (2): 131.

Houghton S G, Iqbal C W, Duenes J A, et al., 2008. Coordinated, diurnal hexose transporter expression in rat small bowel: implications for small bowel resection [J]. Surgery, 143 (1): 79 – 93.

Huang R, Dong F, et al., 2012. Isolation and analysis of a novel grass carp toll‑like receptor 4 (tlr4) gene cluster involved in the response to grass carp reovirus [J]. Developmental & Comparative Immunology, 38 (2): 383 – 388.

Huang W J, Shen Y, et al., 2015. Identification and characterization of the TLR18 gene in grass carp (*Ctenopharyngodon idella*)[J]. Fish & shellfish immunology, 47 (2): 681 – 688.

Huang Z, Wu L M, et al., 2019. Dual Specificity Phosphatase 12 Regulates Hepatic Lipid Metabolism Through Inhibition of the Lipogenesis and Apoptosis Signal‑Regulating Kinase 1 Pathways [J]. Hepatology, 70 (4): 1099 – 1118.

Ingersoll S A, Ayyadurai S, Charania M A, et al., 2012. The role and pathophysiological relevance of membrane transporter PepT1 in intestinal inflammation and inflammatory bowel disease [J]. American Journal of Physiology‑Gastrointestinal and Liver Physiology, 302: 484 – 492.

Iloun P, Abbasnejad Z, et al., 2018. Investigating the role of P38, JNK and ERK in LPS induced hippocampal insulin resistance and spatial memory impairment: effects of insulin treatment [J]. EXCLI journal, 17: 825.

Ito K, Hikida A, Kitagawa S, et al., 2012. Soy peptides enhance heterologous membrane protein productivity during the exponential growth phase of Saccharomyces cerevisiae [J]. Biosci Biotechnol Biochem, 76 (3): 628 – 631.

Ito K, Hikida A, Kawai S, et al., 2013. Analysing the substrate multispecificity of a proton‑coupled oligopeptide transporter using a dipeptide library [J]. Nature Communications, 4: 2502.

Ito K, Nakajima Y, et al., 2006. Crystal structure of aminopeptidase N (proteobacteria alanyl aminopeptidase) from Escherichia coli and conformational change of methionine 260 involved in substrate recognition [J]. Journal of Biological Chemistry, 281 (44): 33664 – 33676.

Jardinaud F，Banisadr G，Noble F，et al.，2004. Ontogenic and adult whole body distribution of aminopeptidase N in rat investigated by in vitro autoradiography［J］. Biochimie，86（2）：105-113.

Jiang W D，Liu Y，Hu K，et al.，2014. Copper exposure induces oxidative injury，disturbs the antioxidant system and changes the Nrf2/ARE（CuZnSOD）signaling in the fish brain：protective effects of myo-inositol［J］. Aquatic toxicology，155：301-313.

Ji W，Ping H C，et al.，2015. Ghrelin，neuropeptide Y（NPY）and cholecystokinin（CCK）in blunt snout bream（*Megalobrama amblycephala*）：cDNA cloning，tissue distribution and mRNA expression changes responding to fasting and refeeding［J］. General and comparative endocrinology，223：108-119.

Johnson G L，Lapadat R，2002. Mitogen-activated protein kinase pathways mediated by ERK，JNK，and p38 protein kinases［J］. Science，298（5600）：1911-1912.

Kanneganti T D，Lamkanfi M，et al.，2007. Intracellular NOD-like receptors in host defense and disease［J］. Immunity，27（4）：549-559.

Kawai S I S，1973. Studies on digestive enzymes of fishes. Ⅲ. Development of the digestive enzymes of rainbow trout after hatching and the effect of dietary change on the activities of digestive enzymes in the juvenile stage［J］. Bulletin of the Chemical Society of Japan，39（7）：819-823.

Keren A，Bengal E，et al.，2005. p38 MAP kinase regulates the expression of XMyf5 and affects distinct myogenic programs during Xenopus development［J］. Developmental Biology，288（1）：73-86.

Keren A，Tamir Y，et al.，2006. The p38 MAPK signaling pathway：a major regulator of skeletal muscle development［J］. Molecular and cellular endocrinology，252（1-2）：224-230.

Klang J E，Burnworth L A，Pan Y X，et al.，2005. Functional characterization of a cloned pig intestinal peptide transporter（pPepT1）［J］. Journal of Animal Science，83（1）：172-181.

Knutter I，Rubio-Aliaga I，Boll M，et al.，2002. H＋- peptide cotransport in the human bile duct epithelium cell line SK-ChA-1［J］. American Journal of Physiology-Gastrointestinal and Liver Physiology，283（1）：222-229.

Kobayashi E H，Suzuki T，Funayama R，et al.，2016. Nrf2 suppresses macrophage inflammatory response by blocking proinflammatory cytokine transcription［J］. Nature Communications，7（1）：1-14.

Kondoh K，Nishida E，2007. Regulation of MAP kinases by MAP kinase phosphatases［J］. Biochim Biophys Acta，1773（8）：1227-1237.

Kosmider B，Messier E M，Janssen W J，et al.，2012. Nrf2 protects human alveolar epithelial cells against injury induced by influenza A virus［J］. Respiratory research，13（1）：43.

Kousoulaki K, Saether B S, Albrektsen S, et al. , 2015. Review on European sea bass (*Dicentrarchus labrax*, Linnaeus, 1758) nutrition and feed management a practical guide for optimizing feed formulation and farming protocols [J]. Aquaculture Nutrition, 21 (2): 129 – 151.

Koven W, Schulte P, 2012. The effect of fasting and refeeding on mRNA expression of PepT1 and gastrointestinal hormones regulating digestion and food intake in zebrafish (*Danio rerio*)[J]. Fish Physiology and Biochemistry, 38: 1565 – 1575.

Kragelj J, Palencia A, et al. , 2015. Structure and dynamics of the MKK7 – JNK signaling complex [J]. Proceedings of the National Academy of sciences, 112 (11): 3409 – 3414.

Krens S G, He S, et al. , 2006. Characterization and expression patterns of the MAPK family in zebrafish [J]. Gene expression patterns, 6 (8): 1019 – 1026.

Kuan C Y, Yang D D, et al. , 1999. The Jnk1 and Jnk2 protein kinases are required for regional specific apoptosis during early brain development [J]. Neuron, 22 (4): 667 – 676.

Kudo Y, Boyd C A R, 2002. Changes in Expression and Function of Syncytin and its Receptor, Amino Acid Transport System B 0 (ASCT2), in Human Placental Choriocarcinoma BeWo Cells During Syncytialization [J]. Placenta, 23 (7): 536 – 541.

Laroui H, Yan Y, et al. , 2011. L-Ala – γ – D-Glu-meso-diaminopimelic acid (DAP) interacts directly with leucine-rich region domain of nucleotide-binding oligomerization domain 1, increasing phosphorylation activity of receptor-interacting serine/threonine-protein kinase 2 and its interaction with nucleotide-binding oligomerization domain 1 [J]. Journal of Biological Chemistry, 286 (35): 31003 – 31013.

Lawler S, Fleming Y, et al. , 1998. Synergistic activation of SAPK1/JNK1 by two MAP kinase kinases in vitro [J]. Current Biology, 8 (25): 1387 – 1391.

Lea P J, Miflin B J, 1974. Alternative route for nitrogen assimilation in higher plants [J]. Nature, 251 (5476): 614.

Lec C, Dersjantli Y, et al. , 1998. Cost of growth in larval and juvenile African catfish (*Clarias gariepinus*) in relation to growth rate, food intake and oxygen consumption [J]. Aquaculture, 161 (1): 95 – 106.

Lee J K, Hwang W S, et al. , 1999. Dynamic expression of SEK1 suggests multiple roles of the gene during embryogenesis and in adult brain of mice [J]. Molecular brain research, 66 (1 – 2): 133 – 140.

Leibach F H, Ganapathy V, 1996. Peptide transporters in the intestine and the kidney [J]. Annual Review of Nutrition, 16: 99 – 119.

Leu J H, Yan S J, et al. , 2000. Complete genomic organization and promoter analysis of the round-spotted pufferfish JAK 1, JAK 2, JAK 3, and TYK 2 genes [J]. DNA and cell biology, 19 (7): 431 – 446.

Li H, Wang S, et al. , 2016. MKK6 from pacific white shrimp *Litopenaeus vannamei* is responsive to bacterial and WSSV infection [J]. Molecular immunology, 70: 72 - 83.

Li G G, Liang X F, et al., 2010. Gene structure, recombinant expression and functional characterization of grass carp leptin [J]. General and comparative endocrinology, 166 (1): 117 - 127.

Lilleeng E, FraYstad M K, Vekterud K, et al., 2007. Comparison of intestinal gene expression in Atlantic cod (*Gadus morhua*) fed standard fish meal or soybean meal by means of suppression subtractive hybridization and real-time PCR [J]. Aquaculture, 267 (1 - 4): 269 - 283.

Li Q, Zhang N, Jia Z, et al., 2009. Critical Role and Regulation of Transcription Factor FoxM1 in Human Gastric Cancer Angiogenesis and Progression [J]. Cancer Research, 69 (8): 3501 - 3509.

Liu J, Shi B, Shi K, et al., 2017. Ghrelin upregulates PepT1 activity in the small intestine epithelium of rats with sepsis [J]. Biomedicine & Pharmacotherapy, 86: 669 - 676.

Liu Z, Zhou Y, Feng J, et al., 2013. Characterization of oligopeptide transporter (PepT1) in grass carp (*Ctenopharyngodon idella*) [J]. Comparative Biochemistry & Physiology Part B Biochemistry & Molecular Biology, 164 (3): 194 - 200.

Liu Z, Zhou Y, Liu S, et al., 2012. Characterization and dietary regulation of glutamate dehydrogenase in different ploidy fishes [J]. Amino Acids, 43 (6): 2339 - 2348.

Liu Z, Zhou Y, Liu S, et al., 2014. Characterization and dietary regulation of oligopeptide transporter (PepT1) in different ploidy fishes [J]. Peptides, 52: 149 - 156.

Livark K J S T D, 2001. Analysis of relative gene expression data using real-time quantitative PCR and the 2 (- Delta Delta C (T)) method [J]. Methods, 25 (4): 402 - 408.

Lo Cascio P, Calabrò C, et al., 2018. Immunohistochemical characterization of PepT1 and ghrelin in gastrointestinal tract of zebrafish: effects of Spirulina vegetarian diet on the neuroendocrine system cells after alimentary stress [J]. Frontiers in physiology, 9: 614.

Lu S, Epner D E, 2000. Molecular mechanisms of cell cycle block by methionine restriction in human prostate cancer cells [J]. Nutrition & Cancer, 38 (1): 123 - 130.

Lv J, Huang R, et al., 2012. Cloning and characterization of the grass carp (*Ctenopharyngodon idella*) Toll-like receptor 22 gene, a fish-specific gene [J]. Fish & shellfish immunology, 32 (6): 1022 - 1031.

Lyons J A, Parker J L, Solcan N, et al., 2014. Structural basis for polyspecificity in the POT family of proton-coupled oligopeptide transporters [J]. EMBO REPORTS, 15 (8): 886 - 893.

MacGarvey N C, Suliman H B, Bartz R R, et al., 2012. Activation of mitochondrial biogenesis by heme oxygenase-1 - mediated NF-E2 - related factor-2 induction rescues mice from lethal Staphylococcus aureus sepsis [J]. American journal of respiratory and critical care medicine, 185 (8): 851 - 861.

Mallo G V, Rechreche H, Frigerio J M, et al., 1997. Molecular cloning, sequencing and expression of the mRNA encoding human Cdx1 and Cdx2 homeobox. Down-regulation of Cdx1 and Cdx2 mRNA expression during colorectal carcinogenesis [J]. International Journal of Cancer, 74 (1): 35 – 44.

Malmlof K, 1988. Amino acid in farm animal nutrition metabolism, partition and consequences of imbalance [J]. Swidish Journal of Agriculture Research, 18 (4): 191 – 193.

Marin M, Karis A, Visser P, et al. , 1997. Transcription factor Sp1 is essential for early embryonic development but dispensable for cell growth and differentiation [J]. Cell, 89 (4): 619 – 628.

Martinez Molledo M, Quistgaard E M, Flayhan A, et al. , 2018. Multispecific Substrate Recognition in a Proton-Dependent Oligopeptide Transporter [J]. Structure, 26 (3): 467 – 476, 464.

Matarese G, Carrieri P B, et al. , 2010. Leptin as a metabolic link to multiple sclerosis [J]. Nature Reviews Neurology, 6 (8): 455.

Matthews J, Wong E, Bender P, et al. , 1996. Demonstration and characterization of dipeptide transport system activity in sheep omasal epithelium by expression of mRNA in Xenopus laevis oocytes [J]. JOURNAL OF ANIMAL SCIENCE, 74 (7): 1720 – 1727.

McCORMACK S A, Johnson L R, 1991. Role of polyamines in gastrointestinal mucosal growth [J]. American Journal of Physiology-Gastrointestinal and Liver Physiology, 260 (6): 795 – 806.

Minami H, Morse E L, et al. , 1992. Characteristics and mechanism of glutamine-dipeptide absorption in human intestine [J]. Gastroenterology, 103 (1): 3 – 11.

Miyamoto K I, Shiraga T, Morita K, et al. , 1996. Sequence, tissue distribution and developmental changes in rat intestinal oligopeptide transporter [J]. Biochimica et Biophysica Acta (BBA) – Gene Structure and Expression, 1305 (1 – 2): 34 – 38.

Moi P, Chan K, Asunis I, et al. , 1994. Isolation of NF-E2 – related factor 2 (Nrf2), a NF-E2 – like basic leucine zipper transcriptional activator that binds to the tandem NF-E2/AP1 repeat of the beta-globin locus control region [J]. Proceedings of the National Academy of sciences, 91 (21): 9926 – 9930.

Mommsen T P, Busby E R, et al. , 2003. Glutamine synthetase in tilapia gastrointestinal tract: zonation, cDNA and induction by cortisol [J]. Journal of Comparative Physiology B, 173 (5): 419 – 427.

Mueller C A, Joss J M P, et al. , 2011. The energy cost of embryonic development in fishes and amphibians, with emphasis on new data from the Australian lungfish, Neoceratodus forsteri [J]. Journal of Comparative Physiology B, 181 (1): 43.

Muraoka O, Xu B, et al. , 2003. Leptin-induced transactivation of NPY gene promoter mediated by JAK1, JAK2 and STAT3 in the neural cell lines [J]. Neurochemistry international, 42 (7): 591 – 601.

Murashita K, Uji S, et al., 2008. Production of recombinant leptin and its effects on food intake in rainbow trout (*Oncorhynchus mykiss*) [J]. Comparative Biochemistry and Physiology Part B: Biochemistry and Molecular Biology, 150 (4): 377 - 384.

Nakashima K, Zhou X, Kunkel G, et al., 2002. The Novel Zinc Finger-Containing Transcription Factor Osterix Is Required for Osteoblast Differentiation and Bone Formation [J]. Cell, 108 (1): 17 - 29.

Nässl A M, Rubio-Aliaga I, et al., 2011. Amino acid absorption and homeostasis in mice lacking the intestinal peptide transporter PEPT1 [J]. American Journal of Physiology-Gastrointestinal and Liver Physiology, 301 (1): 128 - 137.

Navarro-Guillén C, Yufera M, et al., 2017. Ghrelin in Senegalese sole (*Solea senegalensis*) post-larvae: Paracrine effects on food intake [J]. Comparative Biochemistry and Physiology Part A: Molecular & Integrative Physiology, 204: 85 - 92.

Neubauer H, Huffstadt U, et al., 1997. Embryonic lethality in mice deficient in Janus kinase 2 (JAK2)[J]. Immunology Letters, 1 (56): 275.

Neway H, Smith P H, 1960. Intercellular hydrolysis of dipeptides during in-testinal absorption [J]. The Journal of physiology, 152: 367 - 380.

Newstead S, 2017. Recent advances in understanding proton coupled peptide transport via the POT family [J]. Current Opinion in Structural Biology, 45: 17 - 24.

Nguyen-Tran V, Kubalak T B, Steven, et al., 2000. A Novel Genetic Pathway for Sudden Cardiac Death via Defects in the Transition Between [J]. Cell, 102 (5): 671 - 682.

Noy Y, Sklan D, 2001. Yolk and Exogenous Feed Utilization in the Posthatch Chick [J]. Poultry Science, 80 (10): 1490 - 1495.

Noy Y, Uni Z, Sklan D, 1996. Routes of yolk utilisation in the newly-hatched chick [J]. British poultry science, 37 (5): 987 - 996.

Oburoglu Leal, et al., 2014. Glucose and Glutamine Metabolism Regulate Human Hematopoietic Stem Cell Lineage Specification [J]. Cell Stem Cell, 15 (2): 169.

Ogihara H, Suzuki T, Nagamachi Y, et al., 1999. Peptide transporter in the rat small intestine: ultrastructural localization and the effect of starvation and administration of amino acids [J]. The Histochemical journal, 31 (3): 169 - 174.

Ono K, Han J, 2000. The p38 signal transduction pathway Activation and function [J]. Cellular Signalling, 12 (1): 1 - 13.

Oshea J J, Notarangelo L D, et al., 1997. Advances in the understanding of cytokine signal transduction: the role of Jaks and STATs in immunoregulation and the pathogenesis of immunodeficiency [J]. Journal of Clinical Immunology, 17 (6): 431 - 447.

Ostaszewska T, Kamaszewski M, Grochowski P, et al., 2010. The effect of peptide absorption on PepT1 gene expression and digestive system hormones in rainbow trout (*Oncorhynchus mykiss*)[J]. Comparative Biochemistry and Physiology Part A: Molecular & Integrative Physiology, 155 (1): 107 - 114.

Pan Y X, W E A, Bloomquist J R, et al. , 1997. Poly (A) +RNA from sheep omasal epithelium induces expression of a peptide transport protein (s) in *Xenopus laevis* oocytes [J]. Journal of Animal Science, 75 (12): 3323 – 3330.

Panserat S, Hortopan G A, Plagnes-Juan E, et al. , 2009. Differential gene expression after total replacement of dietary fish meal and fish oil by plant products in rainbow trout (*Oncorhynchus mykiss*) liver [J]. Aquaculture, 294 (1 – 2): 123 – 131.

Pawlik T M, Souba W W, et al. , 2000. Phorbol esters rapidly attenuate glutamine uptake and growth in human colon carcinoma cells [J]. Journal of Surgical Research, 90 (2): 149 – 155.

Pazit, Con, Tali, et al. , 2017. Salinity-dependent shift in the localization of three peptide transporters along the intestine of the mozambique tilapia (*Oreochromis mossambicus*)[J]. Frontiers in Physiology, 8 (8).

Persengiev S P, Saffer J D, Kilpatrick D L, 1995. An alternatively spliced form of the transcription factor Sp1 containing only a single glutamine-rich transactivation domain [J]. Proceedings of the National Academy of sciences, 92 (20): 9107 – 9111.

Pfleiderer G. , Celliers P G, 1963. isolation of an aminopeptidase from kidney particles [J]. Biochemische Zeitschrift, 339 (339): 186.

Pochini L, Scalise M, et al. , 2014. Membrane transporters for the special amino acid glutamine: structure/function relationships and relevance to human health [J]. Frontiers in Chemistry, 2: 61.

Pohlenz C, Buentello A, et al. , 2013. Free dietary glutamine improves intestinal morphology and increases enterocyte migration rates, but has limited effects on plasma amino acid profile and growth performance of channel catfish Ictalurus punctatus [J]. Aquacultures, 370 – 371 (4): 32 – 39.

Poirson-Bichat F, Gonçalves R A, et al. , 2000. Methionine depletion enhances the antitumoral efficacy of cytotoxic agents in drug-resistant human tumor xenografts [J]. Clinical Cancer Research An Official Journal of the American Association for Cancer Research, 6 (2): 643 – 653.

Polakof S, Miguez J, et al. , 2011. Evidence for a Gut-Brain Axis Used by Glucagon - like Peptide - 1 to Elicit Hyperglycaemia in Fish [J]. Journal of neuroendocrinology, 23 (6): 508 – 518.

Qu F, Xiang Z, et al. , 2016. A novel p38 MAPK indentified from *Crassostrea hongkongensis* and its involvement in host response to immune challenges [J]. Molecular immunology, 79: 113 – 124.

Qu F, Liu Z, Hu Y, et al. , 2019. Effects of dietary glutamine supplementation on growth performance, antioxidant status and intestinal function in juvenile grass carp (*Ctenopharyngodon idella*)[J]. Aquaculture Nutrition, 25: 609 – 621.

Radosevic N, Winterstein D, et al. , 2004. JAK2 contributes to the intrinsic capacity of primary hematopoietic cells to respond to stem cell factor [J]. Experimental hematology, 32 (2): 149 – 156.

Rafty L A K L M, 2001. Sp1 phosphorylation regulates inducible expression of platelet-derived growth factor B-chain gene via atypical protein kinase C-zeta [J]. Nucleic Acids Research, 29 (5): 1027 – 1033.

Raingeaud J, Whitmarsh A J, et al. , 1996. MKK3 – and MKK6 – regulated gene expression is mediated by the p38 mitogen-activated protein kinase signal transduction pathway [J]. Molecular and Cellular Biology, 16 (3): 1247 – 1255.

Rangacharyulu P, Giri S, et al. , 2003. Utilization of fermented silkworm pupae silage in feed for carps [J]. Bioresource technology, 86 (1): 29 – 32.

Rawlings N D, Morton F R, et al. , 2006. MEROPS: the peptidase database [J]. Nucleic Acids Research, 34: 270 – 272.

Ren W, Liu G, et al. , 2017. Amino-acid transporters in T-cell activation and differentiation [J]. Cell Death & Disease, 8 (3): 2655.

Ressurreição M, Rollinson D, et al. , 2011. A role for p38 MAPK in the regulation of ciliary motion in a eukaryote [J]. BMC Cell Biology, 12 (1): 6.

Romano T V G K A, 2011. Molecular and functional characterisation of the zebrafish (Danio rerio) PEPT1 – type peptide transporter [J]. FEBS LETTERSers, 549 (1 – 3): 115 – 122.

Rombough P J, Moroz B M, 1990. The scaling and potential importance of cutaneous and branchial surfaces in respiratory gas exchange in young chinook salmon (Oncorhynchus tshawytscha)[J]. Journal of Experimental Biology, 154 (1): 1 – 12.

Rombough P, Moroz B, 1997. The scaling and potential importance of cutaneous and branchial surfaces in respiratory gas exchange in larval and juvenile walleye [J]. Journal of Experimental Biology, 200 (18): 2459.

Ronnestad I, Murashita K, Kottra G, et al. , 2010. Molecular Cloning and Functional Expression of Atlantic Salmon Peptide Transporter 1 in Xenopus Oocytes Reveals Efficient Intestinal Uptake of Lysine-Containing and Other Bioactive Di-and Tripeptides in Teleost Fish [J]. Journal of Nutrition, 140 (5): 893 – 900.

Rosengren M, Thörnqvist P O, et al. , 2018. The brain-gut axis of fish: rainbow trout with low and high cortisol response show innate differences in intestinal integrity and brain gene expression [J]. General and comparative endocrinology, 257: 235 – 245.

Rubinfeld H, Seger R, 2005. The ERK cascade: a prototype of MAPK signaling [J]. Molecular Biotechnology, 31 (2): 151 – 174.

Safe S, Abdelrahim M, 2005. Sp transcription factor family and its role in cancer [J]. European Journal of Cancer, 41 (16): 2438 – 2448.

Saffer J D, Jackson S P, Annarella M B, 1991. Developmental expression of Sp1 in the mouse [J]. Molecular and Cellular Biology, 11 (4): 2189 – 2199.

Saha N, Datta S, et al., 2007. Air-breathing catfish, *Clarias batrachus* upregulates glutamine synthetase and carbamyl phosphate synthetase Ⅲ during exposure to high external ammonia [J]. Comparative Biochemistry & Physiology Part B Biochemistry & Molecular Biology, 147 (3): 520 – 530.

Saltzman A, Stone M, et al., 1998. Cloning and characterization of human Jak-2 kinase: high mRNA expression in immune cells and muscle tissue [J]. Biochemical and biophysical research communications, 246 (3): 627 – 633.

Shatters R G, Kahn M L, 1989. Glutamine synthetase II in Rhizobium: Reexamination of the proposed horizontal transfer of DNA from eukaryotes to prokaryotes [J]. Journal of Molecular Evolution, 29 (5): 422 – 428.

Shimakura J, Terada T, Shimada Y, et al., 2006. The transcription factor Cdx2 regulates the intestine-specific expression of human peptide transporter 1 through functional interaction with Sp1 [J]. Biochem Pharmacol, 71 (11): 1581 – 1588.

Spanier B, 2014. Transcriptional and functional regulation of the intestinal peptide transporter PEPT1 [J]. The Journal of physiology, 592 (5): 871 – 879.

Stahl N, Farruggella T J, et al., 1995. Choice of STATs and other substrates specified by modular tyrosine-based motifs in cytokine receptors [J]. Science, 267 (5202): 1349 – 1353.

Stearns A T, Balakrishnan A, Rhoads D B, et al., 2008. Diurnal rhythmicity in the transcription of jejunal drug transporters [J]. Journal of pharmacological sciences: 0809100145.

Stroband H W J, 2006. Growth and diet dependant structural adaptations of the digestive tract in juvenile grass carp (*Ctenopharyngodon idella*, Val.) [J]. Journal of Fish Biology, 11 (2): 167 – 174.

Sung J J, Jeon J, et al., 2009. Zebrafish Jak2a plays a crucial role in definitive hematopoiesis and blood vessel formation [J]. Biochemical and biophysical research communications, 378 (3): 629 – 633.

Sun J, Li Y, et al., 2018. A novel JNK is involved in immune response by regulating IL expression in oyster *Crassostrea gigas* [J]. Fish & shellfish immunology, 79: 93 – 101.

Sun Y, Zhang L, et al., 2016. Characterization of three mitogen-activated protein kinases (MAPK) genes reveals involvement of ERK and JNK, not p38 in defense against bacterial infection in Yesso scallop *Patinopecten yessoensis* [J]. Fish & shellfish immunology, 54: 507 – 515.

Suzuki T, Yamamoto M, 2015. Molecular basis of the Keap1 – Nrf2 system [J]. Free Radical Biology and Medicine, 88: 93 – 100.

Swaisgood H E, Catignani G L, 1991. Protein digestibility: in vitro methods of assessment [J]. Advances in food and nutrition research, Elsevier, 35: 185 – 236.

Swantek J L, Cobb M H, et al., 1997. Jun N-terminal kinase/stress-activated protein kinase

(JNK/SAPK) is required for lipopolysaccharide stimulation of tumor necrosis factor alpha (TNF-alpha) translation: glucocorticoids inhibit TNF-alpha translation by blocking JNK/SAPK [J]. Molecular and Cellular Biology, 17 (11): 6274 – 6282.

Szlaminska M, Escaffre A, et al. , 1991. Preliminary data on semisynthetic diets for goldfish (*Carassius auratus* L.) larvae.4 [M]. International Symposium Fish nutrition and feeding, INRA.

Takeuchi M K A, 1991. Structures and functional roles of the sugar chains of human erythropoietins [J]. Glycobiology, 1 (4): 4.

Tamura K N M, Kumar S, 2004. Prospects for inferring very large phylogenies by using the neighbor-joining method [J]. Proceedings of the National Academy of Sciences of the United States of America, 101 (30): 11030 – 11035.

Tanaka H, Miyamoto K I, Morita K, et al. , 1998. Regulation of the PepT1 peptide transporter in the rat small intestine in response to 5 – fluorouracil-induced injury [J]. Gastroenterology, 114 (4): 714 – 723.

Tavakkolizadeh A, Berger U V, Shen K R, et al. , 2001. Diurnal rhythmicity in intestinal SGLT-1 function, V max, and mRNA expression topography [J]. American Journal of Physiology-Gastrointestinal and Liver Physiology, 280 (2): G209 – G215.

Taylor J K, Levy T, Suh E R, et al. , 1997. Activation of enhancer elements by the homeobox gene Cdx2 is cell line specific [J]. Nucleic Acids Research, 25 (12): 2293 – 2300.

Tempest D W, Meers J L, et al. , 1970. Synthesis of glutamate in Aerobacter aerogenes by a hitherto unknown route [J]. Biochemical Journal, 117 (2): 405 – 407.

Terada T, Inui K I, 2007. Gene expression and regulation of drug transporters in the intestine and kidney [J]. Biochemical Pharmacology, 73 (3): 440 – 449.

Terova G, Corà S, Verri T, et al. , 2009. Impact of feed availability on PepT1 mRNA expression levels in sea bass (*Dicentrarchus labrax*) [J]. Aquaculture, 294 (3 – 4): 288 – 299.

Thamotharan M, Shahab, Bawani Z, 1999. Functional and molecular expression of intestinal oligopeptide transporter (Pept-1) after a brief fast [J]. Metabolism, 48 (6): 681 – 684.

Thompson J C, 1991. Humoral control of gut function [J]. The American journal of surgery, 161 (1): 6 – 18.

Tournier C, Dong C, et al. , 2001. MKK7 is an essential component of the JNK signal transduction pathway activated by proinflammatory cytokines [J]. Genes & Development, 15 (11): 1419 – 1426.

Udagawa J, Hatta T, et al. , 2000. Expression of the long form of leptin receptor (Ob-Rb) mRNA in the brain of mouse embryos and newborn mice [J]. Brain research, 868 (2): 251 – 258.

Uluçkan Ö, Guinea-Viniegra J, et al. , 2015. Signalling in inflammatory skin disease by AP-

1 (Fos/Jun)[J]. Clinical and Experimental Rheumatology, 33 (4 Suppl 92): S44 -S49.

Umasuthan N, Bathige S, et al., 2015. Gene structure, molecular characterization and transcriptional expression of two p38 isoforms (MAPK11 and MAPK14) from rock bream (*Oplegnathus fasciatus*)[J]. Fish & shellfish immunology, 47 (1): 331 - 343.

Vazquez J A, Daniel H, et al., 1993. Invited review: dipeptides in parenteral nutrition: from basic science to clinical applications [J]. Nutrition in Clinical Practice, 8 (3): 95 - 105.

Verri T, Barca A, Pisani P, et al., 2017. Di-and tripeptide transport in vertebrates: the contribution of teleost fish models [J]. Journal of Comparative Physiology B-Biochemical Systems and Environmental Physiology, 187 (3): 395 - 462.

Verri T, Kottra G, Romano A, et al., 2003. Molecular and functional characteristion of the zebrafish (*Danio rerio*) PepT1 - type peptide transporter [J]. FEBS LETTERS, 549 (1 - 3): 115 - 122.

Verri T, Romano A, Barca A, et al., 2010. Transport of di-and tripeptides in teleost fish intestine [J]. Aquaculture Research, 41 (5): 641 - 653.

Vincenzini M T, Iantomasi T, Favilli F, 1989. Glutathione transport across intestinal brush-border membranes: effects of ions, pH, $\Delta\psi$, and inhibitors [J]. Biochimica et Biophysica Acta (BBA) - Biomembranes, 987 (1): 29 - 37.

Volkoff H, Hoskins L J, et al., 2010. Influence of intrinsic signals and environmental cues on the endocrine control of feeding in fish: potential application in aquaculture [J]. General and comparative endocrinology, 167 (3): 352 - 359.

Waetzig G H, Seegert D, et al., 2002. p38 mitogen-activated protein kinase is activated and linked to TNF - α signaling in inflammatory bowel disease [J]. The Journal of Immunology, 168 (10): 5342 - 5351.

Wang L, Guan X, Gong W, et al., 2005. Altered Expression of Transcription Factor Sp1 Critically Impacts the Angiogenic Phenotype of Human Gastric Cancer [J]. Clinical & Experimental Metastasis, 22 (3): 205 - 213.

Wang P, Lu Y Q, et al., 2013. IL-16 induces intestinal inflammation via PepT1 upregulation in a pufferfish model: new insights into the molecular mechanism of inflammatory bowel disease. The Journal of Immunology, 191 (3): 1413 - 1427.

Wang Y, Chen G, et al., 2017. A novel MKK gene (AjMKK3/6) in the sea cucumber Apostichopus japonicus: identification, characterization and its response to pathogenic challenge [J]. Fish & shellfish immunology, 61: 24 - 33.

Wang S, Qian Z, et al., 2016. Identification and characterization of MKK7 as an upstream activator of JNK in *Litopenaeus vannamei* [J]. Fish & shellfish immunology, 48: 285 - 294.

Wang S, Yin B, et al., 2018. MKK4 from *Litopenaeus vannamei* is a regulator of p38 MAPK kinase and involved in anti-bacterial response [J]. Developmental & Comparative

Immunology, 78: 61 - 70.

Warsi J, Elvira B, Bissinger R, et al., 2014. Downregulation of Peptide Transporters PEPT1 and PEPT2 by Oxidative Stress Responsive Kinase OSR1 [J]. Kidney and Blood Pressure Research, 39 (6): 591 - 599.

Wei D, 2004. Celecoxib Inhibits Vascular Endothelial Growth Factor Expression in and Reduces Angiogenesis and Metastasis of Human Pancreatic Cancer via Suppression of Sp1 Transcription Factor Activity [J]. Cancer Research, 64 (6): 2030 - 2038.

Wright P A, Fyhn H J, 2001. Ontogeny of nitrogen metabolism and excretion [J]. Fish Physiology, 202 (01): 149 - 200.

Xiao Y, Zhou Y, et al., 2013. Involvement of JNK in the embryonic development and organogenesis in zebrafish [J]. Marine biotechnology, 15 (6): 716 - 725.

Xu Q Z, Liu H, Liu F, et al., 2018. Functional characterization of oligopeptide transporter 1 of dairy cows [J]. Journal of Animal Science & Biotechnology, 9 (1): 7.

Xu X Y, Shen Y B, et al., 2013. Characterization of MMP-9 gene from grass carp (*Ctenopharyngodon idella*): an Aeromonas hydrophila-inducible factor in grass carp immune system [J]. Fish & shellfish immunology, 35 (3): 801 - 807.

Yang Y, Huang J, Li L, et al., 2014. Up-regulation of nuclear factor E2 - Related factor 2 upon SVCV infection [J]. Fish & shellfish immunology, 40 (1): 245 - 252.

Yan H, Zhang S, et al., 2013. Molecular characterization and function of a p38 MAPK gene from *Litopenaeus vannamei* [J]. Fish & shellfish immunology, 34 (6): 1421 - 1431.

Yan L, Zhou X Q, 2006. Dietary glutamine supplementation improves structure and function of intestine of juvenile Jian carp (*Cyprinus carpio* var. Jian)[J]. Aquaculture, 256 (1 - 4): 389 - 394.

Yasuhito Y, Hiromi N, Yoshimitsu A, et al., 2005. Relationship between CDX2 gene methylation and dietary factors in gastric cancer patients [J]. Carcinogenesis, 26 (1): 193.

Young V R, Ajami A M, 2001. Glutamine: the emperor or his clothes? [J] Journal of Nutritional Biochemistry, 131 (9): 2449 - 2459.

Yuan H, Ma J, et al., 2018. MiR-29b aggravates lipopolysaccharide-induced endothelial cells inflammatory damage by regulation of NF - κB and JNK signaling pathways [J]. Biomedicine & Pharmacotherapy, 99: 451 - 461.

Yuan X, Cai W, et al., 2015. Obestatin partially suppresses ghrelin stimulation of appetite in "high-responders" grass carp, *Ctenopharyngodon idellus* [J]. Comparative Biochemistry and Physiology Part A: Molecular & Integrative Physiology, 184: 144 - 149.

Zaloga G P, Ward K A, Prielipp R C, 1991. Effect of enteral diets on whole body and gut growth in unstressed rats [J]. Journal of Parenteral and Enteral Nutrition, 15 (1): 42 - 47.

Zhang H, Huang X, et al., 2018. Identification and analysis of an MKK4 homologue in response to the nucleus grafting operation and antigens in the pearl oyster, *Pinctada fucata* [J]. Fish & shellfish immunology, 73: 279 - 287.

Zhang L, Yang G, Tang G, et al., 2011. Rat pancreatic level of cystathionine γ - lyase is regulated by glucose level via specificity protein 1 (Sp1) phosphorylation [J]. Diabetologia, 54 (10): 2615 - 2625.

Zhang S, Zhang R, et al., 2016. Identification and functional characterization of tumor necrosis factor receptor 1 (TNFR1) of grass carp (*Ctenopharyngodon idella*)[J]. Fish & shellfish immunology, 58: 24 - 32.

Zheng J L, Zeng L, Shen B, et al., 2016. Antioxidant defenses at transcriptional and enzymatic levels and gene expression of Nrf2 - Keap1 signaling molecules in response to acute zinc exposure in the spleen of the large yellow croaker *Pseudosciaena crocea* [J]. Fish & shellfish immunology, 52: 1 - 8.

Zou H, Li Q, et al., 2007. Differential requirement of MKK4 and MKK7 in JNK activation by distinct scaffold proteins [J]. FEBS LETTERSers, 581 (2): 196 - 202.

Zou J, Wang R, et al., 2015. The genome-wide identification of mitogen-activated protein kinase kinase (MKK) genes in Yesso scallop *Patinopecten yessoensis* and their expression responses to bacteria challenges [J]. Fish & shellfish immunology, 45 (2): 901 - 911.

图书在版编目（CIP）数据

草鱼肠道小肽转运与营养调控 / 刘臻等著．—北
京：中国农业出版社，2021.8
ISBN 978-7-109-28754-9

Ⅰ.①草… Ⅱ.①刘… Ⅲ.①肽－作用－草鱼－动物
营养－研究 Ⅳ.①S965.112

中国版本图书馆 CIP 数据核字（2021）第 186927 号

中国农业出版社出版
地址：北京市朝阳区麦子店街 18 号楼
邮编：100125
责任编辑：肖 邦
版式设计：王 晨 责任校对：周丽芳
印刷：北京通州皇家印刷厂
版次：2021 年 8 月第 1 版
印次：2021 年 8 月北京第 1 次印刷
发行：新华书店北京发行所
开本：700mm×1000mm 1/16
印张：12.5 插页：8
字数：225 千字
定价：75.00 元
_____

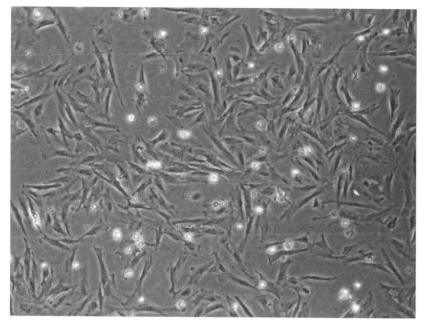

彩图 1 体外培养的草鱼肠道细胞

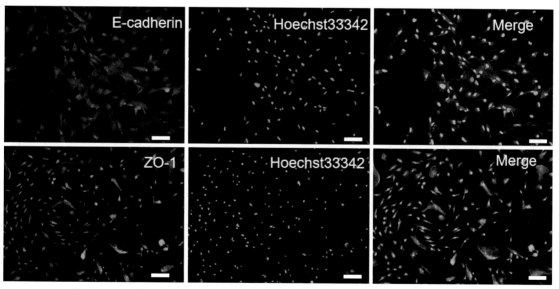

彩图 2 细胞免疫荧光检测体外培养的草鱼肠道细胞 (Bar 代表 100 μm)

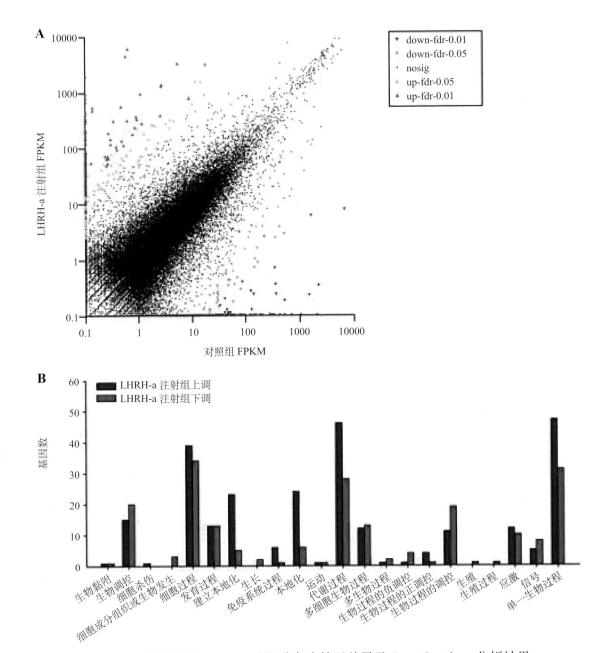

彩图 3　草鱼注射 LHRH-a 后肠道表达基因差异及 Gene Ontology 分析结果

A. LHRH-a 注射组和对照组每百万个片段映射中每千个碱基外显子的片段数（fragments per kilobase of exon per million fragments mapped,FPKM）散点图　　B. 表达差异基因的 Gene Ontology 分析

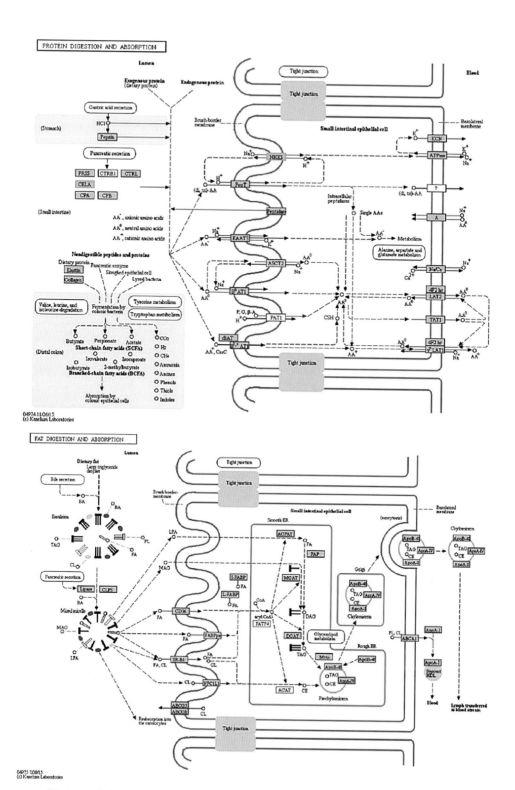

彩图4　注射LHRH-a后蛋白质、脂肪消化和吸收途径的基因表达变化

A.蛋白质　B.脂肪

红色框为表达上调基因，绿色框为表达下调基因

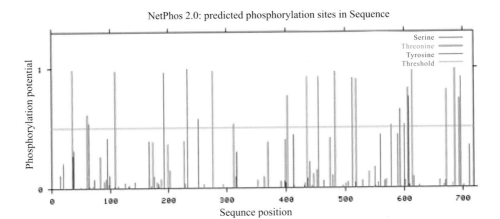

彩图5　PepT1蛋白磷酸化位点分析

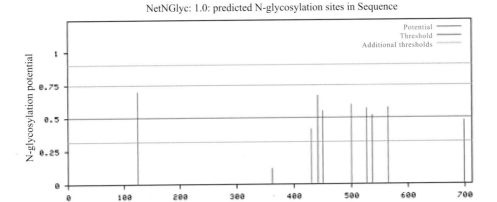

彩图6　PepT1蛋白糖基化位点分析

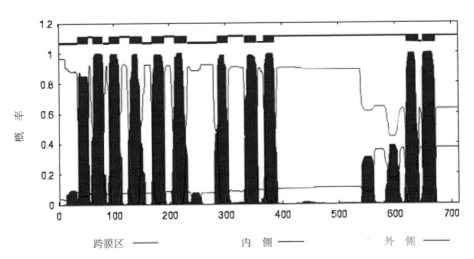

彩图7　草鱼PepT1蛋白二级结构模型

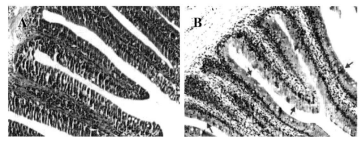

彩图8　草鱼肠道组织的HE染色与PepT1免疫组化染色

A.HE染色（×100）　B.PepT1免疫组化染色（×100）

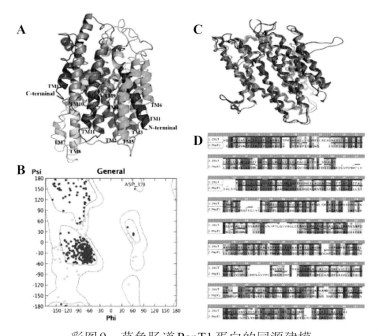

彩图9　草鱼肠道PepT1蛋白的同源建模

A.PepT1蛋白3D结构　B.PepT1蛋白构象的拉氏图　C.PepT1模型结构与模板结构的叠合
（紫色为草鱼肠道PepT1，褐色为模板）　D.PepT1与模板结构相似性序列比对

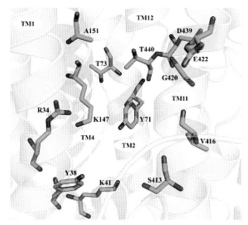

彩图10　草鱼肠道PepT1蛋白小肽结合口袋

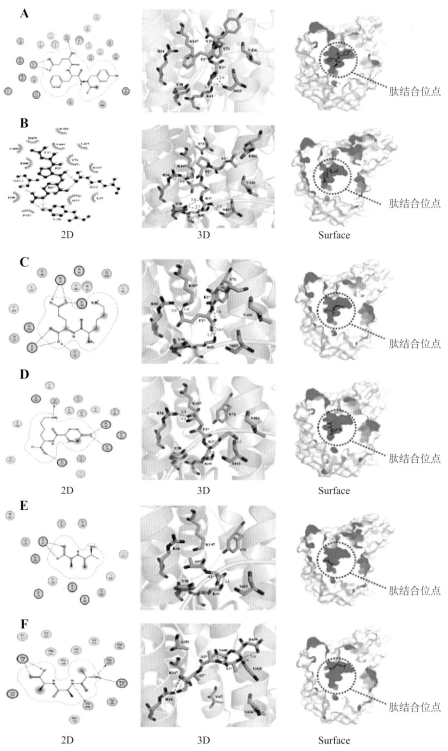

彩图11　草鱼肠道PepT1与小肽的结合模式分析

A.EFY（Glu-Phe-Tyr）　B.LPR（Leu-Pro-Arg）　C.KE（Lys-Glu）　D.EK（Glu-Lys）
E.AA（Ala-Ala）　F.AAA（Ala-Ala-Ala）

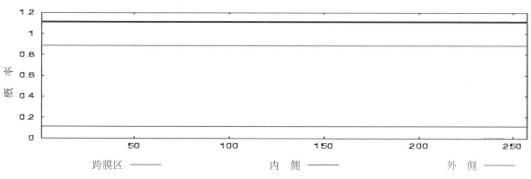

跨膜区 ———— 内 侧 ———— 外 侧 ————

彩图12 草鱼CDX2二级结构模型

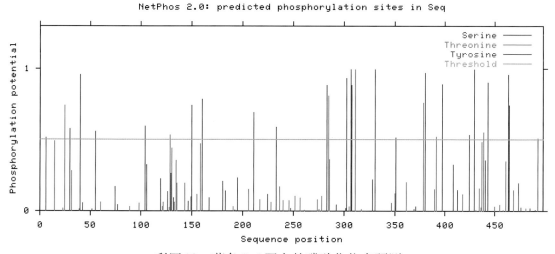

彩图13 草鱼Sp1蛋白的磷酸化位点预测

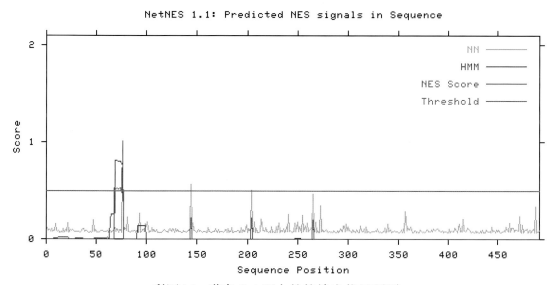

彩图14 草鱼Sp1蛋白的核输出信号预测

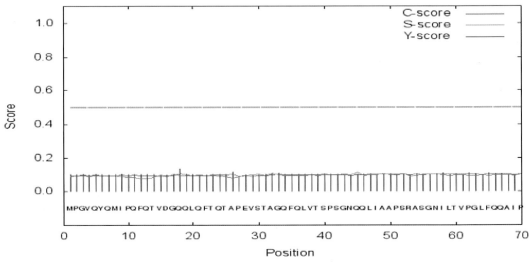

彩图15　草鱼Sp1蛋白的信号肽预测

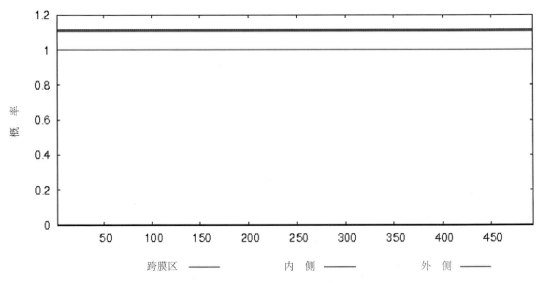

彩图16　草鱼Sp1蛋白的跨膜域预测

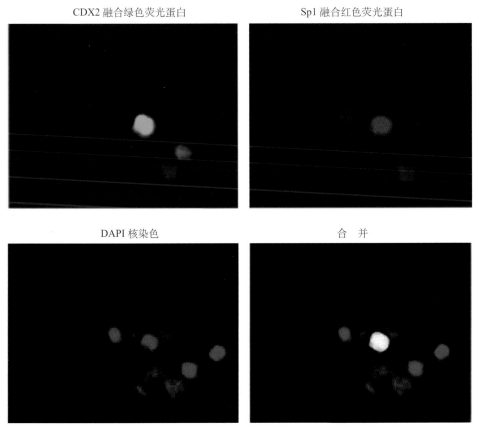

CDX2 融合绿色荧光蛋白 　　　　　　　Sp1 融合红色荧光蛋白

DAPI 核染色 　　　　　　　　　　　　合　并

彩图 17　CDX2 和 Sp1 细胞共定位（×100）

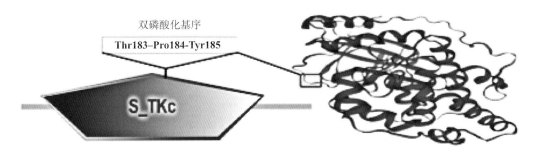

双磷酸化基序

Thr183–Pro184–Tyr185

S_TKc

彩图 18　草鱼 JNK 蛋白空间结构

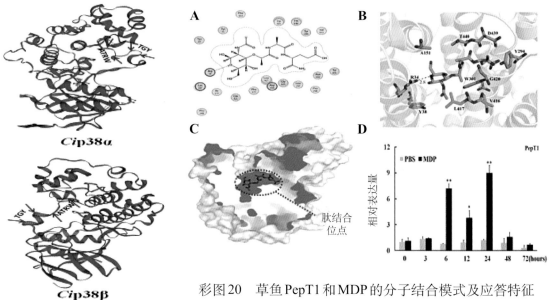

彩图19　草鱼p38α 和
p38β 的空间结构

彩图20　草鱼PepT1和MDP的分子结合模式及应答特征
A.MDP与PepT1结合分子结构　B.MDP与PepT1结合立体结构　C.MDP与
PepT1结合三维实体图　D. PepT1的相对表达量
*表示$P<0.05$，**表示$P<0.01$

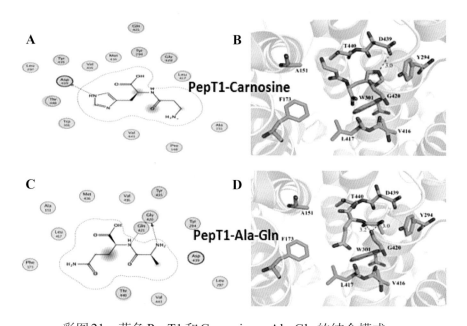

彩图21　草鱼PepT1和Carnosine、Ala-Gln的结合模式
A.Carnosine与PepT1结合分子结构　B.Carnosine与PepT1结合立体结构　C.Ala-Gln与PepT1结合分子结构　D.Ala-Gln
与PepT1结合立体结构

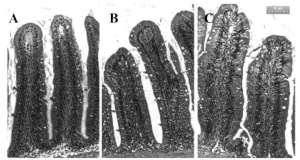

■淋巴细胞　■杯状细胞

彩图22　氨氮胁迫48h后草鱼中肠组织HE染色（×200）

A.0氨氮组　B.1.7mg/L氨氮组　C.50mg/L氨氮组

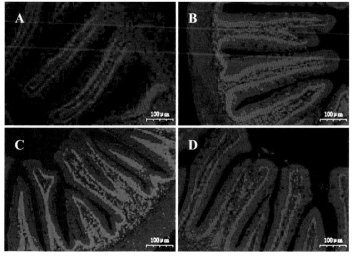

彩图23　氨氮胁迫48h后草鱼中肠组织免疫荧光染色切片（×200）

A.阴性对照　B.0氨氮组　C.1.7 mg/L氨氮组　D.50mg/L氨氮组

细胞核呈蓝色，PepT1呈红色

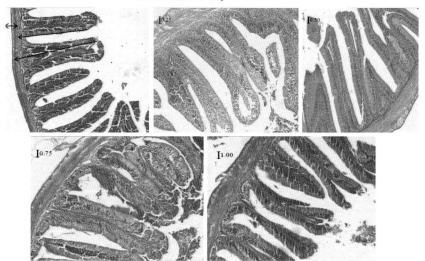

彩图24　谷氨酰胺二肽对草鱼前肠组织学结构的影响（×100）

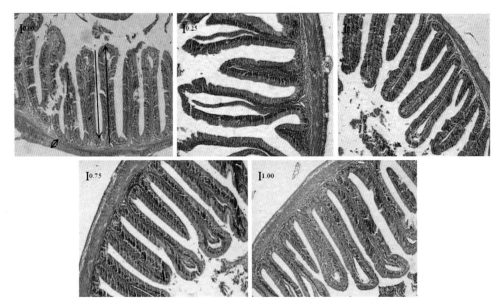

彩图25　谷氨酰胺二肽对草鱼中肠组织学结构的影响（×100）

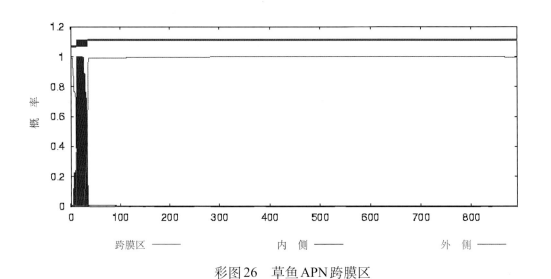

彩图26　草鱼APN跨膜区

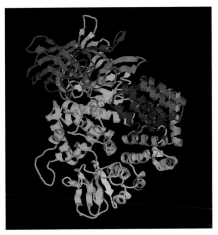

彩图27 草鱼APN三级结构

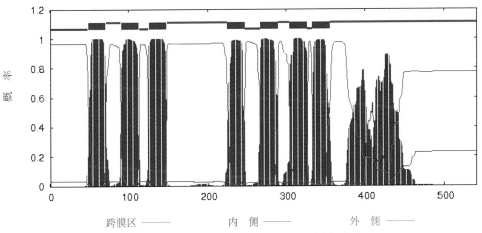

跨膜区 —— 　　内 侧 ——　　外 侧 ——

彩图28 草鱼ASCT2蛋白的跨膜域预测

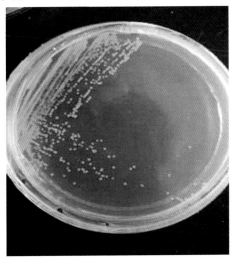

彩图29 平板划线法初筛酵母菌

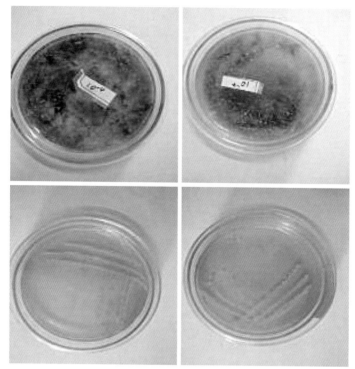

彩图30 捕鸟蛛肠道内产角蛋白酶菌落形态

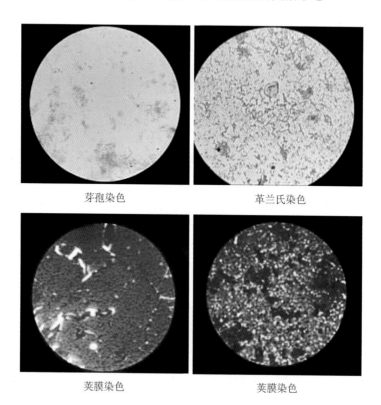

芽孢染色　　　　　　　　　革兰氏染色

荚膜染色　　　　　　　　　荚膜染色

彩图31 产角蛋白酶菌种进行革兰氏染色、芽孢染色、荚膜染色

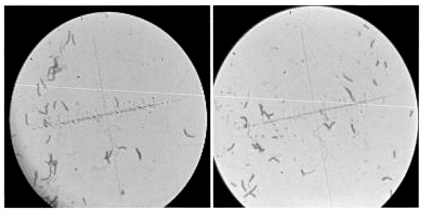

彩图32　待鉴定乳酸菌的染色

彩图33　待鉴定乳酸菌碳酸钙溶解圈

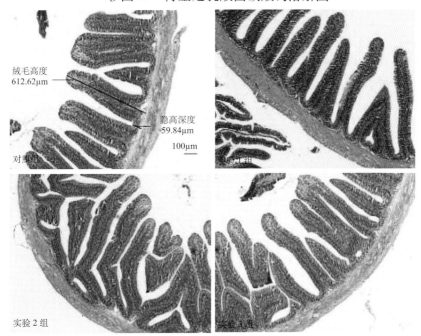

彩图34　不同芝麻粕菌氨肽饲料替代组草鱼前肠黏膜形态光镜下比较（×100）

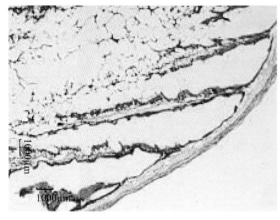

彩图35　添加芝麻粕菌氨肽饲料0组草鱼肠道前段黏膜形态（×50）

彩图36　添加芝麻粕菌氨肽饲料4%组草鱼肠道前段黏膜形态（×50）

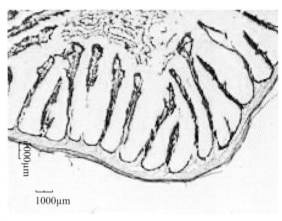

彩图37　添加芝麻粕菌氨肽饲料8%组草鱼肠道前段黏膜形态（×50）

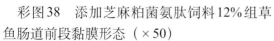

彩图38　添加芝麻粕菌氨肽饲料12%组草鱼肠道前段黏膜形态（×50）

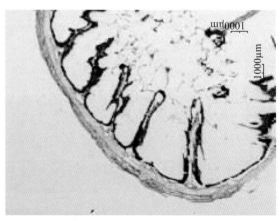